U0457404

职业技能鉴定国家题库考试指导

维修电工

（中级）

王 建 主编

中国电力出版社

CHINA ELECTRIC POWER PRESS

# 内 容 提 要

本书依据维修电工最新的国家职业标准，根据国家题库的鉴定考核要素细目表，针对考试最新版国家题库而编写，包含了本专业本级别的基础知识、专业知识和技能操作要点，同时附有大量的国家题库原题、模拟试题和参考答案。主要内容包括：国家题库的命题思路和考核重点、理论知识考试指导、技能操作考试指导、国家题库试题精选。

本书是维修电工职业技能鉴定人员的考前复习必备用书，也可作为职业技能培训用书。

**图书在版编目（CIP）数据**

维修电工：中级/王建主编. —北京：中国电力出版社，2013.4
（2025.7 重印）
（职业技能鉴定国家题库考试指导）
ISBN 978-7-5123-3910-1

Ⅰ. ①维… Ⅱ. ①王… Ⅲ. ①电工–维修–职业技能–鉴定–自学参考资料 Ⅳ. ①TM07

中国版本图书馆 CIP 数据核字（2012）第 315285 号

中国电力出版社出版、发行
（北京市东城区北京站西街 19 号 100005 http://www.cepp.sgcc.com.cn）
北京天宇星印刷厂印刷
各地新华书店经售

\*

2013 年 4 月第一版 2025 年 7 月北京第十一次印刷
850 毫米×1168 毫米 32 开本 12.75 印张 337 千字
印数 26501—27000 册 定价 35.00 元

# 职业技能鉴定国家题库考试指导

## 维修电工（中级）

# 编写人员名单

主　编　王　建

副主编　张　宏　　王继先　　林尔付　　杨贵平

　　　　姚满庆　　徐　铁　　杨秀双

参　编　李长斌　　张　凯　　李　强　　李红利

　　　　梁立金　　刘高峰　　吕锦兵　　李江玲

主　审　雷云涛

  "十三五"时期是我国全面建设小康社会的关键时期，经济发展、产业优化升级、企业提高竞争力，迫切需要提高技能劳动者特别是高技能人才的整体素质，时代呼唤技能型人才。

  为了全面贯彻落实科学发展观，大力实施人才强国战略，以职业能力建设为核心，更新观念，完善政策，带动技能劳动者队伍整体素质的提高和发展壮大，需要加快培养一大批数量充足、结构合理、素质优良的技术技能型、复合技能型和知识技能型高技能人才，为中国制造"制造"千万能工巧匠。大力加强职业技能鉴定工作，积极推行职业资格证书制度，加快建立以职业能力为导向、以工作业绩为重点，注重职业道德和职业知识水平的高技能人才评价体系，已成为人才战略的重中之重。

  作为职业技能鉴定国家题库开发的参与者，十分希望能够为职业资格证书制度的推行出把力，真诚地为广大取证人员提供有益的帮助，帮助广大取证人员明确目标，顺利地通过技能鉴定。编者曾经针对国家题库考试编写了多种鉴定教材，由于国家职业标准的修订，以及最新维修电工国家题库的运行情况，原有的鉴定教材与新题库不能对接，使广大的取证人员在鉴定过程中出现了一定的困难，于是我们组织编写了一套针对维修电工的"职业技能鉴定国家题库考试指导"丛书。

  在丛书的编写过程中，贯彻了"围绕考试，确保内容准确"的原则，严格按照国家职业标准的要求，把编写重点放在以下几个方面：

  第一，内容上涵盖国家职业标准对维修电工知识和技能方面的要求，确保达到本等级技能人才的培养目标。

  第二，以职业技能鉴定国家题库考试作为丛书的编写重点，内容上紧紧围绕国家题库的考核内容，体现系统化和全面化。

  第三，坚持以能力为本，重视理论知识与技能知识的协同组合，重视技能知识的指导，使本丛书实现理论与实践的密切结合，更贴近鉴定，更服务于鉴定。

第四，本丛书中还选用了国家题库的样卷和大量的真题试题，供广大的取证人员参考。

愿本丛书为广大取证人员所乐用，愿本丛书成为您的良师益友！

由于编者的水平有限，书中难免存在缺点错误，敬请广大的读者对本丛书提出宝贵的意见。

编　者

目录

前言

### 第一章

# 国家题库的命题思路和考核重点

　　职业技能鉴定命题，指的是职业技能鉴定的考试设计，包括考试内容设计到考试命题出卷等所有环节。命题工作是整个考试制度的技术基础，决定着考试结果的可信度和考试功能的发挥，职业技能鉴定的命题或考试设计是贯彻、执行、实施鉴定的关键技术基础。

## 第一节　国家题库的命题思路和原则

### 一、国家题库的命题思路

　　国家题库的命题依据是：人力资源与社会保障部颁发的《国家职业标准》，并充分注意了当前社会生产的发展水平对从业人员的各方面要求。

　　为加强职业技能鉴定命题管理，提高命题质量，更好地与当前社会经济发展水平相适应，人力资源与社会保障部鉴定中心组织全国各方面的专家，按照《国家职业技能鉴定命题技术标准》和《技能鉴定国家题库开发指南》的统一要求，组织开发并建立了"职业技能鉴定国家题库网络"，并进一步就职业（工种）对有关技术人员的要求进行充分的分析和论证，以《鉴定要素细目表》的形式确定了理论知识和操作技能两方面所应考核的具体内容。在每个职业（工种）等级的《鉴定要素细目表》中，理论知识部分一般设有数百个鉴定点，操作技能部分一般确定了数十个考核项目，准确有效地反映了当前社会经济发展水平下各职业（工种）

对相关技能人员的理论知识与操作技能的要求，保证了鉴定试卷的内在质量。

## 二、国家题库的命题原则

按照职业技能鉴定实施的基本要求和标准化考试的客观规律，通常采用职业技能国家题库的命题原则和大致要求包括科学性原则、客观性原则、规范性原则和适应性原则。

（1）科学性原则是指各种考试的设计应该符合考试的基本规律。

（2）客观性原则是指考试设计必须客观地体现考试的目的和被测的实际水平。

（3）规范性原则是指考试设计的结果应符合考试设计规范的要求。

（4）适应性原则是指考试设计必须最大限度地反映测试项目的本质。

具体的做法如下。

（1）注重对基本知识和基本技能的理解与掌握，不出偏题、怪题和难题。

（2）根据各行各业以及职业（工种）的特点和目前科学技术的整体发展水平，对考核内容进行适当的调整。

## 三、国家题库的命题方式

命题方式决定于考试的组织形式。从考试设计与实施的相互关系以及题目组建方式这三个方面来归纳，一般常见的命题方式有如下三种。

第一种命题是实时的命题方式，即在职业技能鉴定实施方案已经完成，在组织报名的同时开始命题工作，一般以人工方式命题和组卷，其最大特点就是考试设计和实施两个过程结合在一起。

第二种命题是可靠性程度比较低的命题方式。由于时间关系，规定命题专家队伍在一个星期或半个月内完成多少套卷子的命题，然后经过审定再投入使用。

第三种命题是一种最不经济的命题方式，利用专家队伍进行命题，同时还要考虑保密的要求，通常是把这些专家集中在一个交通、通信不够方便的地方命题，一直到考试结束再出来，这样成本较高。

因此，试题库是目前的几种命题方式中是最为科学的一种命题方式，而且保密性、可靠性、经济性都是比较好的。另外试题库比较适合于专业理论知识的考试，因为专业理论知识考试比较便于用试题的形式存储起来。而操作技能考试就适合于用试卷的形式存储起来，考试就适合于试卷题库，因为操作技能考试一般都是某种产品，不可能由计算机任意组合，至少在最近的几年内，技能操作题库还只能用试题库的形式来储存。

**四、试卷生成方式**

了解国家题库试卷生成方式，对考生复习有一定的指导意义。过去大家接触到的试卷，基本上是专家凭经验编写的，这种试卷在难度和内容范围上难以保持相对稳定，考生难以把握试卷的结构和考核范围与重点，不利于考生的复习准备。从国家题库抽取的试卷将在很大程度上弥补这种不足。题库组卷采用计算机自动生成试卷，计算机程序按照该职业（工种）的《鉴定要素细目表》的结构特征，用统一的组卷模型，从题库中抽取相应试题组成试卷。这种组卷方式，一方面避免了人为的倾向性，保证了试卷内容与公布的考核重点范围的一致性；另一方面，试卷的题型、题量和所涉及的范围是相对稳定的，在内容上也主要是作为本职业（工种）要求的核心知识和技能，强调了基本素质与职业特长的考核。因此，国家题库所采取的这种试卷生成方式，将更有利于考生把握复习的要点和重点，能够对考生是否具备本职业（工种）对从业人员所要求的知识和技能作出比较准确的评定。

在理论知识和操作技能试卷的组卷中，低难度试题占 20%，中等难度试题占 70%，高难度试题占 10%。

在考试时间安排上，理论知识试卷的考试时间，初、中级为 1.5～2h，高级为 2～2.5h；操作技能试卷的考试时间，初、中级为 2～4h，高级为 3～6h。

**五、对考生的基本要求**

1. 反复阅读《国家职业标准》和《复习指导丛书》，理解其中各项内容

《国家职业标准》是国家制定的专门用于鉴定的纲领性文件，考生们可以从《国家职业标准》中了解到本职业（工种）和等级职业技能鉴定的性质、基本内容，以及考核内容的组成规则和考核形式要求等重要信息。而《复习指导丛书》又将《国家职业标准》所规定的内容更加具体化，详细说明了鉴定考核的特点；给考生提供了近几年将要鉴定考核的重点内容，明确了复习内容上的轻重缓急；通过知识和技能两部分的复习指导，为考生把握重点，理解难点提供了详略得当的具体指导；尤其是书中的试题精选和模拟试卷均是从国家题库抽取而得，直接反映了考试内容的特点和题型特征。因此，本书对组织复习或考生自学有着直接的意义。须要强调指出的是，对于这两本资料务必从头到尾反复阅读，尤其要弄清本职业（工种）鉴定考核试卷的组卷思想、考核重点和试题试卷特点，真正"吃透"各项要求，掌握要领，做到心中有数。

2. 抓住重点，全面复习

职业技能鉴定的基本目的就是为了提高劳动者素质，无论是《鉴定要素细目表》的制定，还是试卷的组成，都是以此为核心的。从前述命题思路、命题原则的有关说明中，读者也能体会到这种指导思想，即以基础性知识和技能的考核为主要出发点和归宿点。因此，考生在理论知识部分复习中要善于抓住重点，展开全面复习，对基本概念要记忆准确、理解透彻、运用熟练，并且还要在复习范围的"广"字上下工夫。在操作技能部分复习中，注意对基本操作技能的培养，力求做到操作规范、熟练无误，同时注意对本职业（工种）要求的主要操作技能和典型操作特点进行针对性复习。为了更好地把握这些原则，考生应对本书中的试题精选和模拟试卷认真做答和练习，如果发现自己哪一题的解答或实际操作中有困难，应该立即检查，发现问题所在，做到每个难点和

问题都能及时解决。

3.降低焦虑水平，做好心理调节

参加任何一种考试，都应保持良好的心理状态，力戒焦虑，是取得好成绩的关键之一。影响考生在考场上的心理状态的因素很多，如考生的心情和身体状况、考试经验以及期待水平等。需要指出的是，动机水平过高，行为就要受到干扰，也就是说，如果太想做好某件事，反而可能达不到目标。考生应根据自己的实力，订立一个切实可行的期待目标，这对于保持恰当的动机强度，降低考试焦虑水平有着重要意义，是值得提倡的一种非常有效的做法。

# 第二节　考　核　重　点

考核重点是最近几年国家题库抽题组卷的基本范围，它反映了当前本职业（工种）对从业人员知识和技能要求的主要内容。

鉴定考核重点采用《鉴定考核要素细目表》的格式，以行为领域、鉴定范围和鉴定点的形式加以组织，列出了本等级下应考核的内容，考核重点分为理论知识和操作技能两个部分。其中，理论知识部分的主要内容是以知识点表示的鉴定点，操作技能部分的主要内容是以考核项目表示的鉴定点。

鉴定考核重点表中，每个鉴定点都有其重要程度指标，即表内鉴定点后以"X"、"Y"、"Z"的内容。重要程度反映了该鉴定点在本职业（工种）中对相应技能人员所要求内容中的相对重要性水平。自然，重要的内容被选为考核试题的可能性就比较大。其中"X"表示核心要素，是考核中出现频率最高的内容；"Y"表示一般要素，是考核中出现频率一般的内容；"Z"表示辅助要素，是考核中出现频率较小的内容。

《鉴定考核要素细目表》中，每个鉴定范围都有其鉴定范围比重指标，它表示在一份试卷中该鉴定范围所占的分数比例。例如，某一鉴定范围的鉴定比重为10，就表示在组成100分为满分的试卷时，题库在抽题组卷的过程中，将使属于此鉴定范围的试题在一份试卷中所占的分值尽可能等于 10 分。

一、理论知识鉴定考核细目表

理论知识鉴定考核细目表见表 1-1。

表 1-1　　　　　　　理论知识鉴定考核要素细目表

| 鉴定范围 | | | | | | | | 鉴定点 | | |
|---|---|---|---|---|---|---|---|---|---|---|
| 一级 | | | 二级 | | | 三级 | | 代码 | 名称 | 重要程度 |
| 代码 | 名称 | 鉴定比重 | 代码 | 名称 | 鉴定比重 | 代码 | 名称 | 鉴定比重 | | |
| A | 基本要求<br>(84:13:01) | 20 | A | 职业道德<br>(16:02:00) | 5 | A | 职业道德基本知识<br>(09:01:00) | 3 | 001 | 职业道德的的基本内涵 | X |
| | | | | | | | | | 002 | 市场经济条件下，职业道德的功能 | X |
| | | | | | | | | | 003 | 企业文化的功能 | X |
| | | | | | | | | | 004 | 职业道德对增强企业凝聚力、竞争力的作用 | X |
| | | | | | | | | | 005 | 职业道德是人生事业成功的保证 | Y |
| | | | | | | | | | 006 | 文明礼貌的具体要求 | X |
| | | | | | | | | | 007 | 对诚实守信基本内涵的理解 | X |
| | | | | | | | | | 008 | 办事公道的具体要求 | X |
| | | | | | | | | | 009 | 勤劳节俭的现代意义 | X |
| | | | | | | | | | 010 | 创新的道德要求 | X |
| | | | | | | B | 职业守则<br>(07:01:00) | 2 | 001 | 遵纪守法的规定 | X |
| | | | | | | | | | 002 | 爱岗敬业的具体要求 | X |
| | | | | | | | | | 003 | 严格执行安全操作规程的重要性 | X |
| | | | | | | | | | 004 | 工作认真负责的具体要求 | X |
| | | | | | | | | | 005 | 团结合作的基本要求 | X |

续表

| 鉴定范围 | | | | | | | | 鉴定点 | | |
|---|---|---|---|---|---|---|---|---|---|---|
| 一级 | | | 二级 | | | 三级 | | 代码 | 名称 | 重要程度 |
| 代码 | 名称 | 鉴定比重 | 代码 | 名称 | 鉴定比重 | 代码 | 名称 | 鉴定比重 | | |
| A | 基本要求<br>(84:13:01) | 20 | A | 职业道德<br>(16:02:00) | 5 | B | 职业守则<br>(07:01:00) | 2 | 006 | 爱护设备和工具的基本要求 | X |
| | | | | | | | | | 007 | 着装整洁的要求 | Y |
| | | | | | | | | | 008 | 文明生产的具体要求 | X |
| | | | B | 基础知识<br>(68:11:01) | 15 | A | 电工基础知识<br>(27:02:00) | 6 | 001 | 电路的组成 | X |
| | | | | | | | | | 002 | 电阻的概念 | X |
| | | | | | | | | | 003 | 欧姆定律 | X |
| | | | | | | | | | 004 | 电压和电位的概念 | Y |
| | | | | | | | | | 005 | 直流电路的连接 | X |
| | | | | | | | | | 006 | 电功与电功率的概念 | X |
| | | | | | | | | | 007 | 基尔霍夫定律 | X |
| | | | | | | | | | 008 | 直流电路的计算 | Y |
| | | | | | | | | | 009 | 电容器的基本知识 | X |
| | | | | | | | | | 010 | 磁场的基本物理量 | X |
| | | | | | | | | | 011 | 磁路的概念 | X |
| | | | | | | | | | 012 | 铁磁材料的特性 | X |
| | | | | | | | | | 013 | 电磁感应的概念 | X |
| | | | | | | | | | 014 | 正弦交流电的基本概念 | X |
| | | | | | | | | | 015 | 单相正弦交流电路概念 | X |
| | | | | | | | | | 016 | 功率因数的概念 | X |
| | | | | | | | | | 017 | 三相交流电的基本概念 | X |
| | | | | | | | | | 018 | 三相负载的连接方法 | X |

续表

| 鉴定范围 | | | | | | | | 鉴定点 | | |
|---|---|---|---|---|---|---|---|---|---|---|
| 一级 | | | 二级 | | | 三级 | | 代码 | 名称 | 重要程度 |
| 代码 | 名称 | 鉴定比重 | 代码 | 名称 | 鉴定比重 | 代码 | 名称 | 鉴定比重 | | | |
| A | 基本要求<br>(84:13:01) | 20 | B | 基础知识<br>(68:11:01) | 15 | A | 电工基础知识<br>(27:02:00) | 6 | 019 | 变压器的工作原理 | X |
| | | | | | | | | | 020 | 变压器的用途 | X |
| | | | | | | | | | 021 | 电力变压器的结构 | X |
| | | | | | | | | | 022 | 三相异步电动机的特点 | X |
| | | | | | | | | | 023 | 三相异步电动机的结构 | X |
| | | | | | | | | | 024 | 三相异步电动机的工作原理 | X |
| | | | | | | | | | 025 | 常用低压电器的符号 | X |
| | | | | | | | | | 026 | 常用低压电器的作用 | X |
| | | | | | | | | | 027 | 电动机启停控制线路 | X |
| | | | | | | | | | 028 | 电气图的分类 | X |
| | | | | | | | | | 029 | 读图的基本步骤 | X |
| | | | | | | B | 电子技术基础知识<br>(09:00:00) | 3 | 001 | 晶体二极管的结构 | X |
| | | | | | | | | | 002 | 二极管的工作原理 | X |
| | | | | | | | | | 003 | 常用二极管的符号 | X |
| | | | | | | | | | 004 | 晶体三极管的结构 | X |
| | | | | | | | | | 005 | 三极管的工作原理 | X |
| | | | | | | | | | 006 | 常用三极管的符号 | X |
| | | | | | | | | | 007 | 单管基本放大电路的组成 | X |
| | | | | | | | | | 008 | 放大电路中的负反馈概念 | X |
| | | | | | | | | | 009 | 单相整流稳压电路的组成 | X |

续表

| 鉴 定 范 围 | | | | | | | | | 鉴 定 点 | | |
| --- | --- | --- | --- | --- | --- | --- | --- | --- | --- | --- | --- |
| 一级 | | | 二级 | | | 三级 | | | 代码 | 名称 | 重要程度 |
| 代码 | 名称 | 鉴定比重 | 代码 | 名称 | 鉴定比重 | 代码 | 名称 | 鉴定比重 | | | |
| A | 基本要求 (84:13:01) | 20 | B | 基础知识 (68:11:01) | 15 | C | 常用电工仪器仪表使用知识 (04:01:00) | 1 | 001 | 电工仪表的分类 | Y |
| | | | | | | | | | 002 | 电流表的使用与维护 | X |
| | | | | | | | | | 003 | 电压表的使用与维护 | X |
| | | | | | | | | | 004 | 万用表的使用与维护 | X |
| | | | | | | | | | 005 | 绝缘电阻表的使用与维护 | X |
| | | | | | | D | 常用电工工具量具使用知识 (03:02:00) | 1 | 001 | 旋具的使用与维护 | X |
| | | | | | | | | | 002 | 钢丝钳的使用与维护 | X |
| | | | | | | | | | 003 | 扳手的使用与维护 | X |
| | | | | | | | | | 004 | 喷灯的正确使用与维护 | Y |
| | | | | | | | | | 005 | 千分尺的使用与维护 | Y |
| | | | | | | E | 常用材料选型知识 (04:02:00) | 1 | 001 | 导线的分类 | X |
| | | | | | | | | | 002 | 导线截面的选择 | X |
| | | | | | | | | | 003 | 常用绝缘材料的分类 | X |
| | | | | | | | | | 004 | 常用绝缘材料的选用 | X |
| | | | | | | | | | 005 | 常用磁性材料的分类 | Y |
| | | | | | | | | | 006 | 常用磁性材料的选用 | Y |
| | | | | | | F | 安全知识 (10:00:00) | 1 | 001 | 电工安全的基本知识 | X |
| | | | | | | | | | 002 | 触电的概念 | X |
| | | | | | | | | | 003 | 常见的触电形式 | X |
| | | | | | | | | | 004 | 触电的急救措施 | X |
| | | | | | | | | | 005 | 安全间距和安全电压 | X |
| | | | | | | | | | 006 | 电气防火与防爆基本措施 | X |

| 鉴定范围 | | | | | | | | 鉴定点 | | |
|---|---|---|---|---|---|---|---|---|---|---|
| 一级 | | | 二级 | | | 三级 | | | | |
| 代码 | 名称 | 鉴定比重 | 代码 | 名称 | 鉴定比重 | 代码 | 名称 | 鉴定比重 | 代码 | 名称 | 重要程度 |
| | | | | | | | | | 007 | 用电设备的安全技术要求 | X |
| | | | | | | | | | 008 | 防雷的常识 | X |
| | | | | | | F | 安全知识 (10:00:00) | 1 | 009 | 绝缘安全用具的正确使用 | X |
| | | | | | | | | | 010 | 电气设备操作基本知识 | X |
| | | | | | | | | | 001 | 锉削方法 | X |
| | | | | | | | | | 002 | 钻孔知识 | X |
| | | | | | | | | | 003 | 螺纹加工要求 | Y |
| | | | | | | | | | 004 | 供电系统的基本常识 | Y |
| A | 基本要求 (84:13:01) | 20 | B | 基础知识 (68:11:01) | 15 | G | 其他相关知识 (07:03:01) | 1 | 005 | 安全用电的常识 | X |
| | | | | | | | | | 006 | 现场文明生产的要求 | X |
| | | | | | | | | | 007 | 环境污染的概念 | Y |
| | | | | | | | | | 008 | 电磁污染源的分类 | X |
| | | | | | | | | | 009 | 噪音的危害 | Z |
| | | | | | | | | | 010 | 质量管理的内容 | X |
| | | | | | | | | | 011 | 对职工岗位质量的要求 | X |
| | | | | | | | | | 001 | 劳动者的权利 | X |
| | | | | | | | | | 002 | 劳动者的义务 | X |
| | | | | | | H | 相关法律法规知识 (04:01:00) | 1 | 003 | 劳动合同的解除 | X |
| | | | | | | | | | 004 | 劳动安全卫生制度 | Y |
| | | | | | | | | | 005 | 电力法知识 | X |

| 鉴定范围 | | | | | | | | | 鉴定点 | | |
|---|---|---|---|---|---|---|---|---|---|---|---|
| 一级 | | | 二级 | | | 三级 | | | 代码 | 名称 | 重要程度 |
| 代码 | 名称 | 鉴定比重 | 代码 | 名称 | 鉴定比重 | 代码 | 名称 | 鉴定比重 | | | |
| B | 相关知识 (143:30:00) | 80 | A | 基本电子电路装调维修 (40:06:00) | 20 | A | 仪表仪器 (10:02:00) | 5 | 001 | 单臂电桥的工作原理 | X |
| | | | | | | | | | 002 | 单臂电桥的选用方法 | X |
| | | | | | | | | | 003 | 双臂电桥的工作原理 | Y |
| | | | | | | | | | 004 | 双臂电桥的选用方法 | X |
| | | | | | | | | | 005 | 单臂电桥与双臂电桥的区别 | X |
| | | | | | | | | | 006 | 信号发生器工作原理 | X |
| | | | | | | | | | 007 | 信号发生器的选用方法 | X |
| | | | | | | | | | 008 | 数字万用表的选用方法 | X |
| | | | | | | | | | 009 | 示波器的工作原理 | Y |
| | | | | | | | | | 010 | 示波器的选用方法 | X |
| | | | | | | | | | 011 | 晶体管图示仪的选用方法 | X |
| | | | | | | | | | 012 | 晶体管毫伏表的选用方法 | X |
| | | | | | | | B | 电子元件选用 (10:02:00) | 5 | 001 | 三端稳压集成电路型号的概念 | X |
| | | | | | | | | | 002 | 三端稳压集成电路的选用方法 | X |
| | | | | | | | | | 003 | 常用逻辑门电路的种类 | X |
| | | | | | | | | | 004 | 常用逻辑门电路的主要参数 | X |
| | | | | | | | | | 005 | 晶闸管型号的概念 | X |
| | | | | | | | | | 006 | 晶闸管的结构特点 | Y |

| 鉴定范围 | | | | | | | | 鉴定点 | | |
|---|---|---|---|---|---|---|---|---|---|---|
| 一级 | | | 二级 | | | 三级 | | 代码 | 名称 | 重要程度 |
| 代码 | 名称 | 鉴定比重 | 代码 | 名称 | 鉴定比重 | 代码 | 名称 | 鉴定比重 | | |
| B | 相关知识<br>(143:30:00) | 80 | A | 基本电子电路装调维修<br>(40:06:00) | 20 | B | 电子元件选用<br>(10:02:00) | 5 | 007 | 晶闸管的主要参数 | X |
| | | | | | | | | | 008 | 晶闸管的选用方法 | X |
| | | | | | | | | | 009 | 单结晶体管的结构特点 | Y |
| | | | | | | | | | 010 | 单结晶体管符号的概念 | X |
| | | | | | | | | | 011 | 运算放大器的基本结构 | X |
| | | | | | | | | | 012 | 运算放大器的主要参数 | X |
| | | | | | | C | 电子线路装调维修<br>(20:02:00) | 10 | 001 | 放大电路静态工作点的计算 | X |
| | | | | | | | | | 002 | 放大电路静态工作点的稳定方法 | X |
| | | | | | | | | | 003 | 放大电路波形失真的分析 | X |
| | | | | | | | | | 004 | 共集电极放大电路的性能特点 | X |
| | | | | | | | | | 005 | 共基极放大电路的性能特点 | Y |
| | | | | | | | | | 006 | 多级放大电路的耦合方法 | X |
| | | | | | | | | | 007 | 交流负反馈电路的性能特点 | X |
| | | | | | | | | | 008 | 差动放大电路的工作原理 | X |
| | | | | | | | | | 009 | 运算放大器的使用注意事项 | X |
| | | | | | | | | | 010 | 功率放大电路的使用注意事项 | X |

续表

| 鉴定范围 | | | | | | | | 鉴定点 | | |
|---|---|---|---|---|---|---|---|---|---|---|
| 一级 | | | 二级 | | | 三级 | | 代码 | 名称 | 重要程度 |
| 代码 | 名称 | 鉴定比重 | 代码 | 名称 | 鉴定比重 | 代码 | 名称 | 鉴定比重 | | | |
| B | 相关知识<br>(143:30:00) | 80 | A | 基本电子电路装调维修<br>(40:06:00) | 20 | C | 电子线路装调维修<br>(20:02:00) | 10 | 011 | RC振荡电路的工作原理 | X |
| | | | | | | | | | 012 | LC振荡电路的工作原理 | Y |
| | | | | | | | | | 013 | 串联式稳压电路的工作原理 | X |
| | | | | | | | | | 014 | 三端稳压集成电路使用注意事项 | X |
| | | | | | | | | | 015 | 常用逻辑门电路的逻辑功能 | X |
| | | | | | | | | | 016 | 单相半波可控整流电路的原理 | X |
| | | | | | | | | | 017 | 单相半波可控整流电路的计算 | X |
| | | | | | | | | | 018 | 单相桥式可控整流电路的原理 | X |
| | | | | | | | | | 019 | 单相桥式可控整流电路的计算 | X |
| | | | | | | | | | 020 | 单结晶体管触发电路的工作原理 | X |
| | | | | | | | | | 021 | 晶闸管的过电流保护方法 | X |
| | | | | | | | | | 022 | 晶闸管的过电压保护方法 | X |
| | | | | B | 继电控制电路装调维修<br>(42:09:00) | 25 | A | 低压电器选用<br>(06:04:00) | 5 | 001 | 熔断器的选用方法 | X |
| | | | | | | | | | 002 | 断路器的选用方法 | X |
| | | | | | | | | | 003 | 接触器的选用方法 | X |
| | | | | | | | | | 004 | 热继电器的选用方法 | X |
| | | | | | | | | | 005 | 中间继电器的选用方法 | Y |

| 鉴 定 范 围 | | | | | | | | 鉴 定 点 | | |
|---|---|---|---|---|---|---|---|---|---|---|
| 一级 | | | 二级 | | | 三级 | | 代码 | 名称 | 重要程度 |
| 代码 | 名称 | 鉴定比重 | 代码 | 名称 | 鉴定比重 | 代码 | 名称 | 鉴定比重 | | | |
| | | | | | | | | | 006 | 主令电器的选用方法 | X |
| | | | | | | | | | 007 | 指示灯的选用方法 | Y |
| | | | | | | A | 低压电器选用(06:04:00) | 5 | 008 | 控制变压器的选用方法 | Y |
| | | | | | | | | | 009 | 定时器的选用方法 | X |
| | | | | | | | | | 010 | 压力继电器的选用方法 | Y |
| | | | | | | | | | 001 | 直流电动机的特点 | X |
| | | | | | | | | | 002 | 直流电动机的结构 | Y |
| | | | | | | | | | 003 | 直流电动机的励磁方式 | X |
| | | | | | | | | | 004 | 直流电动机的启动方法 | X |
| B | 相关知识(143:30:00) | 80 | B | 继电控制电路装调维修(42:09:00) | 25 | | | | 005 | 直流电动机的调速方法 | X |
| | | | | | | | | | 006 | 直流电动机的制动方法 | X |
| | | | | | | B | 继电器接触器线路装调(17:03:00) | 10 | 007 | 直流电动机的反转方法 | X |
| | | | | | | | | | 008 | 直流电动机的常见故障分析 | Y |
| | | | | | | | | | 009 | 绕线式电动机的启动方法 | X |
| | | | | | | | | | 010 | 绕线式电动机的启动控制线路 | X |
| | | | | | | | | | 011 | 多台电动机顺序控制的工作原理 | X |
| | | | | | | | | | 012 | 多台电动机顺序控制的电气线路 | X |

| 鉴 定 范 围 | | | | | | | | 鉴 定 点 | | |
|---|---|---|---|---|---|---|---|---|---|---|
| 一级 | | | 二级 | | | 三级 | | 代码 | 名称 | 重要程度 |
| 代码 | 名称 | 鉴定比重 | 代码 | 名称 | 鉴定比重 | 代码 | 名称 | 鉴定比重 | | |
| | | | | | | | | 013 | 异步电动机位置控制的工作原理 | X |
| | | | | | | | | 014 | 异步电动机位置控制的电气线路 | X |
| | | | | | | | | 015 | 异步电动机能耗制动的工作原理 | X |
| | | | | | | B | 继电器接触器线路装调(17:03:00) | 016 | 异步电动机能耗制动的控制线路 | X |
| | | | | | | | 10 | 017 | 异步电动机反接制动的工作原理 | X |
| | | | | | | | | 018 | 异步电动机反接制动的控制线路 | X |
| | | | | | | | | 019 | 异步电动机再生制动的工作原理 | X |
| | | | | | | | | 020 | 同步电动机的启动方法 | Y |
| B | 相关知识(143:30:00) | 80 | B | 继电控制电路装调维修(42:09:00) | 25 | | | 001 | M7130 主电路的组成 | X |
| | | | | | | | | 002 | M7130 控制电路的组成 | X |
| | | | | | | | | 003 | M7130 电气控制电路的配线方法 | X |
| | | | | | | C | 机床电气控制电路维修(19:02:00) | 004 | M7130 电气控制的工作原理 | X |
| | | | | | | | 10 | 005 | M7130 电气控制的互锁方法 | X |
| | | | | | | | | 006 | M7130 电气控制的常见故障 | X |
| | | | | | | | | 007 | M7130 电气控制故障处理方法 | X |
| | | | | | | | | 008 | C6150 电气控制主电路的组成 | X |

| 鉴定范围 | | | | | | | | 鉴定点 | | |
|---|---|---|---|---|---|---|---|---|---|---|
| 一级 | | | 二级 | | | 三级 | | | | |
| 代码 | 名称 | 鉴定比重 | 代码 | 名称 | 鉴定比重 | 代码 | 名称 | 鉴定比重 | 代码 | 名称 | 重要程度 |
| | | | | | | | | | 009 | C6150 控制电路的组成 | X |
| | | | | | | | | | 010 | C6150 电气控制电路的配线方法 | Y |
| | | | | | | | | | 011 | C6150 电气控制的工作原理 | X |
| | | | | | | | | | 012 | C6150 电气控制的连锁方法 | X |
| | | | | | | | | | 013 | C6150 电气控制的常见故障 | X |
| | | | | | | | | | 014 | C6150 电气控制故障的处理方法 | X |
| B | 相关知识 (143:30:00) | 80 | B | 继电控制电路装调维修 (42:09:00) | 25 | C | 机床电气控制电路维修 (19:02:00) | 10 | 015 | Z3040 电气控制主电路的组成 | X |
| | | | | | | | | | 016 | Z3040 控制电路的组成 | X |
| | | | | | | | | | 017 | Z3039 电气控制的配线方法 | Y |
| | | | | | | | | | 018 | Z3040 电气控制的工作原理 | X |
| | | | | | | | | | 019 | Z3040 电气控制的连锁方法 | X |
| | | | | | | | | | 020 | Z3040 电气控制的常见故障 | X |
| | | | | | | | | | 021 | Z3040 电气控制故障的处理方法 | X |
| | | | C | 自动控制电路装调维修 (61:15:00) | 35 | A | 传感器装调 (16:04:00) | 10 | 001 | 光电开关的结构 | X |
| | | | | | | | | | 002 | 光电开关的工作原理 | Y |
| | | | | | | | | | 003 | 光电开关的符号 | X |

续表

| 鉴 定 范 围 | | | | | | | | 鉴 定 点 | | |
|---|---|---|---|---|---|---|---|---|---|---|
| 一级 | | | 二级 | | | 三级 | | | | |
| 代码 | 名称 | 鉴定比重 | 代码 | 名称 | 鉴定比重 | 代码 | 名称 | 鉴定比重 | 代码 | 名称 | 重要程度 |
| | | | | | | | | | 004 | 光电开关的选择方法 | X |
| | | | | | | | | | 005 | 光电开关的使用注意事项 | X |
| | | | | | | | | | 006 | 接近开关的结构 | X |
| | | | | | | | | | 007 | 接近开关的工作原理 | Y |
| | | | | | | | | | 008 | 接近开关的符号 | X |
| | | | | | | | | | 009 | 接近开关的选择方法 | X |
| | | | | | | | | | 010 | 接近开关的使用注意事项 | X |
| | | | | | | | | | 011 | 磁性开关的结构 | X |
| | | | | | | | | | 012 | 磁性开关的工作原理 | Y |
| B | 相关知识(143:30:00) | 80 | C | 自动控制电路装调维修(61:15:00) | 35 | A | 传感器装调(16:04:00) | 10 | 013 | 磁性开关的符号 | X |
| | | | | | | | | | 014 | 磁性开关的选择方法 | X |
| | | | | | | | | | 015 | 磁性开关的使用注意事项 | X |
| | | | | | | | | | 016 | 增量型光电编码器的结构 | X |
| | | | | | | | | | 017 | 增量型光电编码器的工作原理 | Y |
| | | | | | | | | | 018 | 增量型光电编码器的特点 | X |
| | | | | | | | | | 019 | 增量型光电编码器的选择方法 | X |
| | | | | | | | | | 020 | 光电编码器的使用注意事项 | X |
| | | | | | | B | 可编程控制器控制电路装调(29:06:00) | 15 | 001 | PLC 的特点 | X |
| | | | | | | | | | 002 | PLC 的结构 | Y |
| | | | | | | | | | 003 | PLC 控制系统的组成 | X |

— 17 —

| 鉴 定 范 围 | | | | | | | | 鉴 定 点 | | |
|---|---|---|---|---|---|---|---|---|---|---|
| 一级 | | | 二级 | | | 三级 | | | | |
| 代码 | 名称 | 鉴定比重 | 代码 | 名称 | 鉴定比重 | 代码 | 名称 | 鉴定比重 | 代码 | 名称 | 重要程度 |
| B | 相关知识 (143:30:00) | 80 | C | 自动控制电路装调维修 (61:15:00) | 35 | B | 可编程控制器控制电路装调 (29:06:00) | 15 | 004 | PLC 梯形图中的元件符号 | X |
| | | | | | | | | | 005 | PLC 控制功能的实现 | Y |
| | | | | | | | | | 006 | PLC 中软继电器的特点 | X |
| | | | | | | | | | 007 | PLC 中光电耦合器的结构 | X |
| | | | | | | | | | 008 | PLC 的存储器 | Y |
| | | | | | | | | | 009 | PLC 的工作原理 | X |
| | | | | | | | | | 010 | PLC 的工作过程 | X |
| | | | | | | | | | 011 | PLC 的扫描周期 | X |
| | | | | | | | | | 012 | PLC 与继电接触器控制的区别 | X |
| | | | | | | | | | 013 | PLC 的主要技术性能指标 | X |
| | | | | | | | | | 014 | PLC 的输入类型 | X |
| | | | | | | | | | 015 | PLC 的输出类型 | X |
| | | | | | | | | | 016 | PLC 型号的概念 | X |
| | | | | | | | | | 017 | PLC 的抗干扰措施 | X |
| | | | | | | | | | 018 | PLC 的基本指令 | X |
| | | | | | | | | | 019 | 双线圈输出的概念 | Y |
| | | | | | | | | | 020 | 线圈的并联输出方法 | X |
| | | | | | | | | | 021 | PLC 梯形图的基本结构 | X |
| | | | | | | | | | 022 | PLC 梯形图的编写规则 | X |
| | | | | | | | | | 023 | PLC 定时器的基本概念 | X |

续表

| 鉴定范围 | | | | | | | | 鉴定点 | | |
|---|---|---|---|---|---|---|---|---|---|---|
| 一级 | | | 二级 | | | 三级 | | | | |
| 代码 | 名称 | 鉴定比重 | 代码 | 名称 | 鉴定比重 | 代码 | 名称 | 鉴定比重 | 代码 | 名称 | 重要程度 |
| B | 相关知识<br>(143:30:00) | 80 | C | 自动控制<br>电路装调<br>维修<br>(61:15:00) | 35 | B | 可编程控<br>制器控制<br>电路装调<br>(29:06:00) | 15 | 024 | PLC 梯形图的<br>编程技巧 | X |
| | | | | | | | | | 025 | PLC 与编程设备的<br>连接方法 | X |
| | | | | | | | | | 026 | PLC 编程软件的<br>主要功能 | X |
| | | | | | | | | | 027 | PLC 程序输入的步骤 | X |
| | | | | | | | | | 028 | PLC 的 I/O 点数的<br>选择方法 | X |
| | | | | | | | | | 029 | PLC 接地与布线的<br>注意事项 | Y |
| | | | | | | | | | 030 | PLC 的日常维护方法 | X |
| | | | | | | | | | 031 | PLC 控制电动机<br>正反转的方法 | X |
| | | | | | | | | | 032 | PLC 控制电动机顺序<br>启动的方法 | X |
| | | | | | | | | | 033 | PLC 控制电动机自动<br>往返的方法 | X |
| | | | | | | | | | 034 | 便携式编程器的<br>基本功能 | Y |
| | | | | | | | | | 035 | PLC 输入输出端的<br>接线规则 | X |
| | | | | | | | C | 变频器软<br>启动器的<br>认识和<br>维护<br>(16:05:00) | 10 | 001 | 变频器的用途 | X |
| | | | | | | | | | 002 | 变频器的分类 | Y |
| | | | | | | | | | 003 | 变频器的基本组成 | X |
| | | | | | | | | | 004 | 变频器型号的概念 | Y |
| | | | | | | | | | 005 | 变频器的主要<br>技术指标 | X |

— 19 —

| 鉴定范围 | | | | | | | | | 鉴定点 | | |
|---|---|---|---|---|---|---|---|---|---|---|---|
| 一级 | | | 二级 | | | 三级 | | | 代码 | 名称 | 重要程度 |
| 代码 | 名称 | 鉴定比重 | 代码 | 名称 | 鉴定比重 | 代码 | 名称 | 鉴定比重 | | | |
| | | | | | | | | | 006 | 变频器的主要参数 | X |
| | | | | | | | | | 007 | 变频器的工作原理 | Y |
| | | | | | | | | | 008 | 变频器的接线方法 | X |
| | | | | | | | | | 009 | 变频器的使用注意事项 | X |
| | | | | | | | | | 010 | 变频器的日常维护方法 | X |
| | | | | | | | | | 011 | 变频器的常见故障 | X |
| | | | | | | | | | 012 | 软启动器的用途 | X |
| B | 相关知识(143:30:00) | 80 | C | 自动控制电路装调维修(61:15:00) | 35 | C | 变频器软启动器的认识和维护(16:05:00) | 10 | 013 | 软启动器的基本组成 | X |
| | | | | | | | | | 014 | 软启动器型号的概念 | Y |
| | | | | | | | | | 015 | 软启动器的主要技术指标 | X |
| | | | | | | | | | 016 | 软启动器的主要参数 | X |
| | | | | | | | | | 017 | 软启动器的工作原理 | Y |
| | | | | | | | | | 018 | 软启动器的接线方法 | X |
| | | | | | | | | | 019 | 软启动器的使用注意事项 | X |
| | | | | | | | | | 020 | 软启动器的常见故障 | X |
| | | | | | | | | | 021 | 软启动器的日常维护方法 | X |

## 二、操作技能鉴定考核要素细目表

操作技能鉴定考核要素细目表见表1-2。

表 1-2　　　　　　　　操作技能鉴定考核要素细目表

| 行为领域 | 鉴定范围 | | | 鉴 定 点 | | |
|---|---|---|---|---|---|---|
| | 代码 | 名称 | 鉴定比重 | 01 | 用软线进行较复杂继电器—接触器基本控制线路的装调与维修 | X |
| 操作技能 | A | 继电接触式控制电路的装调与维修 | 40 | 02 | 用硬线进行较复杂继电器—接触器基本控制线路的装调与维修 | X |
| | | | | 03 | 用软线进行较复杂机床部分主要控制线路的装调与维修 | X |
| | | | | 04 | 较复杂继电器—接触器控制线路的装调与维修 | X |
| | B | PLC 控制电路的装调与维修 | 30 | 01 | PLC 控制正反转电路的装调与维修 | X |
| | | | | 02 | PLC 控制顺序控制电路的装调与维修 | X |
| | | | | 03 | PLC 控制降压启动电路的装调与维修 | X |
| | | | | 04 | PLC 控制机床电路的装调与维修 | X |
| | C | 电子电路的装调与维修 | 30 | 01 | 较复杂分立元件模拟电子线路的的装调与维修 | X |
| | | | | 02 | 较复杂带集成块模拟电子线路的装调与维修 | X |
| | | | | 03 | 带晶闸管的电子线路的装调与维修 | X |

○ **第二章**

# 理论知识考试指导

## 第一节 基 础 知 识

1. 掌握电工和电子基础知识。
2. 掌握变压器和交流电动机的基础知识。
3. 掌握电气控制及读图的基础知识。
4. 掌握仪表工具的使用知识。
5. 掌握电工材料的选用知识。
6. 掌握安全用电常识。

### 一、电工基础知识

（一）直流电路知识

1. 电路的组成

电流所经过的路径称为电路。电路的作用是实现能量的传输和转换、信号的传递和处理。一般电路由电源、负载和中间环节三个基本部分组成。

（1）电源是将非电能转换为电能的装置。

（2）负载是将电能转换为非电能的装置。

（3）中间环节是把源与负载连接起来的部分，起传递和控制电能的作用。

2. 电阻的概念

导体对电流的阻碍作用，称为电阻。电阻是反映导体对电流起阻碍作用大小的一个物理量。电阻用字母 $R$ 表示。单位名称是

欧姆，简称欧，用符号Ω表示。电阻单位还有 kΩ 和 MΩ，它们之间的换算关系是：

$$1k\Omega = 10^3\Omega$$

$$1M\Omega = 10^3k\Omega$$

导体的电阻是客观存在的，它不随导体两端电压的大小而变化。即使没有电压，导体仍然有电阻。导体的电阻跟导体的长度成正比，跟导体的横截面积成反比，并与导体的材料有关。对于长度为 $l$、截面为 $S$ 的导体，其电阻可用下式表示

$$R = \rho \frac{l}{S}$$

式中　$\rho$——与导体材料有关的物理量，称为电阻率或电阻系数，
$\Omega \cdot m$；

　$l$——导体的长度，m；

　$S$——导体的横截面积，$m^2$。

电阻率通常是指在 20℃时，长 1m 而横截面积为 $1m^2$ 的某种材料的电阻值。当 $l$、$S$、$R$ 的单位分别是 m、$m^2$、Ω时，$\rho$ 的单位名称是欧·米，用 $\Omega \cdot m$ 表示。

导体电阻不仅决定于长度、截面和材料，还与其他因素有关，特别是与温度有关，导体的温度变化，它的电阻也随着变化。一般的金属材料，温度升高后，导体的电阻将增加，而电解液的电阻随温度的上升而减少。

3. 欧姆定律

欧姆定律有两种形式：部分电路的欧姆定律和全电路的欧姆定律。

（1）部分电路的欧姆定律。在不含电源的部分电路中，当在电阻两端加上电压时，电阻中就有电流通过。通过实验可知，流过电阻的电流 $I$ 与电阻两端的电压 $U$ 成正比，与电阻 $R$ 成反比。这一结论称为部分电路的欧姆定律。用公式表示为

$$I = \frac{U}{R}$$

（2）全电路的欧姆定律。含有电源的闭合电路称为全电路。在全电路中，电流强度与电源的电动势成正比，与电路中的内电阻和外电阻之和成反比。这个规律称为全电路的欧姆定律。用公式表示为

$$I = \frac{E}{R+r}$$

4. 电压和电位的概念

（1）电位的概念。带电体的周围存在着电场，电场对处在电场中的电荷有力的作用。当电场力使电荷移动时，电场力就对电荷做了功。在电场中任选一点为参考点，电场力将单位正电荷从某点移到参考点所做的功，称为该点到参考点的电位。电位的符号用 $\varphi$ 表示。参考点的电位等于零，即 $\varphi_0 = 0$，高于参考点的电位是正电位，低于参考点的电位是负电位。

规定：电场力把 1C 电量的正电荷从 $a$ 点移到参考点，如果所做的功为 1J，那么 $a$ 对参考点的电位就是 1V。

电位常用单位还有 kV、mV、μV。

参考点可以任意选定，符号用"⊥"表示。参考点改变时，电位将发生变化。

（2）电压的概念。在电场中，任意两点之间的电位之差，称为电位差，又称为两点之间的电压。电位差（电压）也是衡量电场力做功本领大小的物理量。规定：电场力把单位正电荷从电场中 $a$ 点移到 $b$ 点所做的功称为 $a$、$b$ 两点间的电压，用 $U_{ab}$ 表示

$$U_{ab} = \frac{A_{ab}}{Q}$$

电压的单位也是伏特，简称伏，用符号 V 表示。习惯规定电场力移动正电荷做功的方向为电压的实际方向，电压的实际方向也就是电位降的方向，即高电位指向低电位的方向，所以电压又称为电位降。电压的参考方向也可根据需要设定。

电压与电位的关系如下。

1）某点的电位等于该点对参考点的电压，即 $\varphi_a = U_{ao}$。

2）两点之间的电压等于两点之间的电位差，即 $U_{ab} = \varphi_a - \varphi_b$。

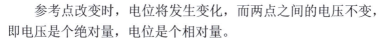

参考点改变时，电位将发生变化，而两点之间的电压不变，即电压是个绝对量，电位是个相对量。

5. 直流电路电阻的连接

（1）电阻的串联。两个或两个以上的电阻，依次连接，中间无分支的电路，称为电阻的串联。三个电阻构成的串联电路如图 2-1 所示。电阻的串联电路具有以下特点。

1）电路中流过每个电阻的电流都相等，即

$$I=I_1=I_2=\cdots=I_n$$

2）电路两端的总电压等于各电阻两端电压之和，即

$$U=U_1+U_2+U_3+\cdots+U_n$$

3）电路的等效电阻（总电阻）等于各串联电阻之和，即

$$R=R_1+R_2+R_3+\cdots+R_n$$

4）电路的总功率等于各串联电阻消耗的功率之和，即

$$P=P_1+P_2+P_3+\cdots+P_n$$

5）电路中各电阻上的电压与各电阻的阻值成正比，即

$$U_n=\frac{R_n}{R}U$$

在计算电路时，若为两个或三个电阻串联，当总电压已知时，它们的分压公式分别为

$$U_1=\frac{R_1}{R_1+R_2}U \ , \quad U_2=\frac{R_2}{R_1+R_2}U$$

$$U_1=\frac{R_1}{R_1+R_2+R_3}U \ , \quad U_2=\frac{R_2}{R_1+R_2+R_3}U \ , \quad U_3=\frac{R_3}{R_1+R_2+R_3}U$$

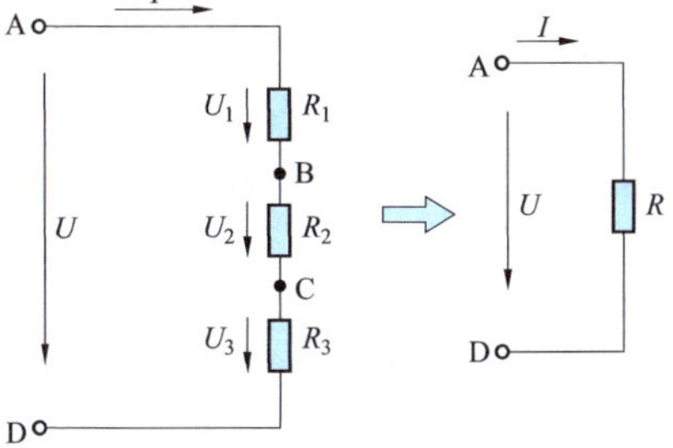

图 2-1 电阻的串联及其等效电路

（2）电阻的并联。把两个或两个以上的电阻并列地连接在两点之间，使每一电阻两端都承受同一电压的连接方式称为电阻的并联。如图2-2所示。电阻并联具有如下特点。

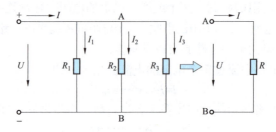

图2-2 电阻的并联及其等效电路

1）电路中各电阻两端的电压相等，并且等于电路两端的电压，即

$$U=U_1=U_2=U_3=\cdots=U_n$$

2）电路的总电流等于各电阻中的电流之和，即

$$I=I_1+I_2+\cdots+I_n$$

3）电路的等效电阻（总电阻）的倒数，等于各并联电阻的倒数之和，即

$$\frac{1}{R}=\frac{1}{R_1}+\frac{1}{R_2}+\frac{1}{R_3}+\cdots+\frac{1}{R_n}$$

两个电阻并联的阻值还可写成 $R=R_1//R_2=\dfrac{R_1R_2}{R_1+R_2}$

4）电路消耗的总功率等于各并联电阻消耗的功率之和，即

$$P=P_1+P_2+\cdots+P_n$$

5）在电阻并联电路中,各支路分配的电流与支路的电阻值成反比，即

$$I_n=\frac{R}{R_n}I$$

其中 $R=R_1//R_2//R_3//\cdots//R_n$

上式称为分流公式，$\dfrac{R}{R_n}$ 称为分流比。

当两个电阻并联时，分流公式为

$$I_1 = \frac{R_2}{R_1 + R_2}I, \quad I_2 = \frac{R_1}{R_1 + R_2}I$$

6. 电功和电功率的概念

（1）电功。电流所做的功，称为电功。电功的表达式为

$$W = UIt = \frac{U^2}{R}t = I^2Rt$$

式中　$W$——电流所做的功，J；

　　　$U$——电压，V；

　　　$I$——电流，A；

　　　$t$——时间，s。

（2）电功率。电流单位时间内所做的功，称为电功率。对于直流电路来说，功率的表达式为

$$P = \frac{W}{t}$$

式中　$P$——电功率，W；

　　　$W$——电流所做的功，J；

　　　$t$——通电时间，s。

功率的表达式还可写为

$$P = \frac{U^2}{R} = I^2R$$

7. 基尔霍夫定律

（1）基尔霍夫第一定律。基尔霍夫第一定律也称节点电流定律（KCL）。此定律说明了连接在同一节点上的几条支路中电流之间的关系，其内容是：电路中任意一个节点上，流入节点的电流之和等于流出该节点的电流之和，即

$$\sum I_{\text{in}} = \sum I_{\text{out}}$$

如果我们规定流入节点的电流为正，流出节点的电流为负，

那么，基尔霍夫第一定律内容也可叙述为：电路中任意一个节点上，电流的代数和恒等于零，即

$$\sum I = 0$$

基尔霍夫第一定律不仅适用于节点，也可推广应用于任意假定的封闭面。

（2）基尔霍夫第二定律。基尔霍夫第二定律也称回路电压定律（KVL）。此定律说明了回路中各部分电压之间的相互关系。其内容是：对于电路中的任一回路，沿回路绕行方向的各段电压的代数和等于零。其表达式为

$$\sum U = 0$$

基尔霍夫第二定律的内容又可叙述为：在任一闭合回路中，各个电阻上电压的代数和等于各个电动势的代数和，即

$$\sum IR = \sum E$$

应用基尔霍夫第二定律列回路电压方程时，通常采用 $\sum IR = \sum E$ 的形式，其步骤如下。

1）假设各支路电流的参考方向和回路的绕行方向。

2）将回路中全部电阻上的电压 $IR$ 写在等式的一边，若通过电阻的电流方向与绕行方向一致，则该电阻上的电压取正，反之取负。

3）将回路中全部电动势写在等式另一边，若电动势的方向（由负极指向正极）与绕行方向一致，则该电动势取正，反之取负。

8. 直流电路的计算

不能用串、并联关系进行简化的电路称为复杂电路。解决复杂电路的依据是欧姆定律和基尔霍夫定律。解决复杂电路常用的方法有支路电流法、节点电压法、回路电压法、叠加原理以及戴维南定理等。应重点掌握以下几种方法。

（1）支路电流法。支路电流法就是以各支路电流为未知量，应用基尔霍夫定律列出方程式，联立方程组求解各支路电流的方法。其步骤如下。

1）标出各支路电流的参考方向和回路绕行方向。

2）列节点电流方程。假设有 $n$ 个节点，$m$ 条支路可列出（$n-1$）个节点电流的独立方程。

3）根据基尔霍夫第二定律列回路电压方程。可列出 $m-(n-1)$ 个独立回路电压方程式。

4）联立方程组求解得出各支路电流。

（2）节点电压法。在复杂电路计算中，对支路较多而节点很少的电路，用节点电压法计算较为简便。节点电压法是以节点电压为未知量，先求出节点电压，再根据含源电路欧姆定律求出各支路电流。对于只有两个节点的电路，用节点电压法解题的步骤如下。

1）选定参考点和节点电压的参考方向。

2）求出节点电压

$$U_{AB}=\frac{\sum\dfrac{E}{R}}{\sum\dfrac{1}{R}}$$

如果用电导表示电阻，则上式可写为

$$U_{AB}=\frac{\sum EG}{\sum G}$$

上述两个公式中分母中各项的符号都是正号；分子各项的符号按以下原则确定：凡电动势的方向指向 A 点时取正号，反之取负号。

3）根据含源支路欧姆定律求出各支路电流。

（3）戴维南定理。任何一个含源二端线性网络都可以用一个等效电源来代替，这个等效电源的电动势 $E$ 等于该网络的开路电压 $U_O$，等效内阻等于该网络内所有电源不作用，仅保留其内阻时，网络两端的输入电阻 $R_i$。戴维南定理适用于求复杂电路中某一支路的电流。

用戴维南定理求某一支路电流的步骤如下。

1）把电路分成待求支路和含源二端网络两部分。

2）断开待求支路，求出含源二端网络的开路电压 $U_O$。

3）将网络内各电源置零（即将电压源短路，电流源开路），仅保留电源内阻，求出网络两端的输入电阻 $R_i$ 即为等效电源的内阻 $r$。

4）画出含源二端网络的等效电路，然后接入待求支路，则待求支路的电流为

$$I = \frac{E}{r+R} = \frac{U_O}{R_i+R}$$

9. 电容器

（1）概念。储存电荷的容器称为电容器。电容器是由两金属导体中间以绝缘介质相隔，引出两个电极组成。被介质隔开的金属板称为极板，极板通过电极与电路连接。电容器可以储存电荷，成为储存电能的容器。

电容器任一极板上的带电量与两极板间的电压的比值，是一个常数。这一比值称为电容量，简称电容，用 $C$ 表示，即

$$C = \frac{Q}{U}$$

式中　$Q$——任一极板上的电量，C；

　　　$U$——两极板间的电压，V；

　　　$C$——电容量，F。

电容量是衡量电容器储存电荷本领大小的物理量。电容量的单位除 F 外，还有 μF 和 pF，它们之间的换算关系是

$$1\mu F = 10^{-6} F$$
$$1pF = 10^{-6} \mu F$$

电容量的大小决定于电容器的介质种类与几何尺寸。如果介质的介电常数越大，极板相对面积越大，极板间的距离越小，则电容量就越大。

电容器具有隔直流、通交流的作用。电容器按其结构可分为固定电容器、可变电容器和半可变电容器。

（2）电容器的主要参数。

1）电容器的标称容量和偏差。不同材料制造的电容器，其标称容量系列也不一样，一般电容器的标称容量系列与电阻器采用的系列相同，即 E24、E12、E6 系列。

2）电容器的额定直流工作电压。在线路中能够长期可靠地工作而不被击穿时所能承受的最大直流电压（又称耐压），它的大小与介质的种类和厚度有关。

（3）电容器的连接。

1）电容器的并联。将几只电容器接在相同的两点之间的连接方式，叫做电容器的并联。其特点如下。

a. 并联后的等效电容量（总容量）$C$ 等于各个电容器的容量之和，即

$$C = C_1 + C_2 + C_3 + \cdots + C_n$$

b. 每个电容器两端的电压相等，并等于电源电压 $U$，即

$$U = U_1 = U_2 = U_3 = \cdots = U_n$$

应当注意，并联时各个电容器直接与外加电压相接，因此每只电容的耐压都必须大于电源电压。

2）电容器的串联。将几只电容器依次连接，中间无分支的连接方式，叫做电容器的串联。其特点如下。

a. 串联电容的等效电容（总容量）$C$ 的倒数等于各个电容量倒数之和，即

$$\frac{1}{C} = \frac{1}{C_1} + \frac{1}{C_2} + \frac{1}{C_3}$$

当两个电容器串联时，其等效电容为

$$C = \frac{C_1 C_2}{C_1 + C_2}$$

若 $n$ 个相同电容器串联时，且容量都为 $C$，则等效电容量为

$$C_s = \frac{C}{n}$$

式中 $C_s$——等效电容量；

$C$——其中一个电容的容量。

b. 总电压 $U$ 等于每个电容器上的电压之和，即

$$U = U_1 + U_2 + U_3 + \cdots + U_n$$

每个串联电容器上实际分配的电压与其电容量成反比，即容量大的分配的电压小，容量小的分配的电压大。若每个串联电容都相等则每个电容器上分配的电压也相等。若只有两只电容器 $C_1$ 和 $C_2$ 串联，则根据上述原理，每只电容器上分配的电压，可用下面简便式子计算

$$U_1 = \frac{C_2}{C_1 + C_2} U , \quad U_2 = \frac{C_1}{C_1 + C_2} U$$

式中　$U$——总电压；

　　$U_1$——$C_1$ 上分配的电压；

　　$U_2$——$C_2$ 上分配的电压。

（二）磁路及电磁感应

1. 磁场的基本物理量

有关磁场的物理量有磁通、磁感应强度、磁导率和磁场程度等。

（1）磁通。磁通是用来定量描述磁场在一定面积上的分布情况。通过与磁场方向垂直的某一面积上的磁力线的总数，称为通过该面积的磁通量，简称磁通。用字母 $\Phi$ 表示，它的单位是韦伯，简称韦，用符号 Wb 表示。

（2）磁感应强度。磁感应强度 $B$ 是用来描述磁场中各点的强弱和方向。垂直通过单位面积磁力线的多少，称为该点的磁感应强度。在均匀磁场中，磁感应强度可表示为

$$B = \frac{\Phi}{S}$$

磁感应强度 $B$ 等于单位面积的磁通量，所以，磁感应强度也称为磁通密度。当磁通的单位为 Wb，面积的单位为 $m^2$ 时，那么磁感应强度 $B$ 的单位是 T，称为特斯拉，简称特。

由于磁力线上任一点的切线方向就是该点磁感应强度的方向，所以磁感应强度不但表示某点磁场的强弱，而且还表示出该点磁场的方向，因此，磁感应强度是个矢量。

（3）磁导率。磁导率是一个用来描述物质导磁性能的物理量，用字母 $\mu$ 表示，其单位是 H/m。真空中的磁导率为一常数。其表达式为

$$\mu_0=4\pi\times10^{-7}\text{H/m}$$

为了比较媒介质对磁场的影响，把任一物质的磁导率与真空的磁导率的比值称为相对磁导率，用 $\mu_r$ 表示，即

$$\mu_r=\mu/\mu_0$$

式中　$\mu_r$——相对磁导率；

　　　$\mu$——任一物质的磁导率；

　　　$\mu_0$——真空中的磁导率。

（4）磁场强度。由于磁感应强度与媒介质的磁导率有关，计算较为复杂，为了使计算简便，引入了磁场强度这个物理量。

磁场中某点的磁感应强度 $B$ 与媒介质磁导率 $\mu$ 的比值，称为该点的磁场强度，用 $H$ 表示，即

$$H=\frac{B}{\mu}=\mu\frac{NI}{\mu l}=\frac{NI}{l}$$

磁场强度的单位为 A/m。磁场强度的数值只与电流的大小及导体的形状有关。而与磁场媒介质的磁导率无关。磁场强度是个矢量，在均匀媒介质中，它的方向和磁感应强度的方向一致。

2. 磁路的概念

磁通（磁力线）集中通过的闭合路径称为磁路。磁路按其结构不同，可分为无分支磁路和分支磁路，分支磁路又可分为对称分支磁路和不对称分支磁路。

由于铁磁材料的磁导率远大于空气的磁导率，所以磁通主要通过铁心而闭合，只有很少一部分磁通，经过空气或其他材料。通过铁心的磁通称为主磁通，铁心外的磁通称为漏磁通，一般情况下，漏磁通很小，在定性分析和估算时可忽略不计。

在磁路中，通过磁路中的磁通与磁路中的磁通势成正比，与磁阻成反比，称为磁路的欧姆定律，即

$$\varPhi = \frac{NI}{\dfrac{l}{\mu S}} = \frac{E_{\mathrm{m}}}{R_{\mathrm{m}}}$$

式中，$E_{\mathrm{m}}=NI$，相当于电路中的电动势，它是产生磁通的磁源，称为磁通势。电流越大，磁通势越强。而 $R_{\mathrm{m}} = \dfrac{l}{\mu S}$，对应于电路中的电阻 $R = \rho \dfrac{l}{S}$（$\rho$ 为电阻率）。

因而 $R_{\mathrm{m}}$ 称为磁阻，磁阻 $R_{\mathrm{m}}$ 与磁路的尺寸及磁性物质的磁导率有关。磁阻的单位是 1/H。

在实际应用中，很多电气设备的磁路往往要通过几种不同的物质，此时的总磁阻为通过各种物质的磁阻之和。

**3. 铁磁材料的特性**

根据物质的磁导率不同，可把物质分成三类：一类叫顺磁物质，如空气、铝、铬、铂等，其 $\mu_{\mathrm{r}}$ 稍大于 1。另一类叫反磁物质，如氢、铜等，其 $\mu_{\mathrm{r}}$ 稍小于 1。顺磁物质与反磁物质一般被称为非磁性材料。还有一类叫铁磁物质，如铁、镍、钴及其合金等。由于它们的相对磁导率 $\mu_{\mathrm{r}}$ 远大于 1，往往比真空中产生的磁场要强几千甚至几万倍以上。铁磁材料的磁导率不是常数。

例如，硅钢片的相对磁导率 $\mu_{\mathrm{r}}$ 为 7500 左右，而坡莫合金的相对磁导率则高达几万到十万以上。所以铁磁物质被广泛地应用在电工技术方面（如制作变压器、继电器、电磁铁、电机等电器的铁心）。计算机甚至火箭等尖端技术也离不开铁磁材料。

**4. 电磁感应**

由于磁通变化而在导体或线圈中产生感应电动势的现象，称为电磁感应。由电磁感应产生的电动势称为感应电动势，由感应电动势产生的电流称为感应电流。电磁感应的产生条件是，通过线圈回路的磁通必须发生变化。

（1）法拉第电磁感应定律。线圈中感应电动势的大小与通过同一线圈的磁通变化率（即变化快慢）成正比。这一规律称为法

拉第电磁感应定律。其表达式为

$$e = -N \frac{\Delta \Phi}{\Delta t}$$

式中　$e$——在 $\Delta t$ 时间内产生的感生电动势，V；

　　　$N$——线圈的匝数；

　　　$\Delta \Phi$——线圈中磁通的变化量，Wb；

　　　$\Delta t$——磁通变化 $\Delta \Phi$ 所需的时间，s。

（2）楞次定律。楞次定律的内容是：当穿过线圈的磁通发生变化时，感应电动势的方向总是企图使它的感应电流产生的磁通阻碍原有磁通的变化。也就是说，当线圈原磁通增加时，感应电流就要产生与它方向相反的磁通来阻碍它的增加，当线圈中的磁通减少时，感应电流就要产生与它的方向相同的磁通去阻碍它的减少。所以法拉第电磁感应定律的表达式中的负号表示感应电动势的方向总是使感应电流产生的磁通阻碍原磁通的变化。

（三）交流电路知识

1. 正弦交流电路的基本概念

凡大小和方向随时间改变的电流（电压、电动势），称为交流电。大小和方向随时间作周期性变化的电流（电压和电动势）为周期性交流电，简称交流电。其中随时间按正弦规律变化的交流电称为正弦交流电；随时间不按正弦规律变化的交流电称为非正弦交流电。平时所谓的交流电是指正弦交流电。正弦交流电动势是由三相正弦交流发电机产生的。正弦交流电的三要素包括最大值、频率和初相位。

（1）瞬时值、最大值、有效值和平均值。

1）瞬时值。正弦交流电在某一时刻的值称为在这一时刻正弦交流电的瞬时值。电动势、电压和电流的瞬时值分别用小写字母 $e$、$u$ 和 $i$ 表示。

2）最大值。最大的瞬时值称为最大值，也称为幅值或峰值。电动势、电压和电流的最大值分别用符号 $E_m$、$U_m$、$I_m$ 表示。

3）有效值。交流电的有效值是根据电流的热效应来规定的。相同时间内热效应与交流电等效的直流值称为这一交流电的有效值，交流电动势、电压和电流的有效值分别用大写字母 $E$、$U$ 和 $I$ 表示。交流电最大值与有效值的关系为

$$E = \frac{E_\mathrm{m}}{\sqrt{2}} = 0.707 E_\mathrm{m}$$

$$U = \frac{U_\mathrm{m}}{\sqrt{2}} = 0.707 U_\mathrm{m}$$

$$I = \frac{I_\mathrm{m}}{\sqrt{2}} = 0.707 I_\mathrm{m}$$

4）平均值。正弦交流电的波形是对称于横轴的，在一个周期内的平均值恒等于零，所以一般所说的平均值是指半个周期内的平均值。正弦交流电在半个周期内的平均值为

$$E_\mathrm{av} = 0.637 E_\mathrm{m}$$
$$U_\mathrm{av} = 0.637 U_\mathrm{m}$$
$$I_\mathrm{av} = 0.637 I_\mathrm{m}$$

（2）频率、周期和角频率。交流电在单位时间内周期性变化的次数称为交流电的频率。用符号 $f$ 表示，单位 Hz。频率较大的单位还有 kHz、MHz。

在我国的电力系统中，国家规定动力和照明用电的频率为 50Hz，习惯上称为工频。

交流电完成一次周期性变化所需的时间称为交流电的周期，用符号 $T$ 表示，单位 s。周期较小的单位还有 ms、μs。工频交流电的周期为 0.02s。根据定义可得出

$$f = 1/T$$

交流电每秒所变化的电角度，称为交流电的角频率，用符号 $\omega$ 表示，单位是 rad/s。周期、频率和角频率的关系为

$$\omega = \frac{2\pi}{T} = 2\pi f$$

（3）初相位。在正弦交流电路中，任意（$t$）时刻线圈平面与

中性面的夹角（$\omega t+\varphi$）称为正弦交流电的相位或相角。$t=0$ 时刻的相位，称为初相位，简称为初相。通常 $|\varphi|\leqslant180°$。

两个同频率交流电的相位之差称为相位差。设 $e_1=E_{m1}\sin(\omega t+\varphi_1)$，$e_2=E_{m2}\sin(\omega t+\varphi_2)$，则其相位差为

$$\Delta\varphi=(\omega t+\varphi_1)-(\omega t+\varphi_2)=\varphi_1-\varphi_2$$

注意：初相的大小与时间起点的选择密切相关，而相位差与时间起点的选择无关。

2. 单相正弦交流电路

分析和计算单相正弦交流电路的方法如下。

（1）纯电路的分析与计算。纯电路是指纯电阻、纯电感和纯电容电路。

1）纯电阻正弦交流电路。交流电路中如果只有线性电阻，这种电路就称为纯电阻电路。

在纯电阻正弦交流电路中，有如下关系。

① 电压与电流同相位，即电压与电流的相位差 $\varphi=0$。

② 电压与电流有效值关系为

$$I=\frac{U}{R}$$

③ 电路的功率。电压瞬时值 $u$ 和电流瞬时值 $i$ 的乘积称为瞬时功率，用 $p$ 表示

$$p=ui$$

平均功率是指瞬时功率在一个周期内的平均值，平均功率又称为有功功率，用 $P$ 表示。

$$P=UI=I^2R=\frac{U^2}{R}$$

2）纯电感正弦交流电路。在交流电路中，如果只用电感线圈做负载，而且线圈的电阻和分布电容均可忽略不计，这样的电路就叫做纯电感电路。

① 纯电感电路中，电感两端的电压超前电流 $90°$

设 $i=I_m\sin\omega t$

则 $u_L = U_{Lm}\sin\left(\omega t + \dfrac{\pi}{2}\right)$

② 电流与电压的最大值及有效值之间也符合欧姆定律，即

$$U_{Lm} = \omega L I_m$$

$$U_L = \omega L I$$

$$I = \dfrac{U_L}{X_L}$$

$X_L$ 称为感抗，表明电感具有阻碍交流电流流过电感线圈的性质。感抗 $X_L$ 等于电感元件上电压与电流的最大值或有效值之比，不等于它们的瞬时值之比。

感抗的计算公式为 $X_L = \omega L = 2\pi f L$

感抗的单位为 Ω。

③ 纯电感电路的功率。

● 瞬时功率等于电流瞬时值与电压瞬时值的乘积。

● 平均功率等于零，即 $P=0$，也就是说电感元件在交流电路中不消耗电能。

● 无功功率。电感线圈不消耗电源的能量，但在电感元件与电源之间不断地进行周期性的能量交换。为了反映电感元件与电源之间进行能量交换的规模，把瞬时功率的最大值叫做电感元件上的无功功率，用符号 $Q_L$ 表示，其表达式为

$$Q_L = U_L I = I^2 X_L = \dfrac{U_L^2}{X_L}$$

无功功率的单位为 var 和 kvar。

注意："无功"的含意是"交换"而不是消耗，是相对"有功"而言的，绝不能理解为"无用"。

3）纯电容正弦交流电路。在交流电路中，如果只用电容器作负载，而且电容器的绝缘电阻很大，介质损耗和分布电感均可忽略不计，这样的电路称为纯电容电路。在纯电容电路中，有如下关系：

① 电流在相位上超前电压 90°。

② 电流与电压的最大值及有效值之间也符合欧姆定律。

③ $X_C$ 起着阻碍电流通过电容器的作用，所以把 $X_C$ 称为电容器的电抗，简称容抗。其计算式为

$$X_C = \frac{1}{\omega C} = \frac{1}{2\pi f C}$$

容抗的单位为Ω。容抗 $X_C$ 等于电容元件上电压与电流的最大值或有效值之比，不等于它们的瞬时值之比。

④ 纯电容电路的功率。

● 纯电容电路的瞬时功率同样可用 $p=ui$ 求出。

● 平均功率为零，即电容器不消耗能量。

● 无功功率等于瞬时功率的最大值，用 $Q_C$ 表示，即

$$Q_C = U_C I = I^2 X_C = \frac{U_C^2}{X_C}$$

无功功率的单位为 var 和 kvar。

（2）RLC 串联电路。电阻、电感和电容的串联电路称为 RLC 串联电路。

在 RCL 串联电路中有如下关系

1）电压与电流的相位关系 $\varphi = \arctan \dfrac{X_L - X_C}{R}$ 。

① $X_L > X_C$ 时，总电压超前电流，电路呈感性。

② $X_L < X_C$ 时，总电压滞后电流，电路呈容性。

③ $X_L = X_C$ 时，总电压与电流同相位，电路发生串联谐振，电路呈阻性。

2）总电压与总电流、总电压与各分电压之间的关系 $U = IZ = I\sqrt{R^2 + (X_L - X_C)^2} = \sqrt{U_R^2 + (U_L - U_C)^2}$ 组成电压三角形。

3）总阻抗 $Z = \sqrt{R^2 + (X_L - X_C)^2}$ ，$X_L - X_C$ 称为电抗，Z、R、X 组成阻抗三角形。阻抗角为 $\varphi = \arctan \dfrac{X_L - X_C}{R}$ 。

4）电路中的功率。

— 39 —

① 有功功率。电阻消耗的功率为总电路的有功功率，即平均功率

$$P = I^2 R = UI \cos \varphi$$

有功功率的单位为 W。

② 无功功率。总的无功功率等于电感和电容上的无功功率之差。

$$Q = Q_L - Q_C$$

无功功率的单位为 var 和 kvar。

当 $X_L > X_C$ 时，$Q$ 为正，表示电路中为感性功无功功率；当 $X_L < X_C$ 时，$Q$ 为负，表示电路中为容性无功功率；当 $X_L = X_C$ 时，无功功率 $Q = 0$，电路处于谐振状态，只有电感与电容之间进行能量交换。

③ 视在功率。电路的总电压与总电流的有效值的乘积称为电路的视在功率，用 $S$ 表示，即

$$S = UI = \sqrt{P^2 + Q^2}$$

视在功率的单位为 VA 和 kVA。

有功功率为 $\qquad P = S \cos \varphi$

无功功率为 $\qquad Q = S \sin \varphi$

视在功率、有功功率和无功功率组成功率三角形。

④ 功率因数。有功功率与视在功率的比值，称为功率因数。

$$\cos \varphi = \frac{P}{S}$$

功率因数还可由阻抗三角形或电压三角形得到

$$\cos \varphi = \frac{R}{z} = \frac{U_R}{U}$$

**3. 三相交流电路**

（1）概念。最大值相等、频率相同、相位互差 120° 的三个正弦电动势，称为对称三相电动势。若以三相对称电动势中的 $U$ 相为参考正弦量，则它们的瞬时值表达式为

$$e_U = E_m \sin \omega t$$

$$e_V = E_m \sin(\omega t - 120°)$$

$$e_W=E_m\sin(\omega t+120°)$$

（2）三相电源的连接。

1）三相电源的星形连接。将三相电源的三相绕组的末端 U2、V2、W2 连在一起，始端作为输出线的引出端，这种接线方式叫星形接法。有中线的三相制叫做三相四线制，无中线的三相制叫做三相三线制。电力系统中，一般都采用三相四线制方式供电。

电源每相绕组两端的电压称为电源的相电压。有中线时，各相线与中线之间的电压就是相电压。相线与相线之间的电压称为线电压。

线电压与相电压之间的关系如下。

① 数量关系。线电压等于相电压的 $\sqrt{3}$ 倍。

$$U_l=\sqrt{3}\,U_p$$

② 相位关系。线电压超前相应的相电压 30°。用相量法表示

$$\dot{U}_l=\sqrt{3}\dot{U}_p e^{-j30°}$$

2）三相电源的三角形连接。将三相电源内每相绕组的末端和另一相绕组的始端依次相连的连接方式，称为三角形连接。这种连接时若三相电动势不对称，则三角形回路的总电动势不等于零，使回路内部产生很大的环流，这将使绕组发热，甚至烧毁。因此，三相发电机一般不采用三角形接法而采用星形接法。

（3）三相负载的连接。通常把各相负载相同的三相负载，叫三相对称负载。三相负载的连接也有星形连接（Y）与三角形（△）连接两种。

1）三相负载的星形连接。将三相负载分别接到三相电源的相线和中线之间的接法，称为三相负载的星形连接（Y），规定如下：

① 每相负载两端的电压称为负载的相电压，流过每相负载的电流称为负载的相电流。

② 流过相线的电流称为线电流，相线与相线之间的电压，称为线电压。

③ 负载为星形连接时，负载相电压的参考方向与相电压的参考方向一致。线电流的参考方向为由电源端指向负载端。中线电流的参考方向规定为由负载中点指向电源中点。

负载作星形连接时有以下特点。

● 负载端的相电压就等于电源的相电压，负载端的线电压就等于电源的线电压。线电压的相位超前对应的相电压30°，即

$$U_{Yl}=\sqrt{3}\,U_{Yp}$$

● 相电流与线电流相等，即

$$I_{Yl}=I_{Yp}$$

2）三相负载的三角形连接。把三相负载分别接在三相电源的每两根端线之间，就称为三相负载的三角形（△）连接。

负载作三角形连接时，有以下特点：

① 负载的相电压就是线电压，即

$$U_{\triangle p}=U_{\triangle l}$$

② 线电流为相电流的$\sqrt{3}$倍，并且线电流的相位滞后与其对应的相电流30°。

总之，线电压一定时，负载作三角形连接时的相电压是星形连接时的$\sqrt{3}$倍。因此，三相负载接到三相电源中，做Y形还是△形连接，应根据三相负载的额定电压而定。若各相负载的额定电压等于电源的线电压，则应做△形连接，若各相负载的额定电压是电源线电压的$1/\sqrt{3}$，则应做星形连接。

（4）三相电路的功率。一个三相电源发出的总有功功率等于电源每相发出的有功功率之和，一个三相负载的总有功功率等于每相负载的有功功率之和，即

$$P=P_U+P_V+P_W$$

$$=U_UI_U\cos\varphi_U+U_VI_V\cos\varphi_V+U_WI_W\cos\varphi_W$$

在对称电路中，各相电压、相电流的有效值均相等，功率因数也相同，即

$$P=3U_pI_p=3P_p$$

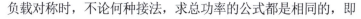

负载对称时，不论何种接法，求总功率的公式都是相同的，即

$$P = \sqrt{3}\, U_1 I_1 \cos\varphi$$

角 $\varphi$ 是负载相电压与相电流之间的相位差，即负载的阻抗角，而不是线电压与线电流之间的相位差。

同理，可得到对称三相负载无功功率和视在功率的表达式

$$Q = 3I_{\mathrm{p}} U_{\mathrm{p}} = \sqrt{3}\, U_1 I_1 \sin\varphi$$

$$S = \sqrt{P^2 + Q^2} = \sqrt{3}\, U_1 I_1 = 3U_{\mathrm{p}} I_{\mathrm{p}}$$

三相对称负载的功率有如下特点。

1) 在线电压不变时，同一负载接成△形的相电流是接成Y形时相电流的 $\sqrt{3}$ 倍，负载接成△形时的线电流是接成Y形时的 3 倍，负载做△形连接时的功率为做Y形连接时的功率的 3 倍。

2) 只要每相负载承受的相电压相等，那么不管负载接成Y形还是△形，负载所消耗的有功功率相等。

（5）中性线的作用。中性线的作用就在于使星形连接的不对称负载的相电压保持对称。所以在三相负载不对称的电压供电系统中，不允许在中性线上安装熔断器和开关，而且中性线常用钢丝制成，以免中性线断开发生事故。

（四）变压器与交流电动机知识

1. 变压器

（1）变压器的用途。变压器是利用电磁感应原理制成的静止电气设备。它的作用是改变交流电的电压、电流、相位和阻抗。但不能变换频率和直流量。

（2）变压器的工作原理。它的基本原理是电磁感应原理。因此变压器不但可以用来变换交流电压，还能变换交流电流、阻抗和相位，变压器在传输电功率的过程中遵守能量守恒定律。

变压器一次侧、二次侧的电压与匝数成正比，一次侧、二次侧的电流与匝数成反比。

即

$$k = \frac{N_1}{N_2} = \frac{U_1}{U_2} = \frac{I_2}{I_1}$$

（3）电力变压器的结构。根据用途的不同，变压器其结构也有所不同，大功率电力变压器的结构比较复杂，而多数电力变压器是油浸式的。油浸式变压器是由绕组和铁心组成器身，为了解决散热、绝缘、密封、安全等问题，还需要油箱、绝缘套管、储油柜、冷却装置、压力释放阀、安全气道、温度计和气体继电器等附件。

1）铁心。铁心是三相变压器的磁路部分，与单相变压器一样，它也是由 0.35mm 厚的硅钢片叠压（或卷制）而成，新型电力变压器铁心均用冷轧晶粒取向硅钢片制作，以降低其损耗。三相电力变压器铁心均采用心式结构。

铁心柱的截面形状与变压器的容量有关，单相变压器及小型三相电力变压器采用正方形或长方形截面；在大、中型三相电力变压器中，为了充分利用绕组内圆的空间，通常采用阶梯形截面。

2）绕组。绕组是三相电力变压器的电路部分。一般用绝缘纸包的扁铜线或扁铝线绕成，绕组的结构形式有同心式绕组和交叠式绕组。当前新型的绕组结构为箔式绕组电力变压器，绕组用铝箔或铜箔氧化技术和特殊工艺绕制，使变压器整体性能得到较大的提高，我国已开始批量生产。

3）油箱和冷却装置。为了铁心和绕组的散热和绝缘，均将其置于绝缘的变压器油内，而油则盛放在油箱内。为了增加散热面积，一般在油箱四周加装散热装置，老型号电力变压器采用在油箱四周加焊扁形散热油管，新型电力变压器以采用片式散热器散热为多。容量大于 10 000kVA 的电力变压器，采用风吹冷却或强迫油循环冷却装置。

较多的变压器在油箱上部还安装有储油柜，它通过连接管与油箱相通。储油柜内的油面高度随变压器油的热胀冷缩而变动。储油柜使变压器油与空气的接触面积大为减小，从而减缓了变压器油的老化速度。新型的全充油密封式电力变压器则取消了储油柜，运行时变压器油的体积变化完全由设在侧壁的膨胀式散热器（金属波纹油箱）来补偿。

4）气体保护装置。

① 气体继电器。气体继电器装在油箱与储油柜之间的管道中，当变压器发生故障时，器身就会过热使油分解产生气体。气体进入继电器内，使其中一个水银开关接通（上浮筒动作），发出报警信号。

② 安全气道。安全气道又称防爆管，装在油箱顶盖上，它是一个长钢筒，出口处有一块厚度约2mm的密封玻璃板（防爆膜），玻璃上划有几道缝。当变压器内部发生严重故障而产生大量气体，内部压力超过50kPa时，油和气体会冲破防爆玻璃喷出，从而避免了油箱爆炸引起的更大危害。安全气道在生产中目前已较少使用，逐渐已被压力释放阀取代。

③ 压力释放阀。目前在变压器中，尤其是在全密封变压器中，都广泛采用压力释放阀做保护，它的动作压力为53.9kPa±4.9kPa，关闭压力为29.4kPa，动作时间不大于2ms，动作时膜盘被顶开释放压力，平时膜盘靠弹簧拉力紧贴阀座（密封圈），起密封作用。

5）分接开关。变压器的输出电压可能因负载和一次侧电压的变化而变化，可通过分接开关改变线圈匝数来调节输出电压。

6）绝缘套管。绝缘套管穿过油箱盖，将油箱中变压器绕组的输入、输出线从箱内引到箱外与电网相接。绝缘套管由外部的瓷套和中间的导电杆组成，对它的要求主要是绝缘性能和密封性能要好。

7）测温装置。测温装置就是热保护装置。变压器的寿命取决于变压器的运行温度，因此油温和绕组的温度监测是很重要的。通常用三种温度计监测，箱盖上设置酒精温度计，其特点是计量精确但观察不便；变压器上装有信号温度计，便于观察；箱盖上装有电阻式温度计，其特点是为了远距离监测。

2. 三相异步电动机

（1）三相异步电动机的特点。三相异步电动机是一种将电能转换为机械能的动力设备，应用十分广泛。三相异步电动机应用最为广泛，因为它具有结构简单、价格低廉、坚固耐用、使用维护方便等优点，但也有功率因数较低、调速困难等缺点。但随着功率因数自动补偿、变频技术的发展和日益普及，异步电动机正在逐步取代直流电动机。

（2）三相异步电动机的结构。三相异步电动机的种类很多，但各类三相异步电动机的基本结构是相同的，它们都由定子和转子这两大基本部分组成，在定子和转子之间具有一定的气隙。此外，还有端盖、轴承、接线盒、吊环等其他附件，如图2-3所示。

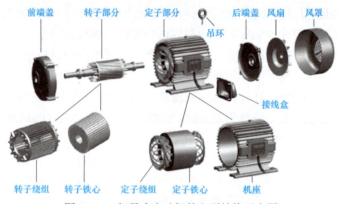

图2-3 三相异步电动机的主要结构示意图

1）定子。三相异步电动机定子是用来产生旋转磁场的，是将三相电能转化为磁能的环节。三相电动机的定子一般由机座、定子铁心、定子绕组等部分组成。

① 定子铁心。定子铁心是电动机磁路的一部分，由 0.35～0.5mm 厚表面涂有绝缘漆的薄硅钢片叠压而成，由于硅钢片较薄而且片与片之间是绝缘的，所以减少了由于交变磁通通过而引起的铁心涡流损耗。铁心内圆有均匀分布的槽口，用来嵌放定子绕圈。

② 定子绕组。定子绕组是三相电动机的电路部分，三相电动机有三相绕组，通入三相对称电流时，就会产生旋转磁场。线圈由绝缘铜导线或绝缘铝导线绕制。中、小型三相电动机多采用圆漆包线，大、中型三相电动机的定子线圈则用较大截面的绝缘扁铜线或扁铝线绕制。

③ 机座。三相电动机的机座由铸铁或铸钢浇铸成型（一般都铸有散热片），其主要作用是保护和固定三相电动机的定子绕组。

2）转子。三相异步电动机的转子是将旋转磁能转化为转子导体上电势能而最终转化为机械能的环节，主要由转子铁心、转子绕组与转轴组成。

① 转子铁心。转子铁心一方面作为电动机磁路的一部分，一方面用来安放转子绕组用 0.5mm 厚的硅钢片叠压而成，套在转轴上。

② 转子绕组。有笼形转子绕组和绕线形转子绕组。

③ 转轴。转轴由碳钢或合金钢制成，传递动力。

3）其他附件。

① 端盖。端盖除了起防护作用外，在端盖上还装有轴承，用以支撑转子轴，是用铸铁或铸钢浇铸成型。

② 轴承和轴承盖。连接转动与不动部分，一般采用滚动轴承。

③ 轴承端盖。保护轴承，不使润滑油溢出。

轴承盖是用来固定转子，使转子不能轴向移动，另外起存放润滑油和保护轴承的作用，轴承盖采用铸铁或铸钢浇铸成型。

④ 风扇。风扇用铝材或塑料制成，起冷却作用。

⑤ 接线盒。用来保护和固定绕组的引出线端子，采用铸铁浇铸。

⑥ 吊环。用铸钢制造，安装在机座的上端用来起吊、搬抬三相电动机。吊环孔还可以用来测量温度。

（3）三相异步电动机的工作原理。三相异步电动机的基本原理是：通电导体在磁场中受力。其工作原理是：对称三相定子绕组中通入三相正弦交流电，产生了旋转磁场，旋转磁场切割转子，便在转子中产生了感应电动势和感应电流。感应电流一旦产生，便受到旋转磁场的作用，形成电磁转矩，转子便沿着旋转磁场的转动方向转动起来，并且转子的转速小于旋转磁场的转速。电动机的转向是由接入三相绕组的电流相序决定的，只要调换电动机任意两相绕组所接的电源接线（相序），旋转磁场即反向旋转，电动机也随之反转。

（五）电力拖动知识

1. 常用低压电器

（1）低压开关。低压开关主要作隔离、转换及接通和分断电路用，多数用作机床电路的电源开关和局部照明电路的开关，有时也可用来直接控制小容量电动机的启动、停止和正反转。低压开关一般为非自动切换电器，常用的有刀开关、组合开关和低压断路器。

最常用的刀开关是由刀开关和熔断器组合而成的负荷开关。负荷开关又分为开启式和封闭式两种。

1）开启式负荷开关。开启式负荷开关又称为瓷底胶盖刀开关，简称闸刀开关。生产中常用的是 HK 系列开启式负荷开关，适用于照明、电热设备及小容量电动机控制电路中，供手动和不频繁接通和分断电路，并起短路保护。HK 系列负荷开关由刀开关和熔断器组合而成，其电路符号如图 2-4 所示。

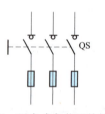

图 2-4　开启式负荷开关符号

2）封闭式负荷开关。封闭式负荷开关是在开启式负荷开关的基础之上改进设计的一种开关。其灭弧性能、操作性能、通断能力和安全防护性能都优于开启式负荷开关。因其外壳多为铸铁或用薄钢板冲压而成，故俗称铁壳开关。可用于手动不频繁的接通和断开带负荷的电路以及作为线路末端的短路保护，也可用于控制 15kW 以下的交流电动机不频繁的直接启动和停止。符号同开启式负荷开关符号。

3）组合开关。组合开关又称为转换开关，它体积小，触点对数多，接线方式灵活，操作方便，常用于交流 50Hz、380V 以下及直流 220V 以下的电气线路中，供手动不频繁的接通和断开电路、换接电源和负载以及控制 5kW 以下的交流电动机的启动、停止和正反转。HZ10—10/3 型组合开关在电路中的符号如图 2-5 所示。

4）低压断路器。低压断路器又称为自动空气开关或自动空气断路器，简称断路器。是低压配电网络和电力拖动系统中常用的一种配电电器，它集控制和多种保护功能于一体，在正常情况下可用于不频繁接通和断开电路以及控制电动机的运行。当电路发生短路、过载和失压等故障时，能自动切断故障电路、保护电路和电器设备。低压断路器具有操作安全、安装使用方便、工作可靠、动作值可调、分断能力较高、兼顾多种保护、动作后不需要更换元件等优点，因此得到了广泛作用。

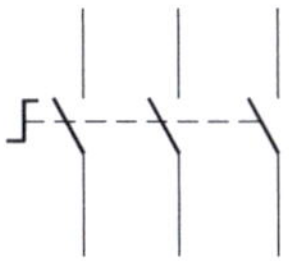

图 2-5　HZ10—10/3 型组合开关符号

低压断路器按结构形式可分为塑壳式、框架式、限流式、直流快速式、灭磁式和漏电保护式等六类。

低压断路器的符号如图 2-6 所示。

图 2-6　低压断路器的符号

（2）熔断器。熔断器是低压配电网络和电力拖动系统中主要用作短路保护的电器。使用时串联在被保护的电路中，当电路发生短路故障，通过熔断器的电流达到或超过某一规定值时，以其自身产生的热量使熔体熔断，从而自动分断电路，起到保护作用。它具有结构简单，价格便宜，动作可靠，使用维护方便等优点，得到了广泛的应用。

熔断器主要由熔体、安装熔体的熔管和熔座三部分组成。熔体的材料通常有两种，一种是由铅、铅锡合金或锌等低熔点材料制成，多用于小电流电路，另一种是由银铜等较高熔点的金属制成，多用于大电流。它的符号如图 2-7 所示。

图 2-7　熔断器符号

熔断器的主要技术参数有，额定电压、额定电流、分断能力和时间—电流特性。

（3）交流接触器。接触器是一种自动的电磁式开关，适用于远距离频繁地接通或断开交、直流主电路及大容量控制电路。它不仅能实现远距离自动操作和欠电压释放保护功能，而且还具有控制容量大、工作可靠、操作效率高、使用寿命长等优点，在电力拖动系统中得到了广泛的应用。

交流接触器的符号如图 2-8 所示。

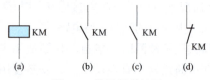

图 2-8　接触器的符号

（a）线圈；（b）主触点；（c）辅助动合触点；（d）辅助动断触点

（4）按钮开关。按钮开关是一种手动操作接通或分断小电流控制电路的主令电器。一般情况下它不直接控制主电路的通断，主要利用按钮开关远距离发出手动指令或信号去控制接触器、继电器等电磁装置，实现主电路的分合、功能转换或电气连锁。

按钮开关的结构一般都是由按钮帽、复位弹簧、桥式动触点、外壳及支柱连杆等组成。按钮开关按静态时触点分合状况，可分为动合按钮（启动按钮）、动断按钮（停止按钮）及复合按钮（动合、动断组合为一体的按钮）。按钮开关的结构与符号如图 2-9 所示。

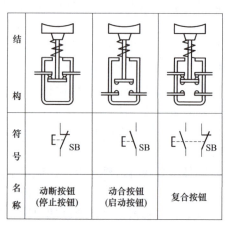

图 2-9　按钮开关的结构与符号

（5）热继电器。热继电器是利用电流的热效应对电动机或其他用电设备进行过载保护的控制电器，热继电器主要用于电动机的过载保护、断相保护、电流不平衡运行的保护及其他电气设备发热状态的控制。

热继电器的形式有多种，其中双金属片式应用最多。按极数划分热继电器可分为单极、两极和三极三种。按复位方式分，有自动复位式和手动复位式。热继电器的符号如图 2-10 所示。

热继电器在电路中只能作过载保护，不能作短路保护。

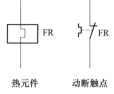

热元件　　　　动断触点

图 2-10　JR16B 系列
热继电器符号

（6）时间继电器。时间继电器是作为辅助元件用于各种保护及自动装置中，使被控元件达到所需要的延时动作的继电器。它是一种利用电磁机构或机械动作原理所组成，当线圈通电或断电以后，触点延迟闭合或断开的自动控制元件。

常用的时间继电器主要有电磁式、电动式、空气阻尼式、晶体管式等。目前，在电力拖动线路中应用较多的是空气阻尼式时间继电器。随着电子技术的发展，近年来晶体管式时间继电器应用日益广泛。

时间继电器在电路图中符号如图 2-11 所示。

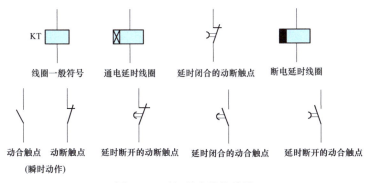

图 2-11　时间继电器的符号

（7）速度继电器。速度继电器是反映转速和转向的继电器，其主要作用是以旋转速度的快慢为指令信号，与接触器配合实现对电动机的反接制动控制，故又称为反接制动继电器。速度继电器的符号如图 2-12 所示。

图 2-12 速度继电器的符号

（8）位置开关。位置开关是一种将机械信号转换为电信号，

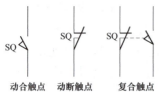

图 2-13 JLXK1—111 型
行程开关的符号

以控制运动部件的位置和行程的自动控制电器。位置开关它包括行程开关和接近开关等。行程开关的种类很多，以运动形式分，有直动式和转动式；以触点性质可分为有触点和无触点的。JLXK1—111 型行程开关的符号如图 2-13 所示。

2. 电动机启停控制线路

（1）具有过载保护的接触器自锁正转控制线路如图 2-14 所示。

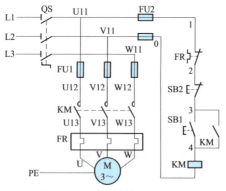

Y112M-4 4kW
△接法，380V，8.8A，1440r/min

图 2-14 具有过载保护的接触器自锁正转控制线路

线路的工作原理如下。

合上电源开关 QS，

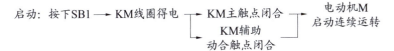

过载时，热继电器动作。

（2）双互锁正反转控制线路。当改变通入电动机定子绕组的三相电源相序，即把接入电动机三相电源进线中的任意两相对调接线时，就可使三相电动机反转。

接触器连锁的正反转控制线路的优点是安全可靠，缺点是操作不便。按钮连锁的正反转控制线路的优点是操作方便，缺点是安全不可靠。为克服二者不足，可采用按钮、接触器双重连锁的正反转控制线路。按钮、接触器双重连锁的正反转控制线路如图 2-15 所示。

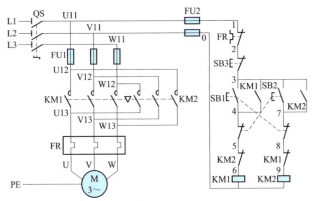

图 2-15　按钮、接触器双重连锁的正反转控制线路

（3）星-三角自动降压启动控制线路。三相笼型异步电动机的丫-△降压启动是指电动机启动时，把定子绕组接成丫形，以降低启动电压，限制启动电流。待电动机启动后，再把定子绕组改接成△形连接，使电动机全压运行。

凡是在正常运行时定子绕组作△形连接的异步电动机，均可采用这种降压启动方法。

电动机启动时接成丫形，加在每相定子绕组上的启动电压只有△形接法的 $1/\sqrt{3}$，启动电流为△形接法的 1/3，启动转矩也只有△接法的 1/3。所以这种降压启动方法，只适用于轻载或空载下启动。

时间继电器自动控制丫-△降压启动电路图如图 2-16 所示。该线路由三个接触器、一个热继电器、一个时间继电器和两个按钮组成。时间继电器 KT 用作控制丫形降压启动时间和完成丫-△自动切换。

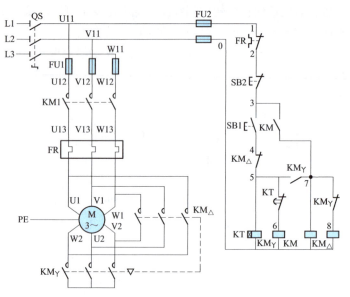

图 2-16  时间继电器自动控制丫-△降压启动电路图

该线路中，接触器 KMγ 得电以后，通过 KMγ 的常开辅助触点使接触器 KM 得电动作，这样 KMγ 主触点是在无负载的条件下进行闭合的，故可延长接触器 KMγ 主触点的使用寿命。

3. 电气图知识

（1）电气图的分类。电气图的种类繁多，常见的有：电气原

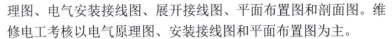

理图、电气安装接线图、展开接线图、平面布置图和剖面图。维修电工考核以电气原理图、安装接线图和平面布置图为主。

1）电气原理图。电器原理图简称为电路图。电气原理图能充分表达电气设备和电器元件的用途、作用和工作原理（单不考虑其实际位置），是电气线路安装、调试和维修的理论依据。

2）电气安装接线图。电气安装接线图是根据电气设备和电器元件的实际位置和安装情况绘制的，只用来表示电气设备和电器元件的位置、配线方式和接线方式，而不明显表示电气动作原理。这主要用于安装接线、线路的检查维修和故障处理。

3）平面布置图。平面布置图是根据电器元件在控制板上的实际安装位置，采用简化的外形符号（如正方形、矩形、圆形灯）而绘制的一种简图。它不表达各电器的具体结构、作用、接线情况以及工作原理，主要用于电器元件的布置和安装。图中各电器的文字符号必须与电路图和电气安装接线图的标注相一致。

在实际中，电路图、电气安装接线图和平面布置图要结合起来使用。

（2）识读电气图的基本步骤。

1）看图样说明。图样说明包括图样目录、技术说明、元件明细表和施工说明书灯。识图时，首先看图样说明、搞清设计内容和施工要求，这有助于了解图样的大体情况，抓住识图重点。

2）看电路图。看电路图时，首先要分清主电路和辅助电路，交流电路和直流电路。其次按照先看主电路，再看辅助电路的顺序读。看主电路时，通常从下往上看，即从电气设备开始，经控制元件，顺次往电源看；看辅助电路时，则自上而下、从左向右看，即先看电源，再顺次看各条回路，分析各条回路元件的工作情况及其对主电路的控制关系。通过看主电路，要搞清用电设备时怎样取得电源的，电源经过哪些元件到达负载灯。通过看辅助电路，要搞清它的回路构成，各元件间的联系、控制关系和在什么条件下回路构成通路或断路，并理解动作情况。

3）看安装接线图。看安装接线图时，也要先看主电路，再看辅助电路。看主电路时，从电源引入端开始，顺次经控制元件和线路倒用电设备；看辅助电路时，要从电源的一端倒电源的另一端，按元件的顺序对每个回路进行分析研究。

## 二、电子基础知识

1. 半导体二极管

（1）二极管的结构和种类。二极管实质上是一个 PN 结，从 P 区和 N 区各引出一条引线，然后再封装在一个管壳内，就制成了一个二极管。P 区的引出端称为正极，N 区的引出端称为负极（阴极）其文字符号为 V。

按二极管制造工艺的不同，二极管可分为点接触型、面接触型和平面型三种。点接触型二极管的特点是：PN 结面积小，因而结电容小，通过的电流小，常用于高频，检波等。面接触型二极管的特点是，PN 结面积大，结电容较大，只能在低频下工作，允许通过的电流较大，常用于整流等。平面型二极管的特点是：PN 结面积较小时，结电容小，可用于脉冲数字电路中；PN 结面积较大时，通过电流较大，可用于大功率整流。

二极管按材料还可分为硅管和锗管。按用途可分为检波管、整流管、稳压管和开关管等。

晶体二极管外加正向电压呈低阻性而导通，外加反向电压呈高阻性而截止。即晶体二极管具有单向导电性。

（2）二极管的主要参数。二极管的主要参数如下。

1）最大整流电流 $I_{FM}$。二极管长期使用的允许通过的最大正向平均电流称为最大整流电流，常称为额定工作电流，它由 PN 结面积和散热条件决定。

2）最大反向工作电压 $U_{RM}$。保证二极管正常工作不被击穿而规定的最高反向电压，常称为额定工作电压。一般情况下，最大反向工作电压约为击穿电压的一半。

3）最大反向电流 $I_{RM}$。最大反向电流是最大反向工作电压下的反向电流，此值越小，二极管的单向导电性越好。

（3）二极管的符号。二极管的符号如图 2-17 所示。

2. 半导体三极管

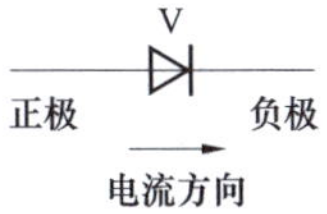

（1）结构和符号。晶体管外部有三个电极，内部有三层半导体，形成两个 PN 结。对应的三层半导体分别为发射区、基区和集电区，从三个区引出的三个电极分别为：发射极、基极和集电极，分别用符号 E、B、C 或 e、b、c 表示。发射区与基区之间的 PN 结称为发射结，集电区与基区之间的 PN 结称为集电结。按照两个 PN 结的组合方式不同，晶体管分为 NPN 型和 PNP 型两大类，其结构和图形符号如图 2-18 所示。晶体管的文字符号用 V 表示。图中，箭头方向表示发射结正向偏置时发射极电流的方向，箭头朝外的是 NPN 型管，箭头朝里的是 PNP 型管。

图 2-17 二极管的符号

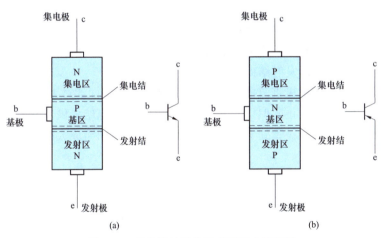

(a)　　　　　　　　　　(b)

图 2-18 晶体管的结构示意图和表示符号

（a）NPN 型；（b）PNP 型

（2）三极管的工作原理。

1）放大。晶体管三极管的主要作用是放大。晶体管要实现电流放大作用，必须满足一定的外部条件，即发射结加正向电压，集电结加反向电压。由于 NPN 型和 PNP 型晶体管极性不同，所以外加电压的极性也不同。

对于 NPN 型晶体管，c、b、e 三个电极的电位必须符合 $U_c > U_b > U_e$；对于 PNP 型晶体管，电源的极性与 NPN 型相反，c、b、e 三个电极的电位应符合 $U_c < U_b < U_e$。

2）截止。截止时，$I_b = 0$，$I_c = I_{ceo} \approx 0$。截止的条件：发射结反偏（或零偏），集电结反偏。工作状态：c 和 e 极间相当于开关断开。

3）饱和。饱和时，$U_{ce}$ 很小，各电极电流都很大，$I_c$ 不受 $I_b$ 控制。饱和的条件：发射结正偏，集电结正偏（或零偏）。工作状态：饱和状态 c 和 e 极间相当于开关接通。

3. 单管基本放大电路

共发射极放大电路及组成如图 2-19 所示。共发射极放大电路中各元件的作用如下。

（1）三极管 V 具有电流放大作用，是放大电路中的核心器件。

（2）基极偏置电阻 $R_b$ 的作用是向三极管的基极提供正向偏置电流，并向发射结提供必需的正向偏置电压。

（3）集电极直流电源 $U_{CC}$ 有两个作用，一方面通过 $R_b$ 给三极管提供发射结正向偏压，同时又给三极管的集电结提供反偏所需的电压，使三极管处于放大工作状态。另一方面给放大电路提供能源。

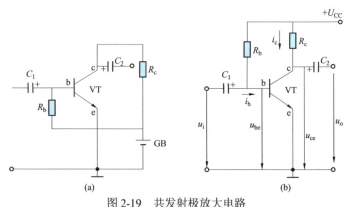

图 2-19　共发射极放大电路

（a）单电源供电；（b）习惯画法

（4）集电极电阻 $R_c$ 的作用是把三极管的电流放大作用以电压放大作用的形式表现出来。

（5）耦合电容器 $C_1$ 和 $C_2$ 它们分别接在放大电路的输入端和输出端，利用电容器隔直流通交流的特点，一方面避免放大电路的输入端与信号源之间，输出端与负载之间直流电的相互影响，使三极管的静态工作点不致因接入信号源负载而发生变化，另一方面又要保证输入和输出的交流信号畅通地进行传输。$C_1$ 和 $C_2$ 通常要用电解电容器。

另外放大电路还常常采用共集电极放大电路和共基极放大电路。几种放大电路的作用如下。

（1）共发射极放大电路。既有电压放大作用，又有电流放大作用。共发射极放大电路放大作用的实质是基极电流对集电极电流的控制作用。

（2）共集电极放大电路。没有电压放大作用，只有电流放大作用。

（3）共基极放大电路。只有电压放大作用，没有电流放大作用。

4. 放大电路中的负反馈概念

（1）反馈的概念。将放大器输出信号的一部分或全部，经过一定的电路送回到放大器的输入端，并与输入信号相合成的过程称为反馈。如果反馈信号与输入信号极性相同，使净输入信号得到增强的反馈称为正反馈；如果反馈信号起削弱输入信号的作用，使净输入信号减小的反馈称为负反馈。

（2）负反馈的种类。

1）直流反馈和交流反馈。对直流量起反馈作用的称为直流反馈；对交流量起反馈作用的称为交流反馈。

2）电压反馈和电流反馈。根据反馈信号从放大电路输出端取出的不同，凡是反馈信号与输出电压成正比的，称为电压反馈；凡是反馈信号与输出电流成正比的，称为电流反馈。

3）串联反馈和并联反馈。根据反馈电路和放大电路输入端连接的方式不同，放大电路的净输入信号由原输入信号和反馈信号串联而成的，称为串联反馈；放大电路的净输入信号由原输入信号和反馈信号并联而成的，称为并联反馈。

4）负反馈的四种类型。负反馈放大器可归纳为以下四种类型（正反馈也有四种类型，在此从略）。即分别为电压串联负反馈、电压并联负反馈、电流串联负反馈和电流并联负反馈四种类型。

（3）负反馈的作用。

1）负反馈使电路的放大倍数降低。

2）负反馈使电路放大倍数的稳定性得到提高。

3）负反馈使电路的非线性失真减小。

4）负反馈使电路的输入电阻和输出电阻发生改变。串联负反馈使输入电阻增大，并联负反馈使输入电阻减小。电压负反馈使输出电阻减小，电流负反馈使输出电阻增大。

（4）反馈的判断。

1）正反馈和负反馈的判断。通常采用"瞬时极性法"来进行判断。其原则是：三极管基极与集电极的瞬时极性相反，基极与发射极瞬时极性相同；电容、电阻等元件不改变瞬时极性关系。

2）电压反馈和电流反馈的判断。当反馈信号取自输出电压，则为电压反馈；当反馈信号取自输出电流，则为电流反馈。即将输出端短路，令输出电压$\Delta U=0$，若反馈电压$\Delta U_f=0$，则为电压反馈；否则为电流反馈。

3）串联反馈和并联反馈的判断。当反馈信号以电压形式出现在输入端，且与输入电压串联起来加到放大器的输入端，则为串联反馈。当反馈信号以电流形式出现在输入端，且与输入电流并联作用于放大器的输入端，则为并联反馈。

5. 单相整流稳压电路的组成

（1）单相整流电路。将交流电变为直流电的过程，称为整流。承担整流任务的电路称为整流电路。进行整流的设备，称为整流器。整流电路按波形分为半波整流和全波整流；整流电路按相数分为单相整流和三相整流等。单相整流电路又分为单相半波整流、单相全波整流和单相桥式整流。

1）单相半波整流。单相半波整流电路如图 2-20 所示。整流变压器将一次侧电压 $U_1$ 变为整流电路所需的电压 $U_2$，在交流电一个周期内，二极管半个周期导通，半个周期截止，以后周期性的重复上述过程。用于输出的脉动直流电的波形是输入的交流电波形的一半，故称为半波整流电路。单相半波整流电路中，输出脉动直流电压的平均值为

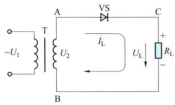

图 2-20 单相半波整流电路

$$U_L = 0.45 U_2$$

流过负载 $R_L$ 的直流电流平均值为

$$I_L = \frac{U_L}{R_L} \approx 0.45 \frac{U_2}{R_L}$$

二极管导通后，流过二极管的平均电流 $I_F$ 与 $R_L$ 上流过的电流平均值相等，即

$$I_F = I_L \approx 0.45 \frac{U_2}{R_L}$$

二极管上承受的最大反向电压 $U_{RM}$ 就是 $U_2$ 的峰值，即

$$U_{RM} = \sqrt{2}\, U_2$$

单相半波整电路的特点是：电路简单，使用的器件少，但是输出电压脉动大，效率较低。

2）单相全波整流。单相全波整流电路如图 2-21 所示。在交流电一个周期内，两个二极管交替导通，负载得到的是全波脉的直流电压和电流，弥补了单相半波整流电路的缺点。

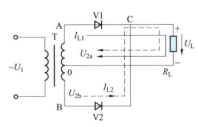

图 2-21 单相全波整流电路

全波整流电路负载上得到的直流平均电压比单相半波整流提高了 1 倍，全波脉动电压

平均值为

$$U_L \approx 2 \times 0.45U_2 = 0.9U_2$$

流过负载上的平均电流为

$$I_L \approx 0.9\frac{U_2}{R_L}$$

流过整流二极管的平均电流只有负载电流的一半，即

$$I_{F1} = I_{F2} = \frac{1}{2}I_L \approx 0.45\frac{U_2}{R_L}$$

每只二极管上随反向电压的最大值为

$$U_{RM} = 2\sqrt{2}\,U_2$$

单相全波整流电路的特点是：输出电压脉动小，整流效率较高，但是变压器次级需要中心抽头，二极管承受反向电压高，需选择耐压等级高的二极管。

3）单相桥式整流电路。单相桥式整流电路如图 2-22 所示。电路中四只二极管接成电桥形式，所以称为桥式整流电路。

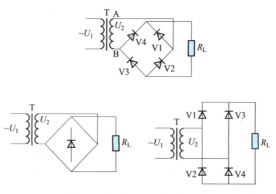

图 2-22　单相桥式整流电路

在交流输入电压的正、负半周，都有同一方向的电流流过 $R_L$，四个二极管中，两只、两只轮流导通，负载上得到全波脉动的直流电压和电流，所以这种整流电路属于全波整流类型。

交流电在一个周期内的两个半波都有同方向的电流流过负载，则输出电压的平均值为

$$U_{\mathrm{L}}=0.9U_2$$

流过负载的平均电流为

$$I_{\mathrm{L}}=\frac{U_{\mathrm{L}}}{R_{\mathrm{L}}}\approx0.9\frac{U_2}{R_{\mathrm{L}}}$$

流过每只二极管的平均电流只有负载电流的一半，即

$$I_{\mathrm{F1}}=I_{\mathrm{F2}}=\frac{1}{2}I_{\mathrm{L}}\approx0.45\frac{U_2}{R_{\mathrm{L}}}$$

在单相桥式整流电路中，每只二极管承受的最大反向电压也是 $U_2$ 的峰值，即

$$U_{\mathrm{RM}}=\sqrt{2}\,U_2$$

桥式整流电路的特点是：输出电压脉动小，每只整流二极管承受的最大反向电压和半波整流一样。由于每半个周期内变压器二次绕组都有电流流过，变压器利用率高。

（2）滤波电路。把脉动的直流电变为平滑直流电的过程，称为滤波。承担滤波任务的电路，称为滤波电路。滤波时，尽可能滤除脉动电压的交流成分，保留脉动电压的直流成分。滤波电路直接接在整流电路的后面，它通常用电容器、电感器和电阻器按照一定的方式组合而成，常用的滤波电路有电容滤波、电感滤波和复式滤波。滤波电路的几种形式如图 2-23 所示。

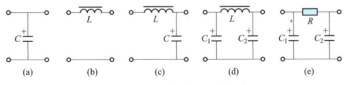

图 2-23 滤波电路的几种形式

（a）电容滤波器；（b）电感滤波器；（c）LC 滤波器；

（d）LCπ滤波器；（e）RCπ滤波器

1）电容滤波。电容滤波的特点是：电源电压在一个周期内，

电容器 $C$ 充放电各两次，经电容器滤波后，输出电压就比较平滑了，交流成分大大减少，而且使输出电压的平均值得以提高。

接上电容器滤波后，将对电路产生一定的影响。电容滤波对整流电路的影响为：

① 接入滤波电容后二极管的导通时间变短，对二极管的冲击很大。

② 负载平均电压升高，交流成分（纹波）减小。这是由于二极管截止时电容器的放电作用产生的，放电速度越慢，负载电压中交流成分越小，负载平均电压高。

一般滤波电容是采用电解电容器，使用时电容器的极性不能接反。电容器的耐压应大于它实际工作时所承受的最大电压，即大于 $\sqrt{2}\,U_2$。

③ 负载上直流电压随负载电流增加而减小。如果负载 $R_L$ 的阻值减小，电容器 $C$ 放电就越快，则输出电压的平均值 $U_L$ 随之降低。电容滤波在轻载时输出电压高，重载时输出电压低。

此外，二极管承受的反向电压也将发生变化。各种整流电路加电容滤波后，其输出电压、输出电流及整流器件上的反向电压见表 2-1。

表 2-1　　　　　　　　　　电容滤波的整流电路电压和电流

| 整流电路形式 | 输入交流电压（有效值） | 整流电路输出电压 | | 整流器件上电压和电流 | |
|---|---|---|---|---|---|
| | | 负载开路时的电压 | 带负载时的 $U_L$ | 最大反向电压 $U_{RM}$ | 通过的电流 $I_L$ |
| 半波整流 | $U_2$ | $\sqrt{2}\,U_2$ | $U_2$ | $2\sqrt{2}\,U_2$ | $I_L$ |
| 桥式整流 | $U_2$ | $\sqrt{2}\,U_2$ | $1.2U_2$ | $\sqrt{2}\,U_2$ | $I_L/2$ |

2）电感滤波。电感滤波电路是由在整流输出电路中串联带铁心的大电感线圈所组成，这种电感线圈称为阻流圈。

由于电感线圈的直流电阻很小，脉动电压中直流分量很容易通过电感线圈，几乎全部加到负载上；而电感线圈对交流的阻抗很大，因此脉动交流电压很难通过电感线圈，大部分降落到电感线圈上。根据电磁感应原理，线圈通过变化的电流时，它的两端要产生自感电动势来阻碍电流变化，当整流输出电流增大时，它的抑制作用使电流只能缓慢上升；而整流输出电流减小时，它又使电流缓慢下降，这样就使得整流输出电流变得平缓，其输出电压的平滑比电容滤波好。

电感滤波的特点是：电感越大，滤波效果越好，但是电感太大的阻流圈其铜线直流电阻相应增加，铁心也需增大，使滤波器的铜耗和铁耗均增加，成本上升，而且输出电流、电压下降，滤波电感常取几亨到几十亨。

3）复式滤波。复式滤波电路是用电容、电感和电阻器件组成的滤波器，常用的有 $LC$ 型、$LC\pi$ 型和 $RC\pi$ 型滤波电路几种。它的滤波效果比单一的电容和电感滤波要好得多，且应用较为广泛。

（3）稳压电路。如图 2-24 所示为硅稳压管的稳压电路。电阻 $R$ 是用来限制电流，使稳压管电流 $I_Z$ 不超过允许值，另一方面还利用它两端电压升降使输出电压 $U_L$ 趋于稳定。稳压管 VS 反并在直流电源两端，使它工作在反向击穿区。经电容滤波后的直流电压通过电阻器 $R$ 和稳压管组成的稳压电路接到负载上，负载上得到的就是一个比较稳定的电压。其工作原理如下。

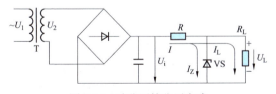

图 2-24　硅稳压管稳压电路

输入电压 $U_i$ 经 $R$ 加到稳压管和负载 $R_L$ 上，$U_i=IR+U_L$。稳压管中的电流 $I_Z$ 与负载电流 $I_L$ 的关系为 $I=I_Z+I_L$。

设负载电阻 $R_L$ 不变，当电网电压 $U_1$ 波动升高，使稳压电路的输入电压 $U_i$ 上升，引起稳压管 VS 两端电压增加，输出电压 $U_L$

也增加，根据稳压管反向击穿特性，只要 $U_L$ 有少许增大，就使 $I_Z$ 显著增加，使流过 $R$ 的电流 $I$ 增大，电阻 $R$ 上压降增大（$U=IR$），使输出电压 $U_L$ 保持近似稳定。上述过程可描述为

$$U_I \uparrow \to U_i \uparrow \to U_L \uparrow \to I_Z \uparrow \to IR \uparrow \to U_L \downarrow$$

反之，如果电源电压 $U_I$ 下降，其工作过程与上述相反，$U_L$ 仍近似稳定。

在这种电路中，稳压管的稳定电流应按负载电压选取，即

$$U_Z=U_L$$

若一个稳压管的稳压值不够，可用多个稳压管串联。

稳压管的最大稳定电流 $I_{ZM}$ 大致应是负载电流 $I_{LM}$ 的两倍以上，即

**三、常用电工仪器仪表使用知识**

1. 电工仪表的分类

电工指示仪表通常按下列方法加以分类。

（1）按工作原理分类：主要分为磁电系、电磁系、电动系和感应系四大类。其他还有整流系、铁磁电动系等。其中，磁电系仪表只能测量直流电，要想测量交流量，必须配用整流器后才能使用；安装式交流电压表和交流电流表主要用电磁系结构，电磁系仪表既可以测量直流又可以测量交流，但由于测量直流时有误差，只有当铁片采用优质的坡莫合金时，才可用来测量直流量；电动系仪表交、直流两用，还能够测量功率和相位等；感应系仪表主要用来测量电能。

（2）按使用方法分类：有安装式和便携式两种。

（3）按准确度等级分类：有 0.1，0.2，0.5，1.0，1.5，2.5，5.0 共七个准确度等级。数字越小，准确度等级越高。

（4）按被测电工量分类：有电流表、电压表、电能表、万用表、功率表、频率表等。

（5）按使用条件分类：有 A、B、C 组类型的仪表。A 组仪表适用于环境温度为 0～40℃；B 组仪表适用于环境温度为–20～50℃；C 组仪表适用于环境温度为–40～60℃。它们的相对湿度条

件均为 85% 范围内。

2. 电流表使用与维护

使用电流表时要做到以下几点。

（1）选择电流表时要求其内阻小些好。

（2）使用直流电流表测量电流时，除了使电流表与被测电路串联外，还要使电流从"+"端流入，"−"端流出。

（3）测电流时，所选择的量程应使电流表指针指在刻度标尺的后 1/3 段。

（4）测量交流大电流时，一般用电流互感器将一次侧的大电流转换成二次侧的 5A 的小电流，然后再进行测量。

（5）钳形电流表不必切断电路就可以测量电路中的电流。

要扩大电流表的量程，只要在原来电流表的两端并联一只适当的分流电阻就可以了。一般情况下，由于分流电阻的数值比原来电流表的内阻小得多，所以被测电流的绝大部分要经分流电阻分流，实际通过原来电流表的电流只是被测电流的很小一部分。同时，当原来电流表内阻与分流电阻一定时，被测电流与流过原电流表的电流之比也是一定的。因此，只要将原来电流表标度尺的刻度放大一定倍数，就能用仪表指针的偏转角来直接反映被测电流的数值。

3. 电压表使用与维护

使用电压表时应注意以下问题。

（1）选择电压表时要求其内阻大些好。

（2）使用直流电压表时，除了使电压表与被测电路两端并联外，还应使电压表的"+"极与被测电路的高电位端相连，"−"极与被测电路的低电位端相连。

（3）交流电压表使用时不分"+"、"−"极性，其指示值是交流电压的有效值。

（4）当无法确定被测电压的大约数值时，应先用电压表的最大量程测试后，再换成合适的量程。转换量程时，要先切断电源，再转换量程。

（5）为安全起见，600V 以上的交流电压，一般不直接接入电压表，而是通过电压互感器将一次侧的高电压变换成二次侧的 100V 后再进行测量。

根据串联电阻具有分压作用的原理，扩大电压表量程的方法就是给量程小的电压表串联一只适当的分压电阻，此时，通过测量机构的电流仍为原来的小电流 $I_C$ 不变，并且 $I_C$ 与被测电压 $U$ 成正比，所以，可以用仪表指针偏转角的大小来反映被测电压的数值，从而扩大了电压表的量程。

4. 万用表使用与维护

万用表的基本工作原理主要是建立在欧姆定律和电阻串并联规律的基础之上。使用万用表时要做到以下几点。

（1）万用表使用之前要进行机械调零。

（2）万用表测电流、测电压时的方法与电流表、电压表相同。

（3）测量电阻前要先进行欧姆调零。

（4）严禁在被测电阻带电的情况下用万用表的欧姆挡测量电阻。

（5）用万用表测量电阻时，所选择的倍率挡应使指针处于表盘的中间段。

（6）万用表使用后，最好将转换开关置于最高交流电压挡或空挡。

5. 绝缘电阻表的使用与维护

绝缘电阻表俗称摇表，它主要由磁电系比率表、手摇直流发电机、测量线路三大部分组成，其用途是测量电气设备的绝缘电阻。磁电系比率表的特点是，其指针的偏转角与通过两动圈电流的比率有关，而与电流的大小无关。

选择绝缘电阻表的原则，一是其额定电压一定要与被测电气设备或线路的工作电压相适应，不同额定电压绝缘电阻表的使用方式见表 2-2。二是绝缘电阻表的测量范围也应与被测绝缘电阻的范围相符合，以免引起大的读数误差。

表 2-2　　　　　　　不同额定电压绝缘电阻表的使用范围

| 测量对象 | 被测设备的额定电压（V） | 绝缘电阻表的额定电压（V） |
|---|---|---|
| 绕组绝缘电阻 | <500 | 500 |
| | ≥500 | 1000 |
| 电力变压器、电动机绕组绝缘电阻 | ≥500 | 1000～2500 |
| 发电机绕组绝缘电阻 | ≤380 | 1000 |
| 电气设备绝缘电阻 | <500 | 500～1000 |
| | ≥500 | 2500 |
| 绝缘子 | — | 2500～5000 |

　　如果用 500V 以下的绝缘电阻表测量高压设备的绝缘电阻，则测量结果不能正确反映其工作电压下的绝缘电阻值。同样，也不能用电压太高的绝缘电阻表去测量低压电气设备的绝缘电阻，以免损坏其绝缘。

　　绝缘电阻表有三个接线端钮，分别标有 L（线路）、E（接地）和 G（屏蔽），使用时应按测量对象的不同来选用。当测量电力设备对地的绝缘电阻时，应将 L 接到被测设备上，E 可靠接地即可。但当测量表面不干净或潮湿的电缆的绝缘电阻时，为了准确测量其绝缘材料内部的绝缘电阻（即体积电阻），就必须使用 G 端钮，接法如图 2-25 所示。这样，绝缘材料的表面漏电流 $I_S$ 沿绝缘体表面，经 G 端钮直接流回电源负极。而反映体积电阻的 $I_v$ 则经绝缘电阻内部、L 接线端、线圈 I 回到电源负极。可见，屏蔽 G 的作用是屏蔽表面漏电电流。加接屏蔽 G 后的测量结果只反映了体积电阻的大小，因而大大提高了测量的准确度。

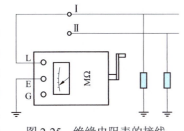

图 2-25　绝缘电阻表的接线

　　使用绝缘电阻表前要先检查其是否完好。检查步骤是：在绝缘电阻表未接通被测电阻之前，摇动手柄使发电机达到 120r/min 的额定转速，观察指针是否指在标度尺的 "∞" 位置。再将端钮 L 和 E 短接，缓慢摇动手柄，观察指针是否指在标度尺的 "0" 位置。如果指针不能指在相应的位置，表明绝缘电阻表有故障，必须检修后才能使用。

使用绝缘电阻表的注意事项如下。

（1）测量绝缘电阻必须在被测设备和线路停电的状态下进行。对含有大电容的设备，测量前应先进行放电，测量后也应及时放电，放电时间不得小于 2min，以保证人身安全。

（2）绝缘电阻表与被测设备间的连接导线不能用双股绝缘线或绞线，应用单股线分开单独连接，以避免线间电阻引起的误差。

（3）摇动手柄时应由慢渐快至额定转速 120r/min。在此过程中，若发现指针指零，说明被测绝缘物发生短路故障，应立即停止摇动手柄，避免表内线圈因发热而损坏。

（4）测量具有大电容设备的绝缘电阻，读数后不能立即停止摇动绝缘电阻表，以防止已充电的设备放电而损坏绝缘电阻表。应在读数后一边降低手柄转速，一边拆去接地线。在绝缘电阻表停止转动和被测物充分放电之前，不能用手触及被测设备的导电部分。

（5）测量设备的绝缘电阻时，应记下测量时的温度、湿度、被测设备的状况等，以便于分析测量结果。

**四、常用电工工具量具使用知识**

1. 旋具的使用与维护

螺钉旋具的种类有很多，按头部形状可分为一字型和十字型。

一字形螺钉旋具常用规格有 50、100、150mm 和 200mm 等，电工必备的是 50mm 和 150mm 的两种。十字形螺钉旋具专供紧固和拆卸十字槽的螺钉，常用的规格有 I、II、III、IV 四种。

（1）螺钉旋具的使用。

1）大螺钉旋具的使用。大螺钉旋具一般用来紧固较大的螺钉。使用时，除大拇指、食指和中指要夹住握柄外，手掌还要顶

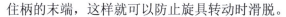

住柄的末端，这样就可以防止旋具转动时滑脱。

2）小螺钉旋具的使用。小螺钉旋具一般用来紧固电气装置接线桩头上的小螺钉，使用时，可用手指顶住木柄的末端捻转。

（2）使用螺钉旋具的安全知识。

1）电工不可使用金属杆直通的螺钉旋具，否则容易造成触电事故。

2）使用螺钉旋具紧固和拆卸带电的螺钉时，手不得触及旋具的金属杆，以免发生触电事故。

3）为了避免螺钉旋具的金属杆触及临近带电体，应在金属杆上穿绝缘套管。

4）较长螺钉旋具的使用时，可用右手压紧并旋转手柄，左手握住螺钉旋具中间部分，以使螺钉刀不致滑脱。此时左手不得放在螺钉的周围，以免螺钉刀滑出时将手划伤。

2. 钢丝钳的使用与维护

钢丝钳有铁柄和绝缘柄两种，绝缘柄为电工用钢丝钳，常用的规格有150、175mm 和200mm 三种。

（1）电工钢丝钳的结构与用途。电工钢丝钳由钳头和钳柄两部分组成。钳头由钳口、齿口、刀口和铡口四部分组成。其用途很多，钳口用来弯绞和钳夹导线线头；齿口用来剪切或剖削软导线绝缘层；铡口用来铡切导线线芯、钢丝或铅丝等较硬金属丝。

（2）电工钢丝钳的使用与维护。

1）使用前，必须检查绝缘柄的绝缘是否良好。

2）剪切带电导线时，不得用刀口同时剪切相线和零线，或同时剪切两根导线。

3）钳头不可代替锤子作为敲打工具使用。

3. 扳手的使用与维护

扳手是用来紧固和起松螺母的一种专用工具。电工常用的活动扳手有 150mm×19mm （6in）、200mm×24mm （8in）、250mm×30mm（10in）和300mm×36mm（12in）等四种规格。

活动扳手的使用方法如下。

（1）扳动大螺母时，常用较大的力矩，手应握在近柄尾处。

（2）扳动较小螺母时，所用力矩不大，但螺母过小易打滑，故手应握在接近扳头的地方，这样可随时调节蜗轮，收紧活动扳唇，防止打滑。

（3）活动扳手不可反用，以免损坏活动扳唇，也不可用钢管接长手柄施加较大的扳拧力矩。

（4）活动扳手不得当做撬棍和手锤使用。

**4. 喷灯的正确使用与维护**

喷灯是一种利用喷射火焰对工件进行加热的工具，常用来焊接铅包电缆的铅包层、大截面铜导线连接处的搪锡以及其他连接表面的防氧化镀锡等。喷灯火焰温度可达 900℃以上。常用的喷灯有燃油喷灯和燃气喷灯两种。燃油喷灯又分为煤油有喷灯和汽油喷灯。

（1）燃油喷灯的使用方法。

1）加油。旋下加油阀下面的螺栓，倒入适量油液，测量以不超过筒体的 3/4 为宜。加完油后应及时旋紧加油螺塞，关闭放油调节阀的阀杆，擦净撒在外部的油液，并认真检查是否有渗漏现象。

2）预热。先在预热燃烧盘内注入适量汽油，用火点燃，将火焰喷头烧热。

3）喷火。当火焰喷头烧热后，而燃烧盘内燃汽油燃完之前，用打气阀打气 3～5 次，然后再慢慢打开放油调节阀的阀杆，喷出的油雾，喷灯即点燃喷火。随后继续打气，直到火焰正常为止。

4）安全距离。喷灯工作时应注意火焰与带电体之间的安全距离，距离 10kV 以下带电体应大于 1.5m；距离 10kV 以上带电体应大于 3m。

5）熄火。先关闭放油调节阀，直至火焰熄灭，再慢慢旋松加油螺塞，放出筒体内的压缩空气。

6）使用完毕，应将剩余的燃料油倒出回收，并将喷灯污物擦除后，妥善保管。

（2）喷灯的维护。

1）喷灯在加、放油及检修过程中，均应在熄火后进行。加油时应将油阀上螺栓先慢慢放松，待气体放尽后方开盖加油。

2）煤油喷灯筒体内不得掺加汽油。

3）喷灯使用过程中应注意筒体的油量，一般不得少于筒体容积的1/4。

4）打气压力不应过高。打完气后，应将打气柄卡牢在泵盖上。

5. 千分尺的使用与维护

（1）外径千分尺的刻线原理。千分尺是一种精度较高的量具。测微螺杆螺距为0.5mm，当微分筒每转一周时，测微螺杆便沿轴线移动0.5mm。微分筒的外锥面上分为50格，所以当微分筒每转过一小格时，测微螺杆便沿轴线移动0.5mm/50=0.01mm，在外径千分尺的固定套管上刻有轴向中线，作为微分筒的读数基准线，基准线两侧分布有1mm间隔的刻线，并相互错开0.5mm。上面一排刻线标出的数字，表示毫米整数值；下面一排刻线未标数字，表示对应于上面刻线的半毫米值。

（2）千分尺的使用。

1）测量前将千分尺测量面擦净，然后检查零位的准确性。

2）将工件被测表面擦净，以保证测量准确。

3）用单手或双手握持千分尺对工件进行测量，一般先传动活动套筒，当千分尺的测量面刚接触到工件表面时改用棘轮，当听到测力控制装置发出嗒嗒声，停止转动，即可读数。

4）读数时，要先看清内套筒（即固定套筒）上露出的刻线，读出毫米数或半毫米数，然后在看清外套筒（活动套筒）的刻线和内套筒的基准线所对齐的数值（每格为0.01mm），将两个读数相加，其结果就是测量值，如图2-26所示。

使用时要注意不能用千分

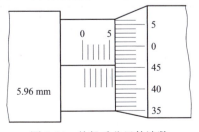

图2-26 外径千分尺的读数

尺测量粗糙的表面，使用后应擦净测量面并加润滑油防锈，放入盒中。

### 五、常用材料选型知识

#### 1. 导线的分类

导线品种很多，按照它们的性能、结构、制造工艺及使用特点，分为裸线、电磁线、绝缘电线电缆和通信电缆四种。

（1）裸线。这类产品只有导体部分，没有绝缘和护层结构。按产品形状和结构，分为圆单线、软接线、型线和裸绞线四种。修理电机、电器时经常用到的是软接线和型线。

1）软接线。软接线是由多股铜线或镀锡铜线绞合编织而成的。其特点是柔软、耐振动、耐弯曲。常用软接线品种见表 2-3。

表 2-3　　　　　　　　**常用软接线品种**

| 名　称 | 型　号 | 主　要　用　途 |
|---|---|---|
| 裸铜电刷线<br>软裸铜电刷线 | TS<br>TS | 供电动机、电器线路电刷用 |
| 裸铜软绞线 | TRJ<br>TRJ–3<br>TRJ–4 | 移动式电器设备连接线，如开关等；<br>要求较柔软的电器设备连接线，如接地线、引出线等；<br>供要求特别柔软的电器设备连接线用，如晶闸管的引线等 |
| 软裸铜编织线 | TRZ | 移动式电器设备和小型电炉连接线 |

2）型线。型线是非圆形截面的裸电线。常用型线品种见表 2-4。

表 2-4　　　　　　　　**常 用 型 线 品 种**

| 名称 | 线型 | 型号 | 主　要　用　途 |
|---|---|---|---|
| 扁线 | 硬扁铜线<br>软扁铜线<br>硬扁铝线<br>软扁铝线 | TBV<br>TBR<br>LBV<br>LBR | 适用于电动机、电器、安装配电设备及其他电工制品 |
| 母线 | 硬铜母线<br>软铜母线<br>硬铝母线<br>软铝母线 | TMV<br>TMR<br>LMV<br>LMR | 适用于电动机、电器、安装配电设备及其他电工制品，也可作输配电的汇流排 |

续表

| 名称 | 线型 | 型号 | 主 要 用 途 |
|------|------|------|------------|
| 铜带 | 硬铜带 软铜带 | TDV TDR | 适用于电动机、电器、安装配电设备及其他电工制品 |
| 铜排 | 梯形铜排 | TPT | 供制造直流电动机换向器用 |

（2）电磁线。电磁线应用于电动机、电器及电工仪表中，作为绕组或元件的绝缘导线。目前大多数采用铜线很少采用铝线，常用的电磁线有漆包线和绕包线两类。

1）漆包线的绝缘层是漆膜，广泛用于中小型电动机及微型电动机、干式变压器及其他电工产品。常用有缩醛漆包线、聚酰漆包线、聚酯亚胺漆包线、聚酰胺酰亚胺漆包线和聚酰亚胺漆包线等五类。

2）绕包线。绕包线是用玻璃丝、绝缘纸或合成树脂薄膜紧密绕包在导线芯上，形成绝缘层，也有在漆包线上再绕包绝缘层的。除薄膜绝缘层外，其他的绝缘层均须经过胶粘绝缘漆浸渍处理，以提高其绝缘性能、力学性能和防潮性能，所以它们实际上是组合绝缘。绕包线一般用于大中型电工产品。根据绕包线的绝缘结构，可分为纸包线、薄膜绕包线、玻璃丝包线及玻璃丝包漆包线四类。

（3）电动机、电器用绝缘电线。常用的绝缘电线型号、名称和用途见表2-5。

表2-5  常用的绝缘电线型号、名称和用途

| 型号 | 名 称 | 用 途 |
|------|-------|-------|
| BLXF | 铝芯氯丁橡胶线 | 适用于交流额定电压500V以下或直流1000V以下的电气设备及照明装置 |
| BXF | 铜芯氯丁橡胶线 | |
| BLX | 铝芯橡胶线 | |
| BX | 铜芯橡胶线 | |
| BXR | 铜芯橡胶软线 | |

续表

| 型号 | 名　　　称 | 用　　途 |
|---|---|---|
| BV | 铜芯聚氯乙烯绝缘电线 | 适用于各种交流、直流电器装置，电工仪器、仪表，电信设备，动力及照明线路固定敷设 |
| BLV | 铝芯聚氯乙烯绝缘电线 | |
| BVR | 铜芯聚氯乙烯绝缘软电线 | |
| BVV | 铜芯聚氯乙烯绝缘聚氯乙烯护套圆型电线 | |
| BLW | 铝芯聚氯乙烯绝缘聚氯乙烯护套电线 | |
| BVVB | 铜芯聚氯乙烯绝缘聚氯乙烯护套平型电线 | |
| BLVVB | 铜芯聚氯乙烯绝缘聚氯乙烯护套平型电线 | |
| VB–105 | 铜芯耐热 105℃聚氯乙烯绝缘电线 | |
| RV | 铜芯聚氯乙烯绝缘软电线 | 适用于各种交流、直流电器，电工仪器，家用电器，小型电动工具，动力及照明装置的连接 |
| RVB | 铜芯聚氯乙烯绝缘平型软电线 | |
| RVS | 铜芯聚氯乙烯绝缘绞型软电线 | |
| RW | 铜芯聚氯乙烯绝缘聚氯乙烯护套圆型连接软电线 | |
| RVVB | 铜芯聚氯乙烯绝缘聚氯乙烯护套平型连接软电线 | |
| RV–105 | 铜芯耐热 105℃聚氯乙烯绝缘连接软电线 | |
| RFB | 复合物绝缘平型软电线 | 适用于交流额定电压 250V 以下或直流 500V 以下的各种移动电器、无线电设备和照明灯座接线 |
| RFS | 复合物绝缘绞型软电线 | |
| RXS | 橡胶绝缘棉纱编织软电线 | 适用于交流额定电压 300V 以下的电器、仪表、家用电器及照明装置 |
| RX | | |

2. 导线截面的选择

（1）选择原则。合理选择电力线路的导线截面，在技术上和经济上都是必要的。导线截面选择过大，虽能降低电能损失，但有色金属的消耗量增加，初始投资显著增加，导线截面选择过小，运行时会产生过大的电压损失和电能损失，难以保证供电质量，并增加运行费用，甚至可能会因接头处温度过高而引起事故。为此，导线和电缆截面必须满足表 2-6 中的条件。

表 2-6                                          导线和电缆截面须满足的条件

| 条　件 | 要　求 |
|---|---|
| 发热条件 | 导线和电缆在通过正常最大负荷电流即计算电流时产生的发热温度，不应超过其正常运行时的最高允许温度 |
| 电压损耗条件 | 导线和电缆在通过正常最大负荷电流即计算电流时产生的电压损失，不应超过正常运行时允许的电压损失 |
| 经济电流密度条件 | 10kV 及以下线路通常不按经济电流密度选择；35kV 及以上线路宜按此选择，使线路的年运行费用最小 |
| 机械强度条件 | 导线截面不应小于其最小允许截面 |

对于电缆，不必校验其机械强度，但需校验其短路热稳定度；对于绝缘导线和电缆，还应满足工作电压的要求。

计算电流是计算负荷在额定电压下的正常工作电流。它是选择导体、电器、计算电压偏差、功率损耗等的依据。

（2）选择方法。

1）按发热条件选择导线和电缆截面。

① 三相系统中相线截面的选择。按发热条件选择三相系统中的相线截面，应使其最大允许电流 $I_{al}$ 不小于通过相线的计算电流 $I_{30}$，即

$$I_{al} \geqslant I_{30}$$

如果导线敷设地点的环境温度与导线允许载流量所采用的环境温度不同时，则导线的允许载流量应乘以温度校正系数 $K_\theta$。

② 中性线（N 线）截面的选择。一般三相四线制线路的中性线截面，应不小于相线截面的 50%。

③ 保护线（PE 线）截面的选择。根据短路热稳定度的要求，保护线（PE 线）的截面 $S_{PE}$ 与相线截面 $A_\phi$ 的关系为

● 当 $S_\phi \leqslant 16mm^2$ 时，$S_{PE} \geqslant A_\phi$

● 当 $16mm^2 < S_\phi \leqslant 35mm^2$ 时，$S_{PE} \geqslant 16mm^2$

● 当 $S_\phi > 35mm^2$ 时，$S_{PE} \geqslant 0.5A_\phi$

④ 保护中性线（PEN 线）截面的选择。保护中性线兼有保护线和中性线的双重功能，因此，其截面选择应同时满足上述保

护线和中性线的要求，取其中的最大值。

2）按经济电流密度选择导线和电缆截面。所谓经济电流密度，是指线路年运行费用最低时所对应的电流密度。我国现行的经济电流密度规定见表2-7。

表 2-7                          导线和电缆的经济电流密度                       （A/mm$^2$）

| 线路类别 | 导线材质 | 年最大负荷利用小时（h） | | |
|---|---|---|---|---|
| | | 3000 以下 | 3000～5000 | 5000 以上 |
| 架空线路 | 铝 | 1.65 | 1.15 | 0.90 |
| | 铜 | 3.00 | 2.25 | 1.75 |
| 电缆线路 | 铝 | 1.92 | 1.73 | 1.54 |
| | 铜 | 2.50 | 2.25 | 2.00 |

按经济电流密度 $J_{ec}$ 计算经济截面 $S_{ec}$ 的公式为

$$S_{ec}=I_{30}/J_{ec}$$

按上式计算出 $S_{ec}$ 后，应选最接近的标准截面（可取较小的标准截面），然后校验其他条件。

3）按允许电压损失选择导线和电缆截面。高压配电线路的电压损失，一般不超过线路额定电压的 5%；从变压器低压侧母线到用电设备受电端的低压线路的电压损失，一般不超过用电设备额定电压的5%；对视觉要求较高的照明线路，则为2%～3%。如线路的电压损失值超过了允许值，则应适当加大导线的截面，使之满足允许的电压损失要求。根据经验，低压照明线路对电压要求较高，一般先按允许电压损失选择导线截面，然后按发热条件和机械强度进行校验。

对照明线路或较长线路，一般以按允许电压损失选择导线和电缆截面；对电流较大，线路长度较短的照明线路应按发热条件选择导线和电缆截面；而对于电流较大，线路长度较长的照明线路按经济电流密度选择导线和电缆截面。

3. 常用绝缘材料的分类

绝缘材料又名电介质，其电阻率常大于 $10^9\Omega \cdot cm$。绝缘材

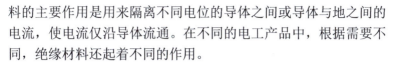

料的主要作用是用来隔离不同电位的导体之间或导体与地之间的电流，使电流仅沿导体流通。在不同的电工产品中，根据需要不同，绝缘材料还起着不同的作用。

（1）分类。常用的绝缘材料一般分为气体绝缘材料、液体绝缘材料和固体绝缘材料三种。

绝缘材料的耐热性是指绝缘材料及其制品承受高温而不致损坏的能力。绝缘材料的耐热性，按其长期正常工作所允许的最高温度，可分为下列七个级别。

1）Y级：最高允许温度为90℃。

2）A级：最高允许温度为105℃。

3）E级：最高允许温度为120℃。

4）B级：最高允许温度为130℃。

5）F级：最高允许温度为155℃。

6）H级：最高允许温度为180℃。

7）C级：最高允许温度为180℃以上。

气体电介质主要包括有空气和六氟化硫（$SF_6$）气体。空气是氮气、氧气、氢气、二氧化碳等气体与少量尘埃、水蒸气的混合物，是一种天然易得、最普通、最常见的气体电介质。

正常工作状态下的六氟化硫是一种无色无臭、不燃不爆的一种惰性气体。它具有良好的绝缘性能和熄灭电弧的性能，其击穿电压为空气的2～3倍，其灭弧能力为空气的100倍。并且有优异的热稳定性和化学稳定性。

绝缘油主要有矿物油和合成油两大类。

绝缘漆、胶都是以高分子聚合物为基础，能在一定条件下固化成绝缘硬膜或绝缘整体的主要绝缘材料。

绝缘漆主要以合成树脂或天然树脂为漆基溶剂、稀释剂、填料等组成。绝缘漆按用途分为浸漆、漆包线漆、硅钢片漆和防电晕漆等数种。

绝缘胶与无溶剂漆相似，但粘度较大，一般加有填料。特点是适形性、整体性好，耐潮、导热、电气性能优异，浇注工艺简单，易实现自动化生产。浇注胶按用途可分为电器浇注胶和电缆浇注胶两类。

（2）常用绝缘材料的型号。绝缘材料产品按 JB2177—77 规定的统一命名原则进行分类和型号编制。产品型号由四位数字组成，必要时可增加附加代号（数字或字母），但尽量少用附加方式。第一位表示大类号，第二位表示在各大类中划分的小类号，第三位表示绝缘材料的耐热等级，用数字 1、2、3、4、5、6 来分别表示 A、E、B、F、H、C 六个等级，第四位代表产品顺序号。

按应用类型和工艺特征划分六类，并以数字表示。1—漆、树脂和胶类；2—浸渍纤维制品；3—层压制品类；4—塑料类；5—云母制品类；6—薄膜、粘带和复合制品类。

4. 常用绝缘材料的选用

绝缘材料的主要作用是用来隔离不同电位的导体之间或导体与地之间的电流，使电流仅沿导体流通。在不同的电工产品中，根据需要不同，绝缘材料还起着不同的作用。

（1）绝缘漆。常用的绝缘漆分为浸渍漆、覆盖漆、硅钢片漆三种。

① 浸渍漆主要用于浸渍电动机、电器的绕组和绝缘零部件，以填充其间隙和微孔，并使线圈粘结成一个结实的整体，提高了绝缘结构的耐潮、导热、击穿强度和机械强度等性能。

浸渍漆分为有溶剂漆和无溶剂漆两类。前者供浸渍在油中工作的绕组和零部件用。后者供浸渍电动机绕组用。

② 覆盖漆用于覆盖经浸渍处理的绕组和绝缘零部件，在其表面形成均匀的绝缘护层，以防止机械损伤、大气影响及油污、化学腐蚀作用，同时增加外表美观度。

覆盖漆有清漆和瓷漆两种。前者多用于绝缘零部件表面和电器内表面的涂覆；瓷漆多用于线圈和金属表面涂覆。

（2）绝缘油主要用于变压器、少油断路器、高压电缆、油浸纸电容器，合成油及天然植物油一般常用于电容器作浸渍剂。

（3）绝缘胶主要用于浇注电缆接头、套管、20kV 以下电流互

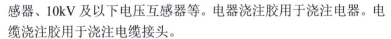

感器、10kV 及以下电压互感器等。电器浇注胶用于浇注电器。电缆浇注胶用于浇注电缆接头。

（4）常用绝缘制品。常用的绝缘制品有绝缘纤维制品、浸渍纤维制品和电工层压制品。

1）绝缘纤维制品。绝缘纤维制品是指绝缘纸、纸板、纸管和各种纤维织物等绝缘材料，常用植物纤维、无碱玻璃纤维和合成纤维制成。

① 绝缘纸。绝缘纸主要有植物纤维纸和合成纤维纸两大类。按用途可分为电缆纸、电话纸、电容器纸和卷缠绝缘纸等。

② 绝缘纸板和纸管。绝缘纸板可制作某些绝缘零件和作保护层用。硬钢纸板组织紧密，有良好的机械加工性，适宜作小型低压电动机槽楔和其他支承绝缘零件。

钢纸管由氧化锌处理过的无胶棉纤维纸经卷绕后用来漂洗而成，有良好的机械加工性能，适用于熔断器、避雷器的管芯和电动机用线路套管。

玻璃钢复合钢纸管也称作高压消弧管，可用作 10～110kV 熔断器和避雷器的消弧管。

③ 绝缘纱、带、绳和管。无碱玻璃纤维电气性能较好，用于玻璃丝包线和安装线的绝缘；中碱玻璃纤维纱用作光电缆和某些电线电缆的编织保护层。

合成纤维带有聚酯纤维带和聚酯纤维与玻璃纤维交织带，用作电机线圈的绑扎。合成纤维绳主要指涤纶护套玻璃丝绳。它耐热性好，强度大，可代替垫片蜡线作 B 级电机线圈端部绑扎。

2）浸渍纤维制品。浸渍纤维制品的漆布、漆管和绑扎带三类。均由绝缘纤维材料为底材，浸以绝缘漆制成。漆布主要用于电动机、仪表、线圈和变压器线圈的绝缘。

绝缘漆管由棉、涤纶、玻璃纤维管浸以不同的绝缘漆经烘干而成作为电动机、电器和仪表等设备和引出线的连接线绝缘。

3）电工层压制品。绝缘电工层压制品是以有机纤维、无机纤维作底材，浸涂不同的胶粘剂，经热压或卷制而成的层状结构绝缘材料。可制成具有优良电气、机械性能和耐热、耐油、耐霉、耐电弧、防电晕等特性的制品。电工层压制品分为层压板、层压管和棒、电容器套管芯三类。

4）电工用橡胶、塑料、绝缘薄膜及其制品。

① 电工用橡胶主要用作电线、电缆绝缘。电工用塑料质轻。电气性能优良，有足够的硬度和机械强度，在电气设备中得到广泛应用。

② 绝缘薄膜由若干种高分子材料聚合而成，主要用作电机、电器线圈和电线电缆的绕包绝缘以及作电容器介质。

③ 绝缘薄膜复合制品中的聚酯薄膜绝缘纸复合箔厚度0.15～0.30mm，由一层聚酯薄膜和一层绝缘（青壳纸）组成，主要用于 E 级电机槽绝缘、端部层间绝缘。聚酯薄膜玻璃漆布复合箔厚度 0.17～0.24mm，由一层聚酯薄膜和一层玻璃漆布组成用于 B 级电机槽绝缘、端部层间绝缘、匝间绝缘和补垫绝缘。

④ 电工用粘带有薄膜粘带、织物粘带和无底材粘带三类。薄膜粘带中聚氯乙烯粘带用于一般电线接头包扎绝缘。聚酰亚胺薄膜粘带用作 H 级电动机线圈绝缘和槽绝缘。无底材粘带适用于高压电机线圈绝缘。

5. 常用磁性材料的分类及选用

各种物质在外界磁场的作用下，都会呈现出不同的磁性，根据其磁性材料的特性，分为软磁材料和硬磁材料两大类。

（1）软磁材料。软磁材料的主要特点是磁导率高，剩磁小。这类材料在较弱的外界磁场作用下，就能产生较强的磁感应强度，而且随着外界磁场的增强，很快就达到磁饱和状态，当外界磁场去掉后，它的磁性就基本消失。常用的有电工用纯铁和硅钢片两种。

1）电工用纯铁。电工用纯铁的电阻率很低，一般只用于直流磁场，常用型号有 DT3、DT4、DT5 和 DT6 几种。

2）硅钢片。硅钢片的主要特性是电阻率高，适用于各种交变磁场。硅钢片分为热轧和冷轧两种。工业上（电动机、电器）常

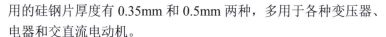

用的硅钢片厚度有 0.35mm 和 0.5mm 两种，多用于各种变压器、电器和交直流电动机。

（2）硬磁材料。硬磁材料的主要特点是剩磁强。这类材料在外界磁场的作用下，不容易产生较强的磁感应强度，但当其达到磁饱和状态以后，即使把外界磁场去掉，它还能在较长时间内保持较强的磁性。对硬磁材料的基本要求是剩磁强，磁性稳定。目前，电动机工业上用得最普遍的硬磁材料是铝镍钴合金，主要用来制造永磁电动机和微型电动机的磁极铁心。

### 六、安全用电及环保常识

1. 电工安全的基本知识

维修电工必须接受安全教育，在掌握基本的安全知识和工作范围内的安全技术规程后，才能进行实际操作。

维修电工不仅要具备安全用电知识，还有宣传安全用电知识的义务和阻止违反安全用电行为发生的职责。安全用电知识的主要内容如下。

（1）严禁用一线（相线）一地（大地）连接用电器具。

（2）在一个电源插座上不允许引接过多或功率过大的用电器具和设备。

（3）未掌握有关电气设备和电气线路知识及技术的人员，不可安装和拆卸电气设备及其线路。

（4）严禁用金属丝（如铝丝）绑扎电源线。

（5）不可用潮湿的手去接触开关、插座及具有金属外壳的电气设备，不可用湿布去揩抹带电的电器。

（6）堆放物资、安装其他设施或搬迁物体时，必须与带电设备或带电体保持一定的距离。

（7）严禁在电动机和各种电气设备上放置衣物，不可在电动机上坐立，不可将雨具等物悬挂在电动机或电气设备上方。

（8）在搬迁电焊机、鼓风机、电风扇、洗衣机、电视机、电炉和电钻等可移动电器时，要先切断电源，更不可拖拉电源线来搬迁电器。

（9）在潮湿环境下工作时，必须采用额定电压 36V 及以下的低压电器。若采用 220V 的电气设备，必须使用隔离变压器。如在金属容器（如锅炉）及管道内使用移动电器，则应使用 12V 的低压电器，同时安装临时开关，派专人在该容器外监视。对低电压的可移动设备应安装特殊型号的插头，以防止误插入 220V 或 380V 的插座内。

（10）在雷雨天气，不可走近高压电杆、铁塔和避雷针的接地导线周围，以防雷电伤人。切勿走近断落在地面的高压电线，万一进入跨步电压危险区时，要立即单脚或双脚并拢迅速跳到距离接地点 10m 以外的区域，切不可奔跑，以防跨步电压伤人。

2. 触电的概念

因人体接触或接近带电体所引起的局部受伤或死亡的现象为触电。按人体受伤的程度不同，触电可分为电击和电伤两种类型。

（1）电击。电击通常是指人体接触带电体后，人的内部器官受到电流的伤害。这种伤害是造成触电死亡的主要原因，后果极其严重，所以是最严重的触电事故。

（2）电伤。电伤通常是指人体外部受伤，如电弧灼伤，大电流下因金属熔化而飞溅出的金属所灼伤，以及人体局部与带电体接触造成肢体受伤等情况。

（3）电流对人体的伤害。电击是由于电流流过人体内部造成的。其对人体伤害的程度由流过人体电流的频率、大小、时间长短、触电部位以及触电者的生理性质等情况而定。实践证明，低频电流对人体的伤害大于高频电流，而电流流过心脏和中枢神经系统则最为危险。

通常，1mA 的工频电流通过人体时，就会使人有不舒服的感觉，10mA 电流通过人体尚可摆脱，称为摆脱电流，而在 50mA 的电流通过人体时，就有生命危险。当流过人体的电流达到 100mA 时，就足以使人死亡。当然在同样电流情况下，受电击的时间越长，后果越严重。

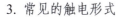

3. 常见的触电形式

触电的形式是多种多样的，除了因电弧灼伤及熔融的金属飞溅灼伤外，可大致归纳为以下三种形式。

（1）单相触电。如果人体直接接触带电设备及线路的一相时，电流通过人体而发生的触电现象称为单相触电。对三相四线制中性点接地的电网，此时人体受到相电压的作用，电流经人体和大地后成回路。而对三相三线制中性点不接地的电网。电流经人体、大地和分布电容后成回路。

（2）两相触电。人体同时触及带电设备及线路的两相导体而发生的触电现象称为两相触电。这时人体受到线电压的作用，通过人体的电流更大，是最危险的触电方式。

（3）接触电压与跨步电压触电。在高压设备的情况下，如果有人用手触及外壳带电设备时，两脚站在离地体一定距离的地方，此时，忍受接触的电位 $U_1$，两脚所站地点的电位 $U_2$，那么，人手与脚之间的电位差为 $U=U_1-U_2$。这种在供电为短路接地的电网系统中，人体触及外壳带电设备的一点同站立地面一点之间的电位差称为接触电压。

在距接地体 15～20m 的范围内，地面上径向相距 0.8m（即一般人行走时两脚跨步的距离）时，此两点间的电位差则称为跨步电压。接触电压与跨步电压的大小与接地电流的大小、土壤电阻率、设备接地电阻及人体位置等因素有关。

4. 触电的急救措施

（1）触电急救的要点。触电急救的要点是，抢救迅速和救护得法。即用最快的速度在现场采取积极措施，保护触电者生命，减轻伤情，减少痛苦，并根据伤情需要迅速联系医疗救护等部门救治。

一旦发现有人触电后，周围人员首先应迅速拉闸断电，尽快使其脱离电源。若周围有电工人员则应率先争分夺秒地抢救。

在施工现场发生触电事故后，应将触电者迅速抬到宽敞、空气流通的地方，使其平卧在硬板床上，采取相应的抢救方法。在送往医院的路途中、车上都应该不间断地进行救护。在 1min 之内抢救救活的概率非常高，若 6min 以后再去救人则非常危险。

触电急救要有耐心，要一直抢救到触电者复活为止，或经过医生确定停止抢救方可停止，因为低压触电通常都是假死，进行科学的方法急救是必要的。

（2）触电急救的方法。触电急救的第一步是使触电者迅速脱离电源。人工呼吸和胸外心脏挤压是现场急救的基本方法。

1）人工呼吸法。对"有心跳而呼吸停止"的触电者，应采用"口对口人工呼吸法"进行急救。

① 将触电者仰天平卧，颈部枕垫软物，头部偏向一侧，松开衣服和裤带，清除触电者口中的血块、假牙等异物。抢救者跪在病人的一边，使触电者的鼻孔朝天后仰。

② 用一只手捏紧触电者的鼻子，另一只手托在触电者颈后，将颈部上抬，深深吸一口气，用嘴紧贴触电者的嘴，大口吹气。

③ 然后放松捏着鼻子的手，让气体从触电者肺部排出，如此反复进行，每 5s 吹气一次，坚持连续进行，不可间断，直到触电者苏醒为止。

④ 口对鼻人工呼吸法。对嘴巴紧闭的触电者可采用此法。

2）胸外心脏挤压法。对"有呼吸而心跳停止"的触电者，应采用"胸外心脏挤压法"进行急救。

① 将触电者仰卧在硬板上或地上，颈部枕垫软物使头部稍后仰，松开衣服和裤带，急救者跪跨在触电者腰部。

② 急救者将右手掌根部按于触电者胸骨下 1/2 处，中指指尖对准其颈部凹陷的下缘，当胸一手掌，左手掌复压在右手背上。

③ 掌根用力下压 3～4cm，然后突然放松。挤压与放松的动作要有节奏，每秒钟进行一次，必须坚持连续进行，不可中断，直到触电者苏醒为止。

3）对"呼吸和心跳都已停止"的触电者，应同时采用"口对口人工呼吸法"和"胸外心脏挤压法"进行急救。

① 一人急救：两种方法应交替进行，即吹气 2～3 次，再挤

压心脏 10~15 次，且速度都应快些。

② 两人急救：每 5s 吹气一次，每 1s 挤压一次，两人交替进行。

注意事项：不能打肾上腺素等强心针，不能泼冷水。

5. 安全间距和安全电压

（1）安全间距。为了防止发生人身触电事故和设备短路或接地故障，带电体之间、带电体与地面之间、带电体与其他设施之间、工作人员与带电体之间必须保持的最小空气间隙，称为安全距离。

安全距离的大小，主要是根据电压的高低（留有裕度）、设备状况和安装方式来决定，并在规程中作出明确规定。凡从事电气设计、安装、巡视、维修以及带电作业的人员，都必须严格遵守。

（2）安全电压。我国规定，交流安全电压的上限值不超过 50V。安全电压的级别为 42，36，24，12，6V。

安全电压的选用必须考虑用电场所和用电器具对安全的影响。机床照明、移动行灯、手持电动工具以及潮湿场所的用电设备，使用安全电压为 36V。凡工作地点窄狭、工作人员活动困难、周围有大面积接地导体或金属构架，因而存在高度危险的场所，则应采用 12V 安全电压。

6. 电气防火与防爆基本措施

火灾和爆炸事故往往是重大的人身和设备事故。防火防爆措施必须是综合性的措施，包括以下几个方面。

（1）选用电气设备。在爆炸危险场所，应根据场所危险等级、设备种类和使用条件，选用电气设备。

（2）保持防火间距。选择合理的安装位置，保持必要的安全间距，也是防火防爆的一项重要措施。为了防止电火花或危险温度引起火灾，开关、接插器、熔断器、电热器具、照明器具、电焊设备、电动机等均应根据需要，适当避开易燃或易爆建筑构件。

（3）保持电气设备正常运行。保持电气设备的正常运行对于防火防爆也有重要的意义。保持电气设备的正常运行包括，保持电气设备的电压、电流、温升等参数不超过允许值，保持电气设备具有足够的绝缘。

（4）通风。在爆炸危险场所，如有良好的通风装置，能降低爆炸性混合物的浓度，场所危险等级可以降低。

（5）接地。爆炸危险场所的接地（或接零）较一般场所要求高。在爆炸危险场所，若采用变压器低压中性点接地的保护接零系统，为了提高其可靠性，缩短短路故障的持续时间，系统的单相短路电流应当大一些，最小单相短路电流不得小于该段线路熔断器额定电流的 5 倍，或自动开关瞬时（或短延时）动作过电流脱扣器整定电流的 1.5 倍。

（6）合理应用保护装置。除接地（或接零）装置以外，火灾和爆炸危险场所应有比较完善的短路、过载等保护装置。经常突然停电的有爆炸危险的场所，应有两路电源供电，并装有自动切换的连锁装置。

（7）采用耐火设施。变、配电室和酸性蓄电池室、电容器室等应为耐火建筑。临近室外变、配电装置的建筑物外墙也应为耐火建筑。

7. 用电设备的安全技术要求

常见的安全用电的技术要求如下。

（1）接地。出于不同的目的，将电气装置中某一部位经接地线或接地体与大地作良好的电气连接称为接地。根据接地的目的不同，接地可分为工作接地和保护接地。

1）工作接地。工作接地是指为了运行的需要而将电力系统中的某一点接地，如变压器中性点直接接地或经过击穿保险器接地、避雷器接地都是工作接地。

2）保护接地。所谓保护接地是指为了人身安全的目的，将不接地电网中不带电的电气装置，但可能因绝缘损坏而带上危险对地电压的外露导电部分（设备的金属外壳或金属结构）与大地做电气连接。

（2）保护接零。

1）保护接零。保护接零就是将 TN 系统中电气设备平时不带

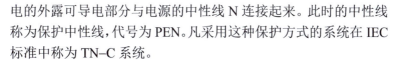

电的外露可导电部分与电源的中性线 N 连接起来。此时的中性线称为保护中性线，代号为 PEN。凡采用这种保护方式的系统在 IEC 标准中称为 TN–C 系统。

2）重复接地。在 TN 系统采用保护接零的同时，将中线再次与大地相接，称为重复接地。重复接地可以降低漏电设备外壳的对地电压；减轻 PE 线或 PEN 线断线时的触电危险；还可以降低电网一相接地故障时，非故障相的对地电压；可以降低高压窜入低压时低压网络的对地电压；可以降低三相负荷不平衡时零线的对地电压；当零线断线时，在一定程度上起平衡各相电压的作用等。

8. 防雷的常识

雷电又称为大气过电压，有直击雷和感应雷两种形式。直击雷是雷雨云直接对地上的物体放电的现象，由于其电压很高，电流很大，通常会对被击物体产生很大的破坏作用。当电力系统遭雷击时，将造成重大设备损坏及停电设备。感应雷是电力系统上方有雷雨云时，线路中会感应出大量与雷雨云极性相反的电荷（称束缚电荷），当雷雨云对其他物体放电，线路中的电荷迅速向两端扩散，产生放电的过电压，对变电所及电气设备造成危害。因此，防雷具有十分重要的意义。防雷的原则是疏导，将雷电流泄放到大地。

防雷的装置有避雷针、避雷带、避雷网和避雷器。

9. 绝缘安全用具的正确使用

电工绝缘安全用具包括基本安全用具和辅助安全用具。

（1）基本安全用具。基本安全用具包括高压绝缘棒、绝缘夹钳和高压验电器等。

1）高压绝缘棒。用来闭合或断开高压隔离开关、跌落式熔断器，也可用来安装或拆除临时接地线以及用于测量和试验工作。不用时应垂直放置在支架上，不应使其与墙壁接触。

2）绝缘夹钳。用来安装高压熔断器或进行其他需要有夹持力的电气作业时的一种常用工具。使用时应带护目镜、绝缘手套、穿绝缘靴或站在绝缘台（垫）上，不允许在绝缘夹钳上装接地线，使用完毕，应保存在专用的箱子或匣子里。

3）高压验电器。用来检查设备是否带电的一种专用安全用具。使用时应注意以下几点。

① 应选用电压等级相符且合格的产品。

② 验电前应先在确知带电的设备上试验，以证实其完好后，方可使用。

③ 使用高压验电器验电时，不应直接触及带电体，应逐渐靠近带电体，直至氖灯发亮为止。

④ 为防止误判断，高压验电器与带电体的距离，电压为6kV时，大于150mm，电压为10kV时，大于250mm。

（2）辅助安全用具。辅助安全用具包括绝缘手套、绝缘靴和绝缘台等。

1）绝缘手套。用于在高压电气设备上进行操作。不许作其他用。使用前，要认真检查是否破损、漏气，用后应单独存放，妥善保管。

2）绝缘靴（鞋）。进行高压操作时用来与地保持绝缘。严禁作为普通靴使用，使用前应检查有无明显破损，用后要妥善保管，不要与油类接触。

3）绝缘站台。在任何电压等级的电力装置中带电工作时使用，多用于变电所和配电室。使用时不应使站台脚陷于泥土或台面接触地面，以免过多地降低其绝缘性能。

10. 电气设备操作基本知识

（1）电气维修值班制度。电气设备维修值班一般应有2人以上，尤其是高压设备。不论高压设备带电与否，维修值班人员不得单独移开或越过遮栏进行工作，若有必要移开遮栏，必须有监护人在场。

（2）电气设备维修巡视制度。电气设备的维修巡视，一般均由2人进行。巡视高压设备时，不得进行其他工作，不得移开或越过遮栏。

雷雨天气需要巡视室外高压设备时，应穿绝缘靴，并不得靠

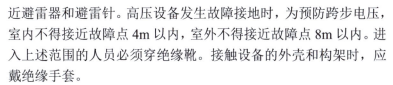

近避雷器和避雷针。高压设备发生故障接地时，为预防跨步电压，室内不得接近故障点 4m 以内，室外不得接近故障点 8m 以内。进入上述范围的人员必须穿绝缘靴。接触设备的外壳和构架时，应戴绝缘手套。

（3）工作票制度。在电气设备上工作，应填用工作票或按命令执行，其方式有下列三种。

1）第一种工作票。填用第一种工作票的工作为：高压设备上工作需要全部停电或部分停电的；高压室内的二次接线和照明等回路上的工作，需要将高压设备停电或采取安全措施的。

2）第二种工作票。填用第二种工作票的工作为：带电作业和在带电设备外壳上的工作；在控制盘和低压配电盘、配电箱、电源干线上的工作；在二次接线回路上的工作；无须将高压设备停电的工作；在转动中的发电机、同期调相机的励磁回路或高压电动机转子电阻回路上的工作；非当值值班人员用绝缘棒和电压互感器定相或用钳形电流表测量高压回路的电流。

3）口头或电话命令。用于第一种和第二种工作票以外的其他工作。口头或电话命令，必须清楚正确，值班员应将发令人、负责人及工作任务详细记入操作记录簿中，并向发令人复诵核对一遍。

工作票一式填写两份，一份必须经常保存在工作地点，由工作负责人收执；另一份由值班员收执，按班移交。在无人值班的设备上工作时，第二份工作票由工作许可人收执。

执行工作票的作业，必须有人监护。在工作间断、转移时执行间断、转移制度。工作终结时，执行终结制度。

（4）工作许可制度。为了进一步确保电气作业的安全进行，完善保证安全的组织措施，对于工作票的执行，规定了工作许可制度，即未经工作许可人（值班员）允许，不准执行工作票。

1）工作许可手续。工作许可人（值班员）认定工作票中安全措施栏内所填的内容正确无误且完善后，去施工现场具体实施。然后会同工作负责人在现场再次检查必要的接地、短路、遮栏和标示牌是否装设齐备，以手触试已停电并接地和短路的导电部分，证明确无电压，同时向工作负责人指明带电设备的位置及工作中的注意事项。经工作负责人确认后，工作负责人和工作许可人在工作票上分别签名。完成上述许可手续后，工作班人员方可开始工作。

2）执行工作许可制度应注意的事项。工作许可人、工作负责人任何一方不得擅自变更安全措施。值班人员不得变更有关检修设备的运行接线方式。工作中如有特殊情况需变更时，应事先取得对方的同意。

（5）工作监护制度。监护制度是指工作人员在工作过程中必须受到监护人一定的指导和监督，以及时纠正不安全的操作和其他的危险误动作。特别是在靠近有电部位工作及工作转移时，监护工作更为重要。

1）监护人的职责范围。工作负责人同时又是监护人。工作票签发人或工作负责人可根据现场的安全条件、施工范围、工作需要等具体情况，增设专人进行监护工作，并指定被监护的人数。

工作期间，工作负责人（监护人）若因故需离开工作地点时，应指定能胜任的人员临时代替监护人的职责，离开前将工作现场情况向指定的临时监护人交代清楚，并告知工作班人员。原工作班负责人返回工作地点时，也履行同样的交接手续。如果工作负责人需长时间离开现场，应由原工作票签发人变更新工作负责人，并进行认真交接。专职监护人不得兼做其他工作。

2）执行监护。完成工作许可手续后，工作负责人（监护人）应向工作班人员交代现场的安全措施、带电部位和其他注意事项。工作负责人（监护人）必须始终在工作现场，对工作班人员的安全认真监护，及时纠正违反安全的动作，防止意外情况的发生。

所有工作人员（包括监护人），不许单独留在室内和室外变电所高压设备区内。若工作需要一个或几个人同时在高压室内工作，如测量极性、回路导通试验等工作时，必须满足两个条件：一是现场的安全条件允许，二是所允许工作的人员要有实践经验。监护人在这项工作之前要将有关安全注意事项做详细指示。

　　值班人员如发现工作人员违反安全规程或发现有危及工作人员安全的任何情况，均应向工作负责人提出改正意见，必要时暂时停止工作，并立即向上级报告。

# 第二节 专 业 知 识

1. 掌握基本电子电路的装调维修知识。
2. 掌握继电器接触器线路的装调知识。
3. 掌握机床电气控制电路的维修知识。
4. 自动控制电路的装调维修知识。

## 一、基本电子电路装调维修

### （一）仪表仪器的使用

**1. 单臂电桥**

电桥是一种常用的比较式仪表，它使用准确度很高的元件（如标准电阻器、电感器、电容器）作为标准量，然后用比较的方法去测量电阻、电感、电容等电路参数，所以，电桥的准确度很高。电桥的种类很多，可分为交流电桥（用于测量电感、电容等交流参数）和直流电桥。直流电桥又分为单臂电桥和双臂电桥两种。

（1）单臂电桥的工作原理。直流单臂电桥又称惠斯登电桥，是一种专门用来测量中电阻的精密测量仪器。它的原理图和外形如图 2-27 所示，$R_x$、$R_2$、$R_3$、$R_4$ 分别组成电桥的四个臂。其中，$R_x$ 称为被测臂，$R_2$、$R_3$ 构成比例臂，$R_4$ 称为比较臂。

当接通按钮开关 SB 后，调节标准电阻 $R_2$、$R_3$、$R_4$，使检流计 P 的指示为零，即 $I_P=0$，这种状态称为电桥的平衡状态。

电桥平衡的特点是检流计 P 的电流等于零，即 $I_P=0$。

电桥平衡的条件是 $R_2R_4 = R_xR_3$，它说明，电桥相对臂电阻的乘积相等时，电桥就处于平衡状态。

将平衡条件的公式变为 $R_x = \dfrac{R_2}{R_3} \cdot R_4$。该式还说明，电桥平衡时，被测电阻 $R_x$=比例臂倍率×比较臂读数。

提高电桥准确度的条件是：标准电阻 $R_2$、$R_3$、$R_4$ 的准确度要高；检流计的灵敏度也要高，以确保电桥真正处于平衡状态。

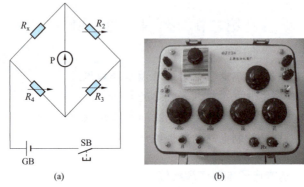

图 2-27　直流单臂电桥原理图和外形图

（a）原理图；（b）外形图

（2）直流单臂电桥选用与维护。直流单臂电桥是用来 1Ω 以上直流电阻的较精密的仪器。测量 1Ω 以上直流电阻应选用直流单臂电桥。

用其测量直流电阻的操作步骤如下。

1）调整检流计零位。测量前应先将检流计开关拨向"内接"位置，即打开检流计的锁扣。然后调节调零器使指针指在零位。

2）用万用表的欧姆挡估测被测电阻值，得出估计值。

3）接入被测电阻时，应采用较粗较短的导线，并将接头拧紧。

4）根据被测电阻的估计值，选择适当的比例臂，使比较臂的四挡电阻都能被充分利用，从而提高测量准确度。例如，被测电阻约为几十欧时，应选用×0.01 的比例臂。被测电阻约为几百欧时，应选用×0.1 的比例臂。

5）当测量电感线圈的直流电阻时，应先按下电源按钮，再按下检流计按钮，测量完毕，应先松开检流计按钮，后松开电源按钮，以免被测线圈产生自感电动势损坏检流计。

6）电桥电路接通后，若检流计指针向"+"方向偏转，应增大比较臂电阻；反之应减小比较臂电阻。

7）电桥检流计平衡时，读取被测电阻值=比例臂倍率×比较臂读数。

8）电桥使用完毕，应先切断电源，然后拆除被测电阻，最后将检流计锁扣锁上。

2. 双臂电桥

（1）双臂电桥的工作原理。直流双臂电桥的原理电路如图 2-28 所示。与单臂电桥不同，被测电阻 $R_x$ 与标准电阻 $R_4$ 共同组成一个桥臂，标准电阻 $R_n$ 和 $R_3$ 组成另一个桥臂，$R_x$ 与 $R_n$ 之间用一阻值为 $r$ 的导线连接起来。为了消除接线电阻和接触电阻的影响，$R_x$ 与 $R_n$ 都采用两对端钮，即电流端钮 C1、C2、Cn1、Cn2，电位端钮 P1、P2、Pn1、Pn2。桥臂电阻 $R_1$、$R_2$、$R_3$、$R_4$ 都是阻值大于 10Ω 的标准电阻。$R$ 是限流电阻。

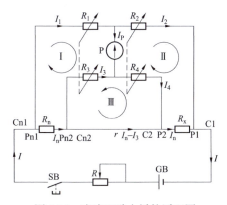

图 2-28　直流双臂电桥的原理图

使用时调节各桥臂电阻，使检流计指零，即 $I_P=0$，电桥处于平衡状态。此时

$$R_x = \frac{R_2}{R_1} R_n$$

为了使双臂电桥平衡时，求解 $R_x$ 的公式与单臂电桥相同，双

臂电桥在结构上采取了以下措施。

1）将 $R_1$ 与 $R_3$、$R_2$ 与 $R_4$ 采用机械联动的调节装置，使 $R_3/R_1$ 的变化和 $R_4/R_2$ 的变化保持同步，从而满足 $R_3/R_1=R_4/R_2$。

2）连接 $R_x$ 与 $R_n$ 的导线，尽可能采用导电性良好的粗铜母线，使 $r \rightarrow 0$。

（2）双臂电桥的选用与维护。直流双臂电桥是专门用来精密测量 1Ω 以下小电阻的仪器。

直流双臂电桥的使用方法与单臂电桥基本相同。另外还应注意如下事项。

1）被测电阻有电流端钮和电位端钮时，要与电桥上相应的端钮相连接。要注意电位端钮总是在电流端钮的内侧，且两电位端钮之间的电阻就是被测电阻。如果被测电阻没有电流端钮和电位端钮，则应自行引出电流和电位端钮。接线时注意应尽量用短粗的导线接线，接线间不得绞合，并要接牢。

2）直流双臂电桥工作时电流较大，故测量时动作要迅速，以免电池耗电量过大。

3）接入被测电阻时，应采用较粗较短的导线连接，接线间不得绞合，并将接头拧紧。

4）用万用表估测被测电阻值应尽量准确，倍率选择务必正确，否则会产生很大的测量误差，从而失去精确测量的意义。

（3）单臂电桥与双臂电桥的区别。由于直流双臂电桥可以较好地消除接触电阻和接线电阻的影响，因而在测量小电阻时，能够获得较高的准确度。

3. 信号发生器

（1）信号发生器工作原理。信号发生器用于产生被测电路所需特定参数的电测试信号。在测试、研究或调整电子电路及设备时，为测定电路的一些电参量，如测量频率响应、噪声系数、为电压表定度等，都要求提供符合所定技术条件的电信号，以模拟在实际工作中使用的待测设备的激励信号。当要求进行系统的稳态特性测量时，需使用振幅、频率已知的正弦信号源。当测试系统的瞬态特性时，又需使用前沿时间、脉冲宽度和重复周期已知的矩形脉冲源。并且要求信号源输出信号的参数，如频率、波形、输出电压或功率等，能在一定范围内进行精确调整，有很好的稳定性，有输出指示。

信号发生器可以根据输出波形的不同，划分为正弦波信号发生器、矩形脉冲信号发生器、函数信号发生器和随机信号发生器等四大类。正弦信号是使用最广泛的测试信号。这是因为产生正弦信号的方法比较简单，而且用正弦信号测量比较方便。正弦信号发生器又可以根据工作频率范围的不同划分为低频信号发生器、高频发生器若干种。

低频信号发生器用来产生 1Hz～1MHz 的低频正弦信号。除具有电压输出外，有的还有功率输出。所以用途十分广泛，可用于测试或检修各种电子仪器设备中的低频放大器的频率特性、增益、通频带，也可用作高频信号发生器的外调制信号源。另外，在校准电子电压表时，它可提供交流信号电压。

低频信号发生器主要由主振器、电压放大器、输出衰减器、功率放大器、阻抗变换器和监测电压表等组成。

1）主振器的作用是产生低频的正弦波信号，并实现频率调节功能。它是低频信号发生器的主要部件，一般采用 RC 振荡器，尤以文氏电桥振荡器为多。

2）电压放大器的作用是放大主振级产生的振荡信号，满足信号发生器对输出信号幅度的要求，并将振荡器与后续电路隔离，防止因输出负载变化而影响振荡器频率的稳定。

3）功率放大器提供足够的输出功率，为了保证信号不失真，要求放大器的频率特性好，非线性失真小。

4）输出衰减器的作用是调节输出电压使之达到所需的值，低频信号发生器一般采用连续衰减器和步级衰减器配合进行衰减，可提供多级衰减倍数。

5）阻抗变换器实际上是一个变压器，其作用是使输出端连接不同的负载时都能得到最大的输出功率。

6）监测电压表用于监测信号源输出电压或输出功率的大小。

工作原理：主振器产生低频正弦振荡信号，经电压放大器放大，达到电压输出幅度的要求，经输出衰减器可直接输出电压，用主振输出调节电位器调节输出电压的大小。

（2）信号发生器的选用方法。信号发生器的选用应根据所需的信号频率、信号电压的大小进行选用。

1）低频信号发生器。包括音频（200～20 000Hz）和视频（1Hz～10MHz）范围的正弦波发生器。主振级一般用 $RC$ 式振荡器，也可用差频振荡器。为便于测试系统的频率特性，要求输出幅频特性平和波形失真小。

2）高频信号发生器。高频信号发生器用来产生 100kHz～30MHz 的正弦波信号。它主要用于测量各种无线电接收机的灵敏度、选择性，另外也常作为检测高频电路的信号源。一般采用 $LC$ 调谐式振荡器，频率可由调谐电容器的度盘刻度读出。主要用途是测量各种接收机的技术指标。输出信号可用内部或外加的低频正弦信号调幅或调频，使输出载频电压能够衰减到1μV 以下。仪器还有防止信号泄漏的良好屏蔽。

**4. 数字万用表**

数字万用表是一种多用途电子测量仪器，一般包含安培计、电压表、欧姆计等功能，有时也称为万用计、多用计、多用电表，或三用电表。

按量程转换方式分类，可分为手动量程式数字万用表、自动量程式数字万用表和自动/手动量程数字万用表；按用途和功能分类，可分为低档普及型（如 DT830 型数字万用表）数字万用表、中档数字万用表、智能数字万用表、多重显示数字万用表和专用数字仪表等；按形状大小分，可分为袖珍式和台式两种。数字万用表的类型虽多，但测量原理基本相同。

**5. 示波器**

（1）示波器的工作原理。示波器利用狭窄的、由高速电子组成的电子束，打在涂有荧光物质的屏面上，就可产生细小的光点。

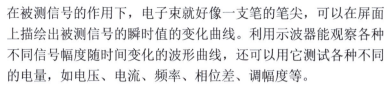

在被测信号的作用下，电子束就好像一支笔的笔尖，可以在屏面上描绘出被测信号的瞬时值的变化曲线。利用示波器能观察各种不同信号幅度随时间变化的波形曲线，还可以用它测试各种不同的电量，如电压、电流、频率、相位差、调幅度等。

普通示波器有五个基本组成部分：显示电路、垂直（$Y$ 轴）放大电路、水平（$X$ 轴）放大电路、扫描与同步电路、电源供给电路。

（2）示波器的选用方法。

1）确定需要模拟示波器还是数字示波器。数字示波器和模拟示波器各有其优缺点。现代技术的发展使数字示波器功能更强，响应更快而且价格也逐渐降低。这些优势使得模拟示波器很难与先进的数字示波器相匹敌。

2）根据带宽的要求选用示波器。作为基本准则，所使用示波器的带宽应至少高出被测信号中最高频率的三倍。

3）确定所需要的通道数。一般来讲，所需要的通道数取决于被测对象。目前以双通道示波器最为流行。

4）确定所需要的采样速率。对于单次信号测量，最关键的性能指标是采样速率，即示波器对于输入信号进行"快速拍照"的速率。高采样速率可以产生高实时带宽以及高实时分辨率。

5）确定所需要的存储深度。所需要的示波器存储深度取决于要求的总时间测量范围以及要求的时间分辨率。

另外还要根据评估触发能力、毛刺捕捉能力、所需要的分析功能以及存档能力进行选用。

6. 晶体管图示仪

晶体管特性图示仪主要由阶梯波信号源、集电极扫描电压发生器、工作于 $X$–$Y$ 方式的示波器、测试转换开关及一些附属电路组成。

晶体管特性图示仪，不仅能测试晶体管的特性，还能显示和测量各种半导体管、集成电路等多种器件的特性和参数。它具有显示直观、读数简便和使用灵活等特点。

常用的晶体管特性图示仪（如 QT1、JT1、DW4822 和 XJ4810 等），其原理和方法基本相同。可以根据具体需要进行选用。

基本操作步骤如下。

（1）按下电源开关，指示灯亮，预热 15min 后，即可进行测试。

（2）调节辉度、聚焦及辅助聚焦，使光点清晰。

（3）将峰值电压旋钮调至零，峰值电压范围、极性、功耗电阻等开关置于测试所需位置。

（4）对 X、Y 轴放大器进行 10° 校准。

（5）调节阶梯调零。

（6）选择需要的基极阶梯信号，将极性、串联电阻置于合适挡位，调节级/簇旋钮，使阶梯信号为 10 级/簇，阶梯信号置重复位置。

（7）插上被测晶体管，缓慢地增大峰值电压，荧光屏上即有曲线显示。

7. 晶体管毫伏表

晶体管毫伏表由输入保护电路、前置放大器、衰减放大器、放大器、表头指示放大电路、整流器、监视输出及电源组成。

输入保护电路用来保护该电路的场效应管。衰减控制器用来控制各挡衰减的接通，使仪器在整个量程均能高精度地工作。整流器是将放大了的交流信号进行整流，整流后的直流电流再送到表头。监视输出功能主要是来检测仪器本身的技术指标是否符合出厂时的要求，同时也可作放大器使用。

（1）基本使用方法。

1）开机前的准备工作。将通道输入端测试探头上的红、黑色鳄鱼夹短接，将量程开关选最高量程（300V）。

2）操作步骤如下。

① 接通 220V 电源，按下电源开关，电源指示灯亮，仪器立刻工作。为了保证仪器稳定性，需预热 10s 后使用，开机后 10s 内指针无规则摆动属正常。

② 将输入测试探头上的红、黑鳄鱼夹断开后与被测电路并联

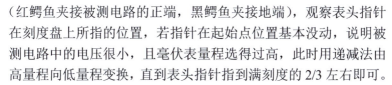

（红鳄鱼夹接被测电路的正端，黑鳄鱼夹接地端），观察表头指针在刻度盘上所指的位置，若指针在起始点位置基本没动，说明被测电路中的电压很小，且毫伏表量程选得过高，此时用递减法由高量程向低量程变换，直到表头指针指到满刻度的 2/3 左右即可。

③ 准确读数。表头刻度盘上共刻有四条刻度。第一条刻度和第二条刻度为测量交流电压有效值的专用刻度，第三条和第四条为测量分贝值的刻度。当量程开关分别选 1、10、100mV，1、10、100V 挡时，就从第一条刻度读数；当量程开关分别选 3、30、300mV，3、30、300V 时，应从第二条刻度读数（逢 1 就从第一条刻度读数，逢 3 从第二刻度读数）。

（2）注意事项。

1）仪器在通电之前，一定要将输入电缆的红黑鳄鱼夹相互短接。防止仪器在通电时因外界干扰信号通过输入电缆进入电路放大后，再进入表头将表针打弯。

2）当不知被测电路中电压值大小时，必须首先将毫伏表的量程开关置最高量程，然后根据表针所指的范围，采用递减法合理选挡。

3）若要测量高电压，输入端黑色鳄鱼夹必须接在"地"端。

4）测量前应短路调零。打开电源开关，将测试线（也称开路电缆）的红黑夹子夹在一起，将量程旋钮旋到 1mV 量程，指针应指在零位（有的毫伏表可通过面板上的调零电位器进行调零，凡面板无调零电位器的，内部设置的调零电位器已调好）。若指针不指在零位，应检查测试线是否断路或接触不良，应更换测试线。

5）交流毫伏表灵敏度较高，打开电源后，在较低量程时由于干扰信号（感应信号）的作用，指针会发生偏转，称为自起现象。所以在不测试信号时应将量程旋钮旋到较高量程挡，以防打弯指针。

6）交流毫伏表接入被测电路时，其地端（黑夹子）应始终接在电路的"地上"（成为公共接地），以防干扰。

7）交流毫伏表表盘刻度分为 0～1 和 0～3 两种刻度，量程旋钮切换量程分为逢 1 量程（1、10mV，0.1V……）和逢三量程（3、

30mV，0.3V……），凡逢 1 的量程直接在 0～1 刻度线上读取数据，凡逢 3 的量程直接在 0～3 刻度线上读取数据，单位为该量程的单位，无须换算。

8）使用前应先检查量程旋钮与量程标记是否一致，若错位会产生读数错误。

9）交流毫伏表只能用来测量正弦交流信号的有效值，若测量非正弦交流信号要经过换算

10）注意，不可用万用表的交流电压挡代替交流毫伏表测量交流电压挡（万用表内阻较低，用于测量 50Hz 左右的工频电压）。

（二）电子元件选用知识

1. 三端稳压集成电路

（1）三端稳压集成电路型号的概念。固定式三端稳压器有输入端、输出端和公共端三个引出端。此类稳压器属于串联调整式，除了基准、取样、比较放大和调整等环节外，还有较完整的保护电路。常用的 CW78×× 系列是正电压输出，CW79×× 系列是负电压输出。根据国家标准，其型号意义如下。

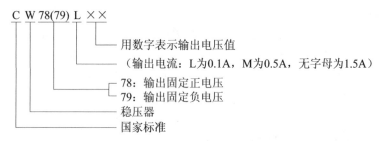

（2）三端稳压集成电路的选用方法。CW78×× 系列和 CW79×× 系列稳压器的管脚功能有较大的差异，使用时必须注意。

电子产品中常见到的三端稳压集成电路有正电压输出的 78×× 系列和负电压输出的 79×× 系列。顾名思义，三端 IC 是指这种稳压用的集成电路只有三条引脚输出，分别是输入端、接地端和输出端。它的样子像是普通的三极管。TO–220 的标准封装，也有 9013 样子的 TO–92 封装，三端稳压集成器管脚图如图 2-29

所示。

用78/79系列三端稳压IC来组成稳压电源所需的外围元件极少，电路内部还有过流、过热及调整管的保护电路，使用起来可靠、方便，而且价格便宜。该系列集成稳压IC型号中的78或79后面的数字代表该三端集成稳压电路的输出电压，如7806表示输出电压为+6V，7909表示输出电压为−9V。

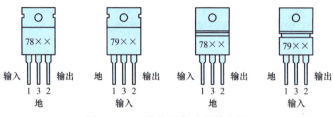

图2-29　三端稳压集成器管脚图

（3）三端稳压集成电路使用注意事项。注意三端集成稳压电路的输入、输出和接地端绝不能接错，不然容易烧坏。一般三端集成稳压电路的最小输入、输出电压差约为2V，否则不能输出稳定的电压，一般应使电压差保持在4～5V，即经变压器变压，二极管整流，电容器滤波后的电压应比稳压值高一些。

在实际应用中，应在三端集成稳压电路上安装足够大的散热器（当然小功率的条件下不用）。当稳压管温度过高时，稳压性能将变差，甚至损坏。

当制作中需要一个能输出1.5A以上电流的稳压电源，通常采用几块三端稳压电路并联起来，使其最大输出电流为N个1.5A，但应用时需注意，并联使用的集成稳压电路应采用同一厂家、同一批号的产品，以保证参数的一致。另外在输出电流上留有一定的余量，以避免个别集成稳压电路失效时导致其他电路的连锁烧毁。

2. 逻辑门电路

（1）常用的逻辑门电路的种类。按结构分有分立元件和集成逻辑门电路；按功能分有与、或、非、与非、或非和异或门等。

1）与门。当条件全部同时具备时，结果才会发生。这种因果

关系称"与"逻辑关系。实现"与"逻辑功能的电路称为与门电路，简称与门。与门的逻辑表达式为

$$Y=A \cdot B=AB$$

逻辑符号如图 2-30 所示，与门的逻辑功能是，"有 0 出 0，全 1 出 1"。与门的输入端可以不止两个，但逻辑关系是一致的。

2）非门。输出总是输入的否定，这种因果关系称"非"逻辑。能实现"非"逻辑功能的门电路称非门电路，简称非门。由晶体三极管组成的非门电路及逻辑符号如图 2-31 所示。

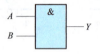

图 2-30　与门电路的逻辑符号　　　图 2-31　非门电路的逻辑符号

三极管工作在饱和与截止两种状态，它的输出信号存在反相关系，即输入高电平，输出低电平；输入低电平，输出高电平。非门的逻辑表达式为

$$Y=\overline{A}$$

3）或门。能实现"或"逻辑功能的门电路称为或门电路，简称或门。逻辑符号如图 2-32 所示。

"或"门的逻辑表达式

$$Y=A+B$$

或门的逻辑功能是，"有 1 出 1，全 0 出 0"。

4）与非门。一个与门与一个非门组成的复合逻辑电路称为与非门。应用较为广泛。与非门的逻辑符号如图 2-33 所示。

与非门的逻辑功能是，"有 0 出 1，全 1 出 0"。

与非门的逻辑表达式为

$$Y=\overline{AB}$$

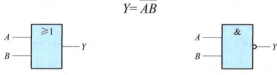

图 2-32　或门电路的逻辑符号　　　图 2-33　与非门电路的逻辑符号

工作中经常使用 TTL 与非门，在使用中应注意如下几点。

① 输入端全部悬空。这种情况下，相当于是输入为高电平，输出应为低电平。

② 多余端的处理。当输入信号的个数少于与非门输入端的个数时，为避免可能引起的干扰，一般是不让其悬空，而是将其接到电源正端，或者和信号的输入端并联使用。接电源正端的优点是可以不增加信号的驱动电流，与信号输入端并联的优点是提高逻辑的可靠性。

5）或非门。一个或门与一个非门组成的复合逻辑电路称为或非门。

或非门的逻辑符号如图 2-34 所示。

或非门的逻辑表达式为

$$Y = \overline{A+B}$$

或非门的逻辑功能是，"有 1 出 0，全 0 出 1"。

6）异或门。异或门的逻辑符号如图 2-35 所示。

异或门的逻辑表达式为

$$Y = \overline{A}B + A\overline{B} = A \oplus B$$

异或门的逻辑功能是，"输入相同，输出为 0；输入不同，输出为 1"，即"相同出 0，不同出 1"。

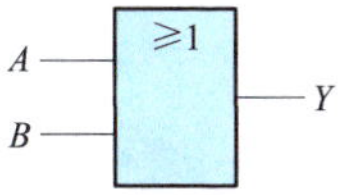

图 2-34　或非门电路的逻辑符号

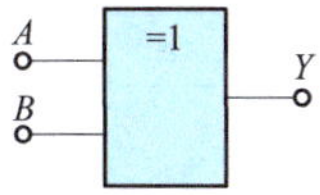

图 2-35　异或门电路的逻辑符号

（2）常用逻辑门电路的主要参数。最常用逻辑门电路是 TTL 与非门。TTL 与非门主要参数如下。

1）导通电源电流 $I_{CCL}$。

2）输入短路电流 $I_{IS}$。

3）输入高电平电流 $I_{IH}$。

4）开门电平 $U_{ON}$。TTL 门电路开门电平的 $U_{ON} \approx 2V$。TTL

门电路的阈值电压 $U_{TH}$ 在 1.4V 左右。

5）关门电平 $U_{OFF}$。TTL 与非门的 $U_{OFF} \approx 0.8V$。

6）输出低电平 $U_{OL}$。对通用的 TTL 与非门，$U_{OL} \leqslant 0.4V$。

7）输出高电平 $U_{OH}$。对通用的 TTL 与非门，$U_{OH} \geqslant 2.4V$。

8）扇出系数 $N_O$。

9）平均传输延迟时间 $t_{pd}$。

3. 晶闸管

（1）晶闸管型号的概念。国产普通型晶闸管的型号有 3CT 系列和 KP 系列。各部分含义如下。

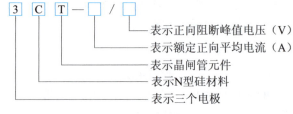

3CT 系列

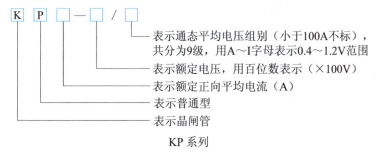

KP 系列

例如，3CT–5/500 表示额定电流为 5A，额定电压为 500V 的普通型晶闸管；KP100–12G 的晶闸管表示额定电流为 100A，额定电压 1200V，正向通态平均电压组别为 G 的普通反向阻断型晶闸管。

（2）晶闸管的结构特点。晶闸管有四层半导体材料、三个 PN 结、三个电极组成的组合器件，可以把晶闸管等效成一个 NPN 型和 PNP 型的三极管的组合，中间的 PN 结两管共用，如图 2-36 所示。

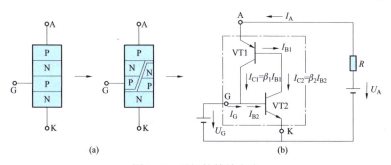

图 2-36 晶闸管等效电路

（a）示意图；（b）原理图

1）晶闸管导通的条件是，在阳极和阴极间加上正向电压的同时，门极至阴极间加上适当的触发电压。

2）晶闸管导通以后，门极即失去控制作用；要重新关断晶闸管，必须让阳极电流减小到低于其维持电流或在阳极至阴极间加上反向电压。

（3）晶闸管的主要参数。

1）正向断态重复峰值电压 $U_{DRM}$。在额定结温，门极断路和晶闸管正向阻断的情况下，允许重复加在晶闸管上的最大正向峰值电压，一般比 $U_{BO}$ 低 100V。

2）反向断态重复峰值电压 $U_{RRM}$。在额定结温和门极断路的情况下，允许重复加在晶闸管上的反向峰值电压，一般取值比 $U_{BO}$ 低 100V，它反映了阻断状态下晶闸管能承受的反向电压。通常 $U_{RRM}$ 和 $U_{DRM}$ 大致相等，习惯上统称为峰值电压。

3）通态平均电流 $I_{T(AV)}$。在环境温度超过 40℃和规定的散热条件下，允许通过的工频正弦半波电流在一个周期内的最大平均值称为通态平均电流，简称正向电流。当晶闸管的导通角变小时，允许的平均电流必须适当降低。

4）通态平均电压 $U_{T(AV)}$。晶闸管正向通过正弦半波额定的平均电流、结温稳定时的阳极和阴极间的电压平均值称为通态平均电压，习惯上称为管压降。通态平均电压的组别共分为九级，用

A～I 表示。

5）维持电流 $I_H$。在规定的环境温度和门极断路的情况下，维持晶闸管继续导通时需要的最小阳极电流称为维持电流。它是晶闸管由通到断的临界电流，要使导通的晶闸管关断，必须使它的正向电流小于 $I_H$。

（4）晶闸管的选用方法。晶闸管有许多参数，但在选用晶闸管时必须注意的参数有，额定平均电流、正（反）向峰值电压、控制极触发电压与触发电流。由于手册中给出的这些参数都是在规定的条件下测定的，而实际使用的环境条件往往与规定的条件不同，而且常会发生超出管子承受能力的现象，所以为了晶闸管能安全工作，正、反向峰值电压应按实际工作电压最大值的 2～3 倍来选用，而额定平均电流则应按实际平均电流有效值的 1.2～2 倍来选用。应指出的是单向晶闸管给出的额定电流是指允许流过晶闸管的最大平均电流，而双向晶闸管给出的额定电流是指允许流过晶闸管的最大有效值电流。为了使晶闸管在最不利的情况下，仍能可靠地触发导通，所选晶闸管的触发电压与触发电流一定要小于实际应用中的数值。

选用双向晶闸管的参数时，要考虑浪涌电流这个参数，因为双向晶闸管的过载能力比普通晶闸管要低。

在直流电路中，可以选用普通晶闸管或双向晶闸管；当用在以直流电源接通和断开来控制功率的直流削波电路中时，由于要求的判断时间短，需选用高频晶闸管。

在选用高频晶闸管时，要特别注意高温下和室温下的耐压量值，大多数高频晶闸管在额定结温下给定的关断时间为室温下关断时间的 2 倍多。

4. 单结晶体管

单结晶体管内部有一个 PN 结，所以称为单结晶体管，有三个电极，分别是发射极和两个基极，所以又叫双基极二极管。单结晶体管的内部结构，在一块高电阻率的 N 型硅片两端，制作两个接触电极，分别叫第一基极和第二基极，分别用符号 B1（b1）

和 B2（b2）表示，硅片的另一侧在靠近第二基极 B2 处制作了一个 PN 结，并在 P 型硅片上引出发射极 E。如图 2-37（a）所示，图形符号如图 2-37（b）所示。

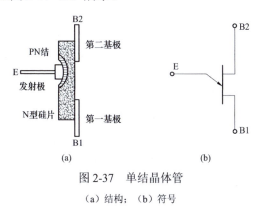

图 2-37　单结晶体管

（a）结构；（b）符号

### 5. 运算放大器

（1）运算放大器的基本结构。集成运放的组成框图如图 2-38 所示。通常包括输入级、中间级、输出级和偏置电路。集成运放符号如图 2-39 所示。

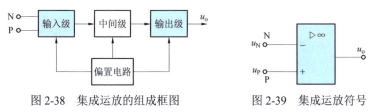

图 2-38　集成运放的组成框图　　　　图 2-39　集成运放符号

1）输入级。通常是具有较高输入电阻和较高放大倍数的放大器。

2）中间级。中间级的作用是使集成运放具有较强的放大能力，通常由多级共射极放大器构成。

3）输出级。输出级的作用是为负载提供一定幅度的信号电压和信号电流，并具有一定的保护功能。输出级一般采用输出电阻很低的射极输出器或由射极输出器组成的互补对称功放电路。

4）偏置电路。偏置电路的作用是为各级提供所需稳定的静态工作电流。

（2）运算放大器的主要参数。

1）开环电压放大倍数 $A_o$。在没有外接反馈电路时所测出的电压放大倍数，称为开环电压放大倍数。它是反映集成运放放大能力的一个重要参数。目前国产的集成运放约为 $104\sim108$（即 $80\sim160dB$），开环电压放大倍数 $A_o$ 越高，所构成的运算电路越稳定，运算精度越高。

2）输入失调电压 $U_{io}$。理想的运算放大器若将两输入端同时接地时（即输入为零），输出电压 $u_o=0$，但实际的运算放大器，由于输入级差动对管的不对称性，$u_o\neq0$。为了使放大器在零输入时零输出，必须在输入端加一个很小的补偿电压，它就是输入失调电压 $U_{io}$。一般在几毫伏级，显然 $U_{io}$ 越小越好。

3）输入失调电流 $I_{io}$。输入信号为零时，两个输入端静态基极电流之差，称为输入失调电流。一般在几百纳安级，高质量的小于 $1nA$。

4）输入偏置电流 $I_{iB}$。输入信号为零时。两个输入端静态基极电流的平均值，称为输入偏置电流。一般为几百纳安。

5）最大共模输入电压 $U_{iCM}$。运算放大器对共模信号具有抑制能力，但这个性能是在规定的共模电压范围内才具备，如超出这个电压，运算放大器的共模抑制能力就显著下降。$U_{iCM}$ 表示了集成运放所能承受共模干扰信号能力的大小。

6）最大输出电压 $U_{OPP}$。在电源电压为额定值时，使输出电压和输入电压保持不失真关系的最大输出电压，称为运算放大器的最大输出电压。

7）共模抑制比 $K_{CMRR}$。集成运算放大器对差动信号的放大系数与共模信号的放大倍数之比称为共模抑制比。它是衡量输入级各参数对称程度的标志。通用型线性集成运放的 $K_{CMRR}$ 约在 $65\sim160dB$ 之间，其数值越大，抑制共模信号的能力越强。

（3）运算放大器的选用。通常根据实际要求来选用运算放大器。如测量放大器的输入信号微弱，它的第一级应选用高输入电阻、高共模抑制比、高开环电压放大倍数、低失调电压及低温度漂移的运算放弃。选好后，根据管脚图和符号图链接外部电路，包括电源、外接偏置电阻、消振电路及调零电路等。

（三）电子线路装调维修

1. 放大电路静态工作点的计算

放大电路在未加交流输入信号，即输入信号为零时的工作点，称为静态工作点。

（1）画出直流通路。所谓直流通路是指直流信号流通的路径。因电容具有隔直作用，所以在画直流通路时，把电容看作断路，图 2-40（b）为图 2-40（a）的直流通路。

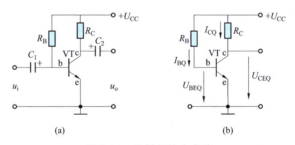

图 2-40 共射极放大电路

（a）共射极基本放大电路；（b）直流通路

（2）由直流通路可推导出有关近似估算静态工作点的公式，见表 2-8。

表 2-8　　　　　　　　　　近似估算静态工作点

| 静态工作点 | | 说　明 |
|---|---|---|
| 基极偏置电流 | $I_{BQ} = \dfrac{U_{CC} - U_{BEQ}}{R_B} \approx \dfrac{U_{CC}}{R_B}$ | 晶体管 $U_{BEQ}$ 很小（硅管为 0.7V，锗管为 0.3V），与 $U_{CC}$ 相比可忽略不计 |
| 静态集电极电流 | $I_{CQ} \approx \beta I_{BQ}$ | 根据晶体管的电流放大原理 |
| 静态集电极电压 | $U_{CEQ} = U_{CC} - I_{CQ} R_C$ | 根据回路电压定律 |

2. 放大电路静态工作点的稳定方法

放大电路设置静态工作点的目的是为了避免非线性失真。静态工作点过高将产生饱和失真，静态工作点过低将产生截止失真。通常，要使放大电路有最大的不失真输出信号，静态工作点要设置在交流负载线的中点上。

3. 放大电路波形失真的分析

（1）工作点偏高易引起饱和失真。当输出信号波形负半周被部分削平，这种现象叫"饱和失真"。

产生饱和失真的原因：$Q$ 点偏高。如图 2-41 中的 $Q'$ 点，输入信号的正半周有一部分进入饱和区，使输出信号的负半周被部分削平。

消除失真的方法：增大 $R_B$，减小 $I_{BQ}$，使 $Q$ 点适当下移。

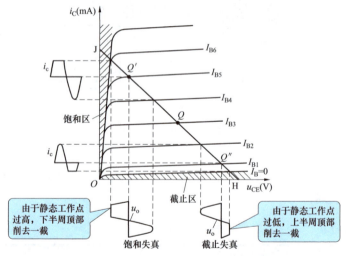

图 2-41　波形失真与静态工作点的关系

（2）工作点偏低易引起截止失真。当输出信号的正半周被部分削平，这种现象叫做"截止失真"。

产生截止失真的原因：$Q$ 点偏低。如图 2-41 中的 $Q''$ 点，输入信号电压负半周有一部分进入截止区，使输出信号正半周被部分削平。

消除截止失真的方法：减小 $R_B$，增大 $I_{BQ}$，使 $Q$ 点适当上移。

饱和失真和截止失真分别是因为工作点进入饱和区和截止区（非线性区）而发生的失真。所以饱和失真和截止失真统称为"非线性失真"。

由上分析可知，静态工作点的位置对放大器的性能和输出波形都有很大影响。如果静态工作点偏高，放大器在加入交流信号以后容易产生饱和失真，此时 $u_o$ 的负半周将被削底；如果工作点偏低，则易产生截止失真，即 $u_o$ 的正半周将被削顶。这两种情况都不符合不失真放大的要求。若需满足较大信号幅度的要求，静态工作点最好尽量靠近交流负载线的中点。

4. 共集电极放大电路的性能特点

如图 2-42 所示是共集电极放大电路，它是一个具有电压串联负反馈的放大电路。由于输出信号从发射极输出，故称为射极输出器。

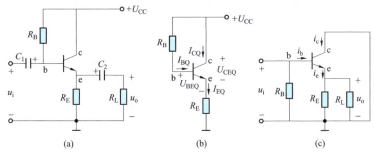

图 2-42　射极输出器

（a）电路；（b）直流通路；（c）交流通路

（1）射极输出器的特点。

1）反馈系数为 1。射极输出器是一个具有深度电压串联负反馈的放大电路，它的放大性能十分稳定。

2）电压放大倍数近似为 1。电压放大倍数略小于 1 近似为 1，表明射极输出器没有电压放大作用，但是射极电流是基极电流的 $(1+\beta)$ 倍，故射极输出器具有电流放大作用。

3）输出电压与输入电压同相。

4）输入电阻大、输出电阻小。射极输出器的输入电阻为

$$R_i = R_B // [r_{be} + (1+\beta) R'_L]$$

射极输出器的输入电阻很高，它比共发射极放大电路的输入电阻高几十到几百倍。

射极输出器的输出电阻为

$$R_O \approx \frac{r_{be} + R_S}{1+\beta} // R_E$$

射极输出器的输出电阻较小，一般为几欧到几十欧。

（2）射极输出器的应用如下。

1）用作多级放大电路的输入级，因输入电阻很大，可减轻信号源的负担。

2）用作多级放大电路的输出级，因输出电阻很小，可以提高带载能力。

3）用作多级放大电路的中间级，因其具有电压跟随作用，且输入电阻大对前级的影响小，输出电阻小，对后级的影响也小，所以，用作中间级起缓冲、隔离作用。

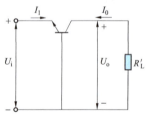

图 2-43　共基极放大电路

5. 共基极放大电路的性能特点

共基极放大电路如图 2-43 所示，由于电路的输入和输出的公共端为基极，故称为共基极放大电路。共基极放大电路的性能特点如下。

（1）没有电流放大作用。电流放大系数小于 1。

（2）具有电压放大作用，放大倍数较高。

（3）输入电阻小，输出电阻大。

（4）输出与输入同相位。

6. 多级放大电路的耦合方法

多级放大器的耦合方式有阻容耦合、直接耦合和变压器耦合三种。

（1）阻容耦合。所谓阻容耦合就是利用电阻和电容元件将两个单级的放大器连接起来，组成多级放大器。阻容耦合多级放大器的作用是放大交流信号，其特点是前后级静态工作点互不影响。

阻容耦合多级放大器的优点是电路结构简单、紧凑、成本低，缺点是效率较低。阻容耦合多用于低频电压多级放大器。

（2）变压器耦合。所谓变压器耦合就是利用变压器将两个单级的放大器连接起来，组成多级放大器所示。变压器耦合多级放大器的作用也是放大交流信号，其特点是前后级静态工作点互不影响。变压器耦合多用于高频调谐放大器。

（3）直接耦合。所谓直接耦合就是直接将两个单级的放大器连接起来，组成多级放大器。直接耦合多级放大器的作用是放大直流信号和缓慢变化的交流信号，信号可直接传递，其特点是前后级静态工作点相互影响，相互牵制。直接耦合多用于直流放大器和集成电路中。

7. 交流负反馈电路的性能特点

将放大器输出信号的一部分或全部，经过一定的电路送回到放大器的输入端，并与输入信号相合成的过程称为反馈。

（1）交流负反馈的作用如下。

1）负反馈使电路的放大倍数降低。

2）负反馈使电路放大倍数的稳定性得到提高。

3）负反馈使电路的非线性失真减小。

4）负反馈使电路的输入电阻和输出电阻发生改变。串联负反馈使输入电阻增大，并联负反馈使输入电阻减小。电压负反馈使输出电阻减小，电流负反馈使输出电阻增大。

（2）交流负反馈的种类如下。

1）电压并联负反馈。

2）电压串联负反馈。

3）电流并联负反馈。

4）电流串联负反馈。

### 8. 差动放大电路的工作原理

（1）差动放大电路的组成。差动放大电路是利用电路参数完全对称的原理组成的。采用差动放大电路来解决零点漂移的问题。

（2）抑制零点漂移的原理。在无输入信号电压时，因电路参数完全对称，三极管特性相同，故 $I_{B1}=I_{B2}$、$I_{C1}=I_{C2}$、$U_{O1}=U_{O2}$，若环境温度或电源电压保持不变，则它们的数值也无变化，$U_O=U_{O1}-U_{O2}=0$，电路输出为零。

当温度或电源电压发生改变时，由于两个三极管所处的环境一样，温度变化相同，则两个三极管的集电极电流变化量相等，即 $\Delta I_{C1}=\Delta I_{C2}$，故两个三极管的集电极电压的变化量也相等，即 $\Delta U_{C1}=\Delta U_{C2}$。由此可知，$U_O=(U_{O1}+\Delta U_{C1})-(U_{O2}+\Delta U_{C2})=0$，即温度发生改变时，电路输出电压为零，可以较好地抑制零点漂移。

（3）差动放大电路对信号的放大作用。

1）差模输入。若两个输入信号大小相等而极性相反则称为差模输入。差动放大电路可以有效地放大差模信号。

2）共模输入。若两个输入信号大小相等而极性相同则称为共模输入，理想情况下，$A_C=0$，所以输出电压没有飘移。即对共模信号进行了抑制。

3）比较输入方式。如果两个输入信号既非差模，又非共模，其大小和相位都是任意的，这种输入方式称为比较输入方式，其输出电压的大小和相位与两个输入信号比较的结果有关。

4）共模抑制比。差动放大器的任务是放大有用的差模信号，抑制无用且有害的共模信号，对差动放大器质量的好坏用共模抑制比（$K_{cmRR}$）来表征，它的定义为放大电路对差模信号放大倍数 $A_d$ 与共模信号放大倍数 $A_C$ 之比，即

$$K_{cmRR}=\frac{A_d}{A_C}$$

差动放大电路的 $K_{cmRR}$ 越大越好。

（4）差动放大电路的输入输出方式。

1）差动放大电路的双端输入和双端输出。

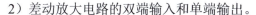

2）差动放大电路的双端输入和单端输出。

3）差动放大电路的单端输入和双端输出。

4）差动放大电路的单端输入和单端输出。

总之，不管信号是单端输入还是双端输入，只要是单端输出，它的差模放大倍数就是单管基本放大电路的一半。如果是双端输出，则与单管基本放大电路的放大倍数相同。双端输入电路依靠输入信号分压后取得差动的信号；单端输入电路依靠 $R_e$ 的作用得到差动信号。

在四种接法中，两个三极管的有效输入电压均为外加输入电压的一半，且形成两个大小相等，相位相反的差动信号。差动放大电路的输入电阻为

$$R_{id}=2[R_b+r_{be}+(1+\beta)R_e]$$

如果 $R_b$、$R_e$ 的影响可忽略时，$R_{id}=2r_{be}$

双端输出的输出电阻为 $R_{od}=2R_C$；单端输出的输出电阻为 $R_{od}=R_C$。

当输出端接有负载时，放大倍数就要降低。双端输出的等效负载 $R'_L=R_C//(R_L/2)$，单端输出的等效负载 $R'_L=R_C//R_L$。

9. 集成运算放大器的使用注意事项

（1）消振。由于运放内部晶体管的极间电容和其他寄生参数的影响，很容易产生自激振荡。为使放大器能稳定地工作，就需要外加一定的频率补偿网络（通常是外接 RC 消振电路或消振电容）来破坏产生自激振荡的条件，以消除自激振荡。另外，为防止通过电源内阻造成低频振荡或高频振荡，通常在运放的正、负供电输入端对地分别加入一个电解电容和一个高频滤波电容。

检查是否已经消振时，可将输入端接地，用示波器观察输出端有无自激振荡（自激振荡产生具有较高频率的波形）。

（2）调零。由于运放内部参数不完全对称，以至于当输入信号为零时，输出信号不为零。为了提高电路的运算精度，要求对失调电压和失调电流造成的误差进行补偿，这就是运算放大器的

调零。常用的调零方法有内部调零和外部调零，而对于没有内部调零端子的集成运放需要采用外部调零方法。因此，在使用时要外接调零电位器。注意，要先消振，后调零，调零时应将电路接成闭环。

（3）安全保护。集成运放的安全保护有三个方面，即电源保护、输入保护及输出保护。电源的常见故障是电源极性接反。电源反接保护电路可以采用两个二极管串联存电压输入端。

集成运放的输入差模电压过高或者输入共模电压过高（超出该集成运放的极限参数范围）也会损坏集成运放。通常在输入端接入两个反向并联的二极管，将输入电压限制在二极管的正向压降以下。

当集成运放过载或输出端短路时，若没有保护电路，则该运放就会损坏。但有些集成运放内部设置了限流保护或短路保护，使用这些器件就不需再加输出保护。对于内部没有限流或短路保护的集成运放，输出端可利用稳压管来保护，将两个稳压管反向串联，将输出电压限制在±（$U_Z$+$U_D$）的范围内。其中，$U_Z$ 为稳压管的稳定电压，$U_D$ 为其正向管压降，当输出保护时，电阻 $R_3$ 可起限流保护作用。

10. 功率放大电路的使用注意事项

（1）功率放大电路的使用中首先要满足如下技术要求。

1）具有足够大的输出功率，并且使功率放大电路中的晶体管工作在接近极限运行状态。

2）效率要高。

3）非线性失真要小。

4）功放管的散热要好。

（2）功放管的安全使用。

1）将功放管的集电极（管壳）安装在金属片上，金属片用铝和铜材料制作，形状为凹凸形，颜色为黑色，通常称为散热器、散热片、散热板。即加装散热器进行散热。

2）应将功放管的工作在安全区域内，耐压和散热要留有充分

的余地,注意改善散热条件,防止结温过高。

3)在使用中尽量避免功放管过压和过硫的可能性,避免负载出现短路、开路或过载,不要突然加大信号,不允许电源电压有较大的波动。

4)对功放管采用过压和过流保护措施。

① 为了防止感性负载而使功放管出现过压和过流的现象,可在感性负载的两端并联相位补偿电路。

② 在功放管的输入端、输出端并联保护二极管或稳压管。

11. *RC* 振荡电路的工作原理

在需要较低频率的振荡信号时,常采用 *RC* 振荡器,其选频回路由 *R* 和 *C* 元件组成。

(1)*RC* 桥式正弦波振荡器。*RC* 桥式正弦波振荡器电路如图 2-44 所示。

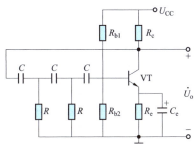

图 2-44　*RC* 桥式正弦波振荡电路

*RC* 桥式正弦波振荡器振荡频率为

$$f_0=\frac{1}{2\pi RC}$$

(2)*RC* 移相式正弦波振荡器。*RC* 移相式正弦波振荡器如图 2-45 所示。三级 *RC* 电路组成反相 180°反馈电路,放大器使信号反相 180°,故满足正反馈,即相移 360°的条件,容易起振。其振荡频率为

$$f_0=\frac{1}{RC\sqrt{6}}$$

— 119 —

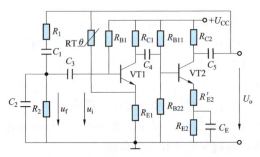

图 2-45 *RC* 移相式正弦波振荡电路

12. *LC* 正弦波振荡器

*LC* 正弦波振荡器的选频网络由电感 *L* 和电容 *C* 元件组成。其振荡频率为

$$f_0 = \frac{1}{2\pi\sqrt{LC}}$$

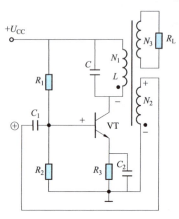

图 2-46 变压器反馈式振荡器

（1）变压器反馈式振荡电路。变压器反馈式振荡电路通过互感实现耦合和反馈，很容易实现匹配和达到起振要求，所以效率较高，应用较普遍。该振荡器的缺点是频率稳定度不很高，输出正弦波形不够理想，变压器反馈式振荡器如图 2-46 所示。

（2）电感三点式振荡器。电感三点式振荡电路如图 2-47 所示，电感式三点式振荡电路 $L_b$、$L_c$ 和 *C* 组成反馈网络，电感线圈的三个点分别与三极管的三个电极相连。故称为电感三点式振荡器。

电感三点式振荡器的振荡频率为

$$f_0 \approx \frac{1}{2\pi\sqrt{(L_b + L_c + 2M)C}} = \frac{1}{2\pi\sqrt{LC}}$$

式中：$L = L_b + L_c + 2M$ 为回路总电感，$M$ 为互感系数。

电感三点式振荡电路的 $L_b$ 和 $L_c$ 采用紧耦合形式容易起振，调频范围较宽。

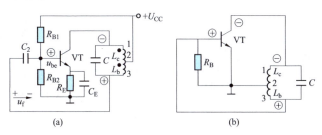

图 2-47　电感三点式振荡电路

（a）电路图；（b）等效图

（3）电容三点式 $LC$ 振荡器。电容三点式 $LC$ 振荡电路如图 2-48 所示，电容 $C_b$、$C_c$ 和电感 $L$ 组成选频网络和反馈网络。电容 $C_b$、$C_c$ 的三个端点分别接到三极管的三个电极上，故称为电容三点式振荡电路。

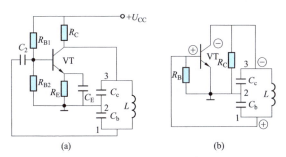

图 2-48　电容三点式振荡电路

（a）电路图；（b）等效图

电容三点式振荡器的振荡频率为

$$f_0 = \frac{2}{2\pi\sqrt{LC}} = \frac{1}{2\pi\sqrt{L\dfrac{C_b C_c}{C_b + C_c}}}$$

由于电容 $C_b$、$C_c$ 的容量取得较小，使电路的振荡频率较高。

13. 串联式稳压电路的工作原理

由电压调整器件和负载相串联的电路，称为串联型稳压电路。

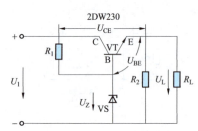

图 2-49　简单的晶体管串联型稳压电路

简单的晶体管串联型稳压电路如图 2-49 所示。$R_1$ 既是稳压管 VS 的限流电阻，又是调整管 VT 的基极的偏置电阻，它和稳压管 VS 组成基本稳压电路，向调整管基极提供一个稳定的直流电压 $U_Z$，称为基准电压。

14. 三端稳压集成电路使用注意事项

（1）三端稳压器的型号。固定式三端稳压器有输入端、输出端和公共端三个引出端。此类稳压器属于串联调整式，除了基准、取样、比较放大和调整等环节外，还有较完整的保护电路。常用的 CW78×× 系列是正电压输出，CW79×× 系列是负电压输出。根据国家标准，其型号意义如下

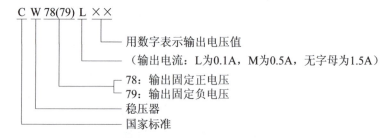

CW78×× 系列和 CW79×× 系列稳压器的管脚功能有较大的差异，使用时必须注意。

（2）使用注意事项。

1）三端稳压器的固定输出电压是 5V，而输入电压至少大于 7V，这样输入/输出之间有 2～3V 及以上的压差。使调整管保证工作在放大区。但压差取得大时，又会增加集成块的功耗，所以，

两者应兼顾，即既保证在最大负载电流时调整管不进入饱和，又不至于功耗偏大。

2）防止引脚中的输入端与输出端反接。在使用前一定要将引脚的三个端弄清，区分出输入、输出端，最好先参阅生产厂家的产品说明，确认无误后再接入电路。否则，反接电压超过 7V 时将会击穿功率调整管，损坏稳压器。

3）防止稳压器的浮地故障。7800 系列稳压器外壳与接地端相连，而外壳通常又接在散热片上，容易造成浮地故障。所以必须在稳压器的接地端接可靠的地线。

4）防止稳压器输入端短路。当稳压器接有大电容负载，并且输出电压高于 6V 时，应当在输入端与输出端接入保护二极管。用来防止输入端短路时，输出端存储的电荷通过稳压器，而损坏器件。

5）防止瞬态过电压。对于瞬态过电压可在输入端与公共端之间接入一个大于 $0.1\mu F$ 的电容加以解决。

15. **常用逻辑门电路的逻辑功能**

（1）与门。与门的逻辑功能是，"有 0 出 0，全 1 出 1"。与门的输入端可以不止两个，但逻辑关系是一致的。

（2）非门。非门的逻辑功能是，"有 0 出 1，有 1 出 0"。

（3）或门。或门的逻辑功能是，"有 1 出 1，全 0 出 0"。

（4）与非门。与非门的逻辑功能是，"有 0 出 1，全 1 出 0"。

（5）或非门。或非门的逻辑功能是，"有 1 出 0，全 0 出 1"。

（6）异或门。异或门的逻辑功能是，"输入相同，输出为 0；输入不同，输出为 1"，即"相同出 0，不同出 1"。

16. **单相半波可控整流电路**

（1）单相半波可控整流电路的原理。单相半波可控整流电路，如图 2-50 所示。晶闸管从开始承受正向阳极电压起，到触发导通其间的

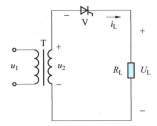

图 2-50　单相半波可控整流电路

电角度称为控制角，用 $\alpha$ 表示。工作原理如下。

$u_2 > 0$（即 $0 \sim \pi$）时，晶闸管 V 承受正向电压，如果 V 的门极上没有触发脉冲，则 V 处于正向阻断状态，输出电压 $u_L = 0$。

若在某时刻（控制角 $\alpha$ 时，加触发脉冲 $u_g$，V 导通。在 $\omega t = \alpha \sim \pi$ 期间，尽管触发脉冲 $u_g$ 已消失，但晶闸管仍保持导通，直到 $u_2$ 过零（$\omega t = \pi$）时，通过晶闸管 V 的电流小于维持电流，晶闸管自行关断。在此期间 $u_L = u_2$，极性为上正下负。

$u_2 < 0$（即 $\pi \sim 2\pi$）时，晶闸管 V 由于承受反向电压而反向阻断，输出电压 $u_L = 0$。直到下一个周期到来时，且控制角为 $\alpha$ 有触发脉冲 $u_g$ 时，晶闸管将再次导通，如此循环往复，在负载上得到单一方向的直流电压。

晶闸管在一个周期内导通的电角度称为导通角，用 $\theta$ 表示。$\theta = \pi - \alpha$。控制角 $\alpha$ 越大，导通角 $\theta$ 越小。

由输出波形可见，改变控制角 $\alpha$ 的大小，即改变触发脉冲在每周期内触发的时刻，$u_L$ 的波形随之改变，其波形只出现在正半周。当 $\alpha = 0°$ 时，输出波形同单相半波整流电路，这时，输出电压最大；$\alpha$ 增大，输出电压减小；$\alpha = 180°$ 时，输出波形是一条与横轴重合的直线，$u_L = 0$。

把控制角 $\alpha$ 的变化范围称为移相范围。单相半波可控整流电路的移相范围为 $0° \sim 180°$。

（2）主要参数计算。单相半波可控整流电路参数计算公式，见表 2-9 所示。

表 2-9　　　　　　单相半波可控整流电路参数计算公式

| 电 路 参 数 | 计 算 公 式 |
|---|---|
| 输出电压平均值 | $U_L = 0.45 U_2 \dfrac{1 + \cos\alpha}{2}$ |
| 负载电流平均值 | $I_L = \dfrac{U_L}{R_L}$ |
| 通过晶闸管的电流平均值 | $I_T = I_L$ |
| 晶闸管承受的最大电压 | $U_{RM} = \sqrt{2} U_2$ |

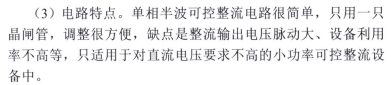

（3）电路特点。单相半波可控整流电路很简单，只用一只晶闸管，调整很方便，缺点是整流输出电压脉动大、设备利用率不高等，只适用于对直流电压要求不高的小功率可控整流设备中。

17. 单相桥式可控整流电路

（1）单相桥式可控整流电路的原理。将单相桥式整流电路中两只整流二极管换成两只晶闸管便组成了单相半控桥式整流电路，如图 2-51 所示。晶闸管 V1、V2 的阴极接在一起，组成共阴极的电路形式，二极管 V3、V4 组成共阳极的电路形式。

触发脉冲同时送给 V1、V2 的门极。V1 和 V2 的阳极电位最高，且受到触发才能导通；V3 和 V4 阴极电位最低，且当 V1 或 V2 导通时才能导通。在任何时刻必须有共阴组的一个晶闸管和共阳极组的一个二极管同时导通，才能使整流电流流通。

$u_2>0$ 时，晶闸管 V1 和二极管 V4 承受正向电压，如果未加触发电压，则晶闸管处于正向阻断状态，输出电压 $u_L=0$。

在控制角为 $\alpha$ 时，加入触发脉冲 $u_g$，晶闸管 V1 被触发导通，导通电流的方向如图 2-51 中实线所示。在 $\omega t=\alpha \sim \pi$ 期间，尽管触发脉冲 $u_g$ 已消失，但晶闸管仍保持导通，直至 $u_2$ 过零（$\omega t=\pi$）时，晶闸管自行关断。在此期间，$u_L=u_2$，极性为上正下负，$i_{V1}=i_{V4}=i_L$。

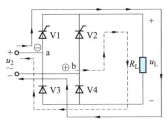

图 2-51 单相半控桥式整流电路

$u_2<0$ 时，晶闸管 V2 和二极管 V3 承受正向电压，只要触发脉冲 $U_g$ 到来，晶闸管就导通。导通电流的方向如图 2-51 中虚线所示。输出电压 $u_L=u_2$，仍为上正下负，$i_{V2}=i_{V3}=i_L$。当 $u_2$ 过零时，V2 关断，如此循环往复。

改变触发脉冲的时间，即改变控制角 $\alpha$ 的大小，就能改变整流电路输出电压 $u_L$ 的大小。当 $\alpha=0°$ 时，输出波形同单相桥式整流电路，输出电压最大；$\alpha$ 增大，输出电压减小；$\alpha=180°$ 时，$u_L=0$。

单相半控桥整流电路的移相范围为 $0° \sim 180°$。

（2）单相桥式可控整流电路的计算。单相半控桥式整流电路参数计算公式，见表 2-10。

表 2-10　　　　　单相半控桥式整流电路参数计算公式

| 电 路 参 数 | 计 算 公 式 |
|---|---|
| 输出电压平均值 | $U_{\mathrm{L}} = 0.9 U_2 \dfrac{1+\cos\alpha}{2}$ |
| 负载电流平均值 | $I_{\mathrm{L}} = \dfrac{U_{\mathrm{L}}}{R_{\mathrm{L}}}$ |
| 通过晶闸管的电流平均值 | $I_{\mathrm{T}} = \dfrac{1}{2} I_{\mathrm{L}}$ |
| 晶闸管承受的最大电压 | $U_{\mathrm{RM}} = \sqrt{2} U_2$ |

（3）电路特点。与单相半波可控整流电路相比，整流输出电压较大，脉动较小，设备利用率较高等，所以应用较广。

18. 单结晶体管触发电路的工作原理

图 2-52 为一个具有触发电路的单相半控桥式整流电路，图的上半部分是单结晶体管触发电路。

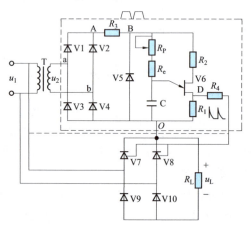

图 2-52　单结晶体管同步触发电路

交流电经桥式整流，得到如图 2-53 所示整流输出波形。再经稳压管的稳压，在稳压管两端得到如图 2-54 所示梯形波。由于梯形波电压和交流电压同时为零，所以就可保证触发电路的电源电压与交流电源电压的同步。该同步电压作为触发电路的电源通过 $R_P$、$R_e$ 向电容 $C$ 充电，电容的端电压 $u_C$ 按指数规律上升。单结晶体管的发射极电压 $u_E$ 等于电容两端电压 $u_C$。

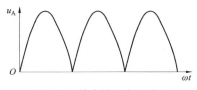

图 2-53　整流输出电压波形

图 2-54　稳压管两端的电压波形

$U_P$ 为单结晶体管峰点电压，当 $u_C<U_P$ 时，单结晶体管处于截止状态，触发电路输出电压 $u_g=0$。

当 $u_C$ 上升到 $u_C=U_P$ 时，单结晶体管由截止变为导通，其电阻 $R_{B1}$ 急剧减小，于是电容 $C$ 经 E→B1→$R_1$ 迅速放电，放电电流通过 $R_1$ 转变为尖脉冲电压 $u_g$。

$U_V$ 为单结晶体管谷点电压，当 $u_C$ 下降到 $u_C<U_V$ 时，单结晶体管截止，输出电压 $u_g=0$。

截止以后电源再次经 $R_P$、$R_e$ 向电容 $C$ 充电，重复上述过程。于是在电阻 $R_1$ 上通过 $R_4$ 得到一个又一个的脉冲电压 $u_g$ 波形，如图 2-55 所示。

图 2-55　输出脉冲波形

由于每半个周期内第一个脉冲将使晶闸管触发后，后面的脉冲均无作用，因此，只要改变每半周内第一个脉冲产生的时间，即改变了控制角的大小。若电容 $C$ 充电较快，第一个脉冲输出的时间就提前，在实际应用中，通过改变 $R_P$ 的大小可改变控制角 $\alpha$ 的大小，从而达到触发脉冲移相的目的。

由单结晶体管组成的触发电路，具有简单、可靠、触发脉冲前沿陡、抗干扰能力强以及温度补偿性能好等优点，所以多用于 50A 以下的中小容量的单相可控整流电路中。

19. 晶闸管的过流保护方法

产生过电流的原因主要有负载过载或短路、其他晶闸管击穿、触发电路使晶闸管误触发等。晶闸管允许通过过电流的时间很短，否则将因过热而烧毁。

过电流保护的作用是，一旦有大电流产生威胁晶闸管时，能在允许时间内快速地将过电流切断，以防晶闸管损坏。

晶闸管过电流保护方法中，最常用的是快速熔断器保护。快速熔断器采用银质熔丝，其熔断时间比普通熔丝短得多。所以实际使用中，切不可用普通熔断器来代替快速熔断器。否则，一旦发生过流情况，普通熔断器还未来得及熔断，晶闸管就已经烧毁了。快速熔断器的几种连接法如图 2-56 所示。其中有快速熔断器串联在交流侧的，如 FU1；也可与晶闸管串联，如 FU2；或与负载串联，如 FU3。

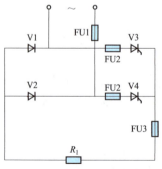

图 2-56　快速熔断器在电路中的不同位置

需要指出，快速熔断器的额定电流 $I_N$ 指的是有效值，而晶闸管的额定电流 $I_f$ 指的是平均值。因此，采用快速熔断器时，一般按 $I_N=1.57I_f$ 来选择。

除了快速熔断器作过电流保护外，还采用电流继电器、过负荷继电器、直流快速断路器、快速电子开关等过电流保护器件和措施。

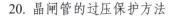

20. 晶闸管的过压保护方法

对于过电压，可采用并联 $RC$ 吸收电路的方法。因为电容两端的电压不能突变，所以只要在晶闸管的阴极及阳极间并取 $RC$ 电路，就可以削弱电源瞬间出现的过电压，起到保护晶闸管的作用。当然还可以采用压敏电阻过压保护元件和硒堆进行过压保护。

## 二、继电控制电路装调维修

### （一）低压电器选用

1. 熔断器的选用方法

熔断器是低压配电网络和电力拖动系统中主要用作短路保护的电器。

熔断器选用时应根据使用环境和负载性质选择适合类型的熔断器；熔体额定电流的选择应根据负载性质选择；熔断器的额定电压必须大于或等于线路的额定电压，熔断器的额定电流必须等于或大于所装熔体的额定电流；熔断器的分断能力应大于电路中可能出现的最大短路电流。

对于不同的负载，熔体按以下原则选用。

（1）照明和电热线路。应使熔体的额定电流 $I_{RN}$ 不小于所有负载的额定电流 $I_N$ 之和。

即
$$I_{RN} \geqslant \Sigma I_N$$

（2）单台电动机线路。应使熔体的额定电流不小于 1.5～2.5 倍电动机的额定电流 $I_N$，即
$$I_{RN} \geqslant (1.5 \sim 2.5) I_N$$

启动系数取 2.5 仍不能满足时，可以放大到不超过 3。

（3）多台电动机线路。应使熔体的额定电流
$$I_{RN} \geqslant (1.5 \sim 2.5) I_{NMAX} + \Sigma I_N$$

式中　$I_{NMAX}$——最大一台电动机的额定电流；

　　　$\Sigma I_N$——其他所有电动机的额定电流之和。

如果电动机的容量较大，而实际负载又较小时，熔体额定电流可适当选小些，小到以启动时熔体不熔断为准。

2. 断路器的选用方法

低压断路器又称自动空气断路器，简称断路器，是低压配电网络和电力拖动系统中常用的一种配电电器，它集控制和多种保护功能于一体，在正常情况下可用于不频繁接通和断开电路以及控制电动机的运行。当电路发生短路、过载和失压等故障时，能自动切断故障电路、保护电路和电器设备。

（1）断路器的工作电压大于等于线路或电动机的额定电压。

（2）断路器的额定电流大于等于线路的实际工作电流。

（3）热脱扣器的整定电流等于所控制的电动机或其他负载的额定电流。

（4）电磁脱扣器的瞬时动作整定电流大于负载电路正常工作时可能出现的峰值电流。对单台电动机主电路电磁脱扣器额定电流 $I_{NL}$ 可按下式选取

$$I_{NL} \geqslant K I_{st}$$

式中：$K$ 为安全系数，对 DZ 型取 $K=1.7$，对 DW 型取 $K=1.35$；$I_{st}$ 为电动机启动电流。

（5）断路器欠电压脱扣器的额定电压等于线路额定电压。

3. 接触器的选用方法

接触器是一种自动的电磁式开关，适用于远距离频繁地接通或断开交、直流主电路及大容量控制电路。它不仅能实现远距离自动操作和欠电压释放保护功能，而且还具有控制容量大、工作可靠、操作效率高、使用寿命长等优点，在电力拖动系统中得到了广泛的应用。

（1）接触器主触点的额定电压应大于等于控制线路的额定电压。

（2）接触器控制电阻性负载时，主触点的额定电流应等于负载的额定电流；控制电动机时，主触点的额定电流应大于或稍大于电动机的额定电流。

（3）当控制线路简单，使用电器较少时，为节省变压器，可直接选用 380V 或 220V 的电压。当线路复杂，使用电器超过 5 个

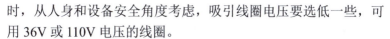

时，从人身和设备安全角度考虑，吸引线圈电压要选低一些，可用 36V 或 110V 电压的线圈。

（4）选择接触器的触点数量及类型。接触器的触点数量及类型应满足控制线路的要求。

4. 热继电器的选用方法

热继电器是利用电流的热效应对电动机或其他用电设备进行过载保护的控制电器，热继电器主要用于电动机的过载保护、断相保护、电流不平衡运行的保护及其他电气设备发热状态的控制。

在选用热继电器时应注意两点：一是选择热继电器的额定电流时应根据电动机或其他用电设备的额定电流来确定；二是热继电器的热元件有两相或三相两种形式，在一般工作机械电路中可选用两相的热继电器，但是，当电动机作三角形连接并以熔断器作短路保护时，则选用带断相保护装置的三相热继电器。

5. 中间继电器的选用方法

中间继电器是用来增加控制电路中的信号数量或将信号放大的继电器。中间继电器主要依据被控制电路的电压等级、所需触头的数量、种类、容量等要求来选择。

6. 主令电器的选用方法

常见的主令电器包括按钮、位置开关、万能转换开关和主令控制器等。

（1）按钮的选用方法。

1）根据使用场合和具体用途选择按钮的种类。例如：嵌装在操作面板上的按钮可选用开启式；需显示工作状态的选用光标式；需要防止无关人员误操作的重要场合宜用钥匙操作式；在有腐蚀性气体处要用防腐式。

2）根据工作状态指示和工作情况要求,选择按钮或指示灯的颜色。例如：启动按钮可选用白、灰或黑色，优先选用白色，也可选用绿色。急停按钮应选用红色。停止按钮可选用黑、灰或白色，优先用黑色，也可选用红色。

（2）位置开关的选用。

1）行程开关主要根据动作要求、安装位置及触头数量进行选择。

2）行程开关安装时，其位置要准确，安装要牢固；滚轮的方向不能装反，挡铁与其碰撞的位置应符合控制线路的要求，并确保能可靠地与挡铁碰撞。

3）行程开关在使用中，要定期检查和保养，除去油垢及粉尘，清理触点，经常检查其动作是否灵活、可靠，及时排除故障，防止因行程开关触点接触不良或接线松脱而产生误动作，导致设备和人身安全事故。

（3）万能转换开关的选用。万能转换开关是由多组相同的触点组件叠装而成、控制多回路的主令电器。万能转换开关主要根据用途、接线方式、所需触点挡数和额定电流来选择。其中最常用的 LW5 型万能转换开关适用于交流 50Hz，额定电压 500V 及以下，直流 440V 的电路中装换电气控制电路，也可直接控制5.5kW 以下三相笼型电动机的可逆转换、调速等。

（4）主令控制器的选用。主令控制器主要根据使用环境、所需控制的回路数、触点闭合顺序等进行选择。

7. 指示灯的选用方法

指示灯常用的颜色为：红、绿、黄、蓝和白色。指示灯的选用应根据指示灯通电发光后所反映的信息来选择颜色。指示灯的电压一般为 6V。

8. 控制变压器的选用方法

BK 系列机床控制变压器适用于 50～60Hz 电压至 500V 的电路中，通常用作机床控制电器局部照明灯及指示的电源之用。

BK 系列机床控制变压器按结构可分为壳式，按安装方式为立式。

首先是选择控制变压器的一、二次电压，再就是根据控制电路消耗功率选择合适的容量，根据用电需求的容量加上变压器的自身的损耗确定，一般变压器就是电器的功率放大 20%。

9. 时间继电器的选用方法

时间继电器是作为辅助元件用于各种保护及自动装置中，使被控元件达到所需要的延时动作的继电器。

（1）根据系统的延时范围和精度选择时间继电器。对延时精度要求不高的场所应选用空气阻尼式时间继电器，延时精度要求较高的场合宜采用晶体管时间继电器。

（2）根据控制线路的要求选择时间继电器的延时方式（通电延时或断电延时）。同时要考虑电路对瞬动触点的要求。

（3）根据控制线路的电压选择时间继电器的线圈电压。

10. 压力继电器的选用方法

根据所测对象的压力来选用，比如所测压力范围在 8kg 以内，那么就要选用额定 10kg 的压力继电器，还有要符合电路中的额定电压、接口管径的大小等。

（二）继电器—接触器线路装调

1. 直流电动机的特点

直流电动机与交流电动机相比，虽然结构较复杂，使用维护较麻烦，价格较贵，但由于其具有调速性能好、启动转矩较大等优点，在起重机械、运输机械、冶金传动机构、精密机。重械设备及自动控制系统等领域均获得了较广泛的应用。

2. 直流电动机的结构

直流电机由定子和转子两大部分组成，定子和转子之间的空隙称为空气隙。

（1）定子部分。直流电机定子主要作用是产生主磁场和作为转子部分的支撑。定子包括机座、主磁极、换向磁极、端盖和轴承等。电刷装置也固定在定子上。

1）机座。机座有两方面的作用：一方面起导磁作用，作为电机磁路的一部分；另一方面起支撑作用，用来安装主磁极、换向磁极，并通过端盖支撑转子部分。机座一般用导磁性能较好的铸钢件或钢板焊接成，也可直接用无缝钢管加工制成。

2）主磁极。主磁极通入直流励磁电流，产生电机工作的主磁场，它由主磁极铁心和励磁绕组组成。主磁极铁心为电机磁路的一部分，为了减少涡流损耗，一般采用厚 1～2mm 的钢板或 0.5mm 冲制后叠装制成，用铆钉铆紧成为一个整体。

主磁极绕组的作用是通入直流电产生励磁磁场。绕组经绝缘处理后，套在主磁极铁心上，整个主磁极再用螺栓紧固在机座上。

3）换向磁极。换向磁极是位于两个主磁极之间的小磁极，又称为附加磁极。其作用是产生换向磁场，改善电机的换向。它由换向磁极铁心和换向磁极绕组组成。换向磁极绕组应当与电枢绕组串联，而且极性不能接反。

4）电刷装置。电刷装置的作用是通过电刷与换向器的滑动接触，把电枢绕组中的电动势（或电流）引到外电路，或把外电路的电压、电流引入电枢绕组。电刷要有较好的导电性和耐磨性，一般用石墨粉压制而成。

（2）转子（电枢）。直流电机的转子又称电枢，它是产生感应电动势、电流、电磁转矩，实现能量转换的部件。它由电枢铁心、电枢绕组、换向器、风扇和轴等组成。

1）电枢铁心。电枢铁心是直流电机主磁路的一部分，在铁心槽中嵌放电枢绕组。电枢铁心一般采用厚 0.5mm 的表面有绝缘层的硅钢片叠压而成。

2）电枢绕组。电枢绕组的作用是通过电流产生感生电动势和电磁转矩实现能量转换。

3）换向器。换向器的作用是将电枢中的交流电动势和电流，转换成电刷间的直流电动势和电流，从而保证所有导体上产生的转矩方向一致。

3. 直流电动机的励磁方式

励磁方式是指直流电动机主磁场产生的方式。不同的励磁方式会产生不同的电动机输出特性，从而可适用于不同的场合。

直流电动机按励磁方式分类，有他励和自励两类。自励的励磁方式包括：并励、串励、复励等，复励又有积复励和差复励之分。

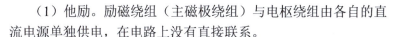

（1）他励。励磁绕组（主磁极绕组）与电枢绕组由各自的直流电源单独供电，在电路上没有直接联系。

（2）并励。励磁绕组与电枢绕组并联，励磁绕组匝数多，导线截面较小，励磁电流只占电枢电流的一小部分。

（3）串励。励磁绕组与电枢绕组串联，励磁绕组匝数少，导线截面较大，励磁绕组上的电压降很小。

（4）复励电动机。励磁绕组有两组，一组与电枢绕组串联，另一组与电枢绕组并联；当两个绕组产生的磁通方向一致时，称为积复励电动机；当两个绕组产生的磁通方向相反时，称为差复励电动机。

4. 直流电动机的启动方法

直流电动机在刚启动瞬间，启动电流通常可达到额定电流的10～20倍。这样大的启动电流会引起电动机换向困难，并使供电线路产生很大的压降。因此，除小容量电动机外，直流电动机一般不允许直接启动，而必须采取适当的措施限制启动电流。直流电动机的启动方法有：

（1）电枢回路串电阻启动。变阻器启动就是在启动时将一组启动电阻 $R_{st}$ 串入电枢回路，以限制启动电流。待转速上升以后，再逐段将启动电阻切除。此法启动时的启动电流为：

$$I_{st} \approx \frac{U}{r_a + R_{st}}$$

因此，只要 $R_{st}$ 的阻值选择得当就能将启动电流限制在允许的范围内。变阻器启动用于各种中、小型直流电动机，其缺点是变阻器比较笨重，启动过程中消耗很多电能。

（2）降压启动。降压启动是在启动时通过暂时降低电动机供电电压的方法，来限制启动电流。

降压启动方法一般只用于大容量启动频繁的直流电动机，并要有一套可变电压的直流电源。常见的发电机-电动机组就是采用降压启动方式来启动电动机的，其优点是启动电流小，启动时消耗能量少，升速比较平稳。近代还采用由晶闸管整流电源组成的

"整流器-电动机"组，也适用于降压启动。

5. 直流电动机的调速方法

直流电动机有良好的调速性能，与交流电动机相比，这也是直流电动机的一个显著优点。直流电动机比较容易满足调速幅度宽广、调速连续平滑、损耗小经济指标高等电动机调速的基本要求。

直流电动机的调速是指电动机的机械负载不变的条件下，改变电动机的转速。调速可采用机械方法、电气方法或机械和电气配合的方法。

根据直流电动机的转速公式 $n \approx \dfrac{U - I_a R_a}{C_e \Phi}$ 可知，直流电动机有三种调速方法，即电枢回路串电阻调速法、改变励磁磁通调速法和改变电枢电压调速法。

（1）电枢回路串电阻调速法。特性如下。

1）设备简单，投资少，只需增加电阻和切换开关，操作方便。小功率电动机中用得较多，如电气机车等。

2）属于恒转矩调速方式，转速只能由额定转速往下调。

3）只能分级调速，调速平滑性差。

4）低速时，机械特性很软，转速受负载影响变化大，电能损耗大，经济性能差。

（2）改变励磁磁通调速法。特性如下。

1）调速在励磁回路中进行，功率较小，故能量损失小，控制方便。

2）速度变化比较平滑，但转速只能往上调，不能在额定转速以下进行调节。

3）调速的范围较窄，在磁通减少太多时，由于电枢磁场对主磁场的影响加大，会使电机火花增大、换向困难。

4）在减少励磁调速时，如负载转矩不变，电枢电流必然增大，要防止电流太大带来的问题，如发热、打火等。

（3）改变电枢电压调速法。

1）调速范围宽广，可以从低速一直调到额定转速，速度变化平滑，通常称为无级调速。

2）调速过程中没有能量损耗，且调速的稳定性较好。

3）转速只能由额定转速往低调，不能超过额定转速（因端电压不能超过额定电压）。

4）所需设备较复杂，成本较高。

6. 直流电动机的制动方法

直流电动机的制动可以分为机械制动和电气制动，其中电气制动又可以分为能耗制动、反接制动和再生制动等。

（1）能耗制动。利用双掷开关将正常运行的电动机电源切断而将电枢回路串入适量电阻，进入制动状态后，电机拖动系统由于有惯性而继续旋转，电枢电流反向，转矩也反向，其方向和转速方向相反，成为制动转矩，使电机能很快地停转。在能耗制动中，电动机实际变成了发电机运行状态，将系统中的机械动能转化为电能消耗在电枢回路的电阻中。

（2）反接制动。改变电枢绕组上的电压方向（使 $I_a$ 反向）或改变励磁电流的方向（使 $\Phi$ 反向），可以使电动机得到反力矩，产生制动作用。当电动机速度接近零时，迅速脱离电源，实现直流电动机的反接制动。

（3）再生制动。如直流电动机所拖动的电车或电力机车，在电车下坡时，电车位能负载使电车加速，转速增加。当转速升高到一定值后，反电动势 $E$ 大于电网电压 $U$，电动机转变为发电机运行，向电网送出电流，电磁转矩变为制动转矩，把能量反馈给电网，以限制转速继续上升，电动机以稳定转速控制电车下坡，这时，电机从电动机状态转变为发电机状态运行，把机械能转变成电能，向电源馈送，故称为回馈制动也称为再生制动或发电制动。

再生制动的优点是产生的电能可以反馈回电网中去，使电能获得利用，简便可靠而经济。缺点是再生制动只能发生在 $n > n_0$ 的场合，限制了它的应用范围。

**7. 直流电动机的反转方法**

电动机的电磁转矩是由主磁通和电枢电流相互作用而产生的。根据左手定则，任意改变两者之一，就可改变电磁转矩的方向，所以，改变电动机转向的方法有两种：一是将励磁绕组反接；二是将电枢绕组反接。由于他励和并励电动机励磁绕组的匝数较多，电感较大，反向磁通的建立过程缓慢，所以，一般都采用变电枢电流方向的办法来改变电动机的转向。

**8. 直流电动机的常见故障分析**

（1）直流电机不能启动的原因。

1）无电源或电压过低，可检查外部电路。若是电压过低，应区分是电压调得过低还是电源容量过小。

2）电动机过载，应将负载降到额定值。

3）接线错误，须按照图样更正接线。

4）电刷接触不良，应改善弹簧压力、修理电刷和换向器表面。

5）电动机轴承损坏或内部被异物卡死，需清洗或更换电动机轴承或检修、清理电动机。

6）无励磁电流。若由励磁绕组断路引起，可修理或更换绕组；否则，应检查修理外部励磁回路。

（2）直流电机转速不正常的原因。

1）电源电压过高、过低或波动过大，可调节电源电压至额定值，并设法稳定电源。

2）电刷架位置不对，应调整电刷架至正确位置。

3）电枢或励磁绕组接触不良，应检查、找出故障点，并进行修复。

4）电枢或励磁绕组有短路，需拆开电动机找出短路点。

5）励磁回路电阻过大，可适当调整电阻。

6）串励电动机负载过轻，应增加负载，避免轻载或空载运行。

7）复励电动机中串励励磁绕组极性接反，需纠正错误接线。

（3）直流电机电刷下火花过大的原因。

1）电动机过载，应使电动机保持在额定负载下运行。

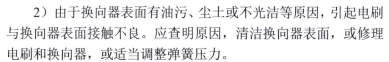

2）由于换向器表面有油污、尘土或不光洁等原因，引起电刷与换向器表面接触不良。应查明原因，清洁换向器表面，或修理电刷和换向器，或适当调整弹簧压力。

3）换向器偏摆。可用千分表测量，偏摆过大时应重新精车。

4）换向器片间云母凸出，需刻下片间云母，并对换向器进行槽边倒角、研磨。

5）电刷牌号不相符、磨损过度或电刷与刷握配合不当，应更换原牌号的电刷或刷握。

6）刷握松动或装置安装不正确，应按照要求紧固或纠正刷握装置，使其与换向器表面平行。

7）电刷不在中心线上，需将刷杆调整到原有记号位置上，或用感应法确定中心线位置，再微调电刷位置至最小。

8）电动机运转时不平稳或振动，应对电枢进行动平衡。

9）电枢绕组中有部分线圈接反。此时换向器云母槽中有烧黑现象，检查后正确接线。

10）换向极绕组短路、断路或极性接错。若是绕组短路、断路，应查出短路或断路原因，对症修理；若是极性接错，可用指南针检查换向极极性，按要求正确接线。

（4）直流电机温升过高的原因。

1）电动机长期过载或未按规定的运行方式运行，应恢复正常负载运行；"短时"、"断续"方式不能长期运行。

2）换向器或电枢绕组短路，应查明原因，进行清扫或修理。

3）电枢绕组部分线圈接反，检查后纠正接线。

4）定子与转子相互摩擦，可检查轴承是否磨损过大，磁极固定螺栓是否松脱等。

5）电动机直接启动正、反转过于频繁，应避免频繁的正、反转。

6）并励绕组局部短路，查出短路绕组后，重绕修理。

7）通风冷却不良，可检查风扇扇叶是否良好，风道是否堵塞等。

（5）直流电机轴承发热的原因。

1）润滑脂变质或混有杂质，可清洗后更换质量好的润滑脂。

2）轴承室内润滑脂加得过多或过少，应适量加入润滑脂（一般为轴承室容积的 1/3）。

3）轴承磨损过大或轴承内圈、外圈破裂，应更换轴承。

4）轴承与轴或与轴承室配合过松，需调整到合适的配合精度。

5）传动带过紧。在不影响转速的情况下，适当放松传动带。

（6）直流电机漏电的原因如下。

1）电刷灰和其他灰尘堆积。刷杆及线头与机座轴承盖附近易堆积灰尘，需定期清理。

2）引出线碰壳，需进行相应的绝缘处理。

3）电动机受潮，绝缘电阻下降，可进行烘干处理。

4）电动机绝缘老化，应拆除绕组，更换绝缘。

9. 绕线式电动机的启动方法

交流绕线转子异步电动机与笼型异步电动机的主要区别是绕线转子异步电动机的转子采用三相对称绕组，且均采用星形联结。启动时通常在转子三相绕组中串联可变电阻启动，也有部分绕线转子异步电动机用频敏变阻器启动。

（1）在绕线转子异步电动机的转子电路中串入电阻器，并通过接触器触头或凸轮控制器触头的开闭有级地切除电阻。

电动机在整个启动过程中启动转矩较大，故该方式适合于重载启动，主要用于桥式起重机、卷扬机、龙门吊车等。其主要缺点是所需起动设备较多，启动级数较少，启动时有一部分能量消耗在启动电阻上。

（2）绕线转子异步电动机串频敏变阻器启动。绕线转子异步电动机采用转子绕组串接电阻启动，要想获得良好的启动特性，一般需要较多的启动级数，所用电器较多，控制线路复杂，设备投资大，维修不便，同时由于逐级切除电阻，会产生一定的机械冲击力，因此，在工矿企业中对于不频繁启动设备，广泛采用频繁变阻器代替启动电阻，来控制绕线转子异步电动机的启动。

10. 绕线式电动机的启动线路

时间继电器自动控制的转子绕组串接电阻启动线路如图2-57所示。

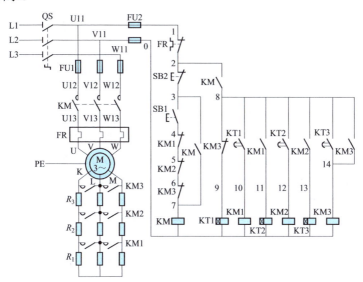

图 2-57 时间继电器自动控制的转子绕组串接电阻启动电路图

该线路是用三个时间继电器 KT1、KT2、KT3 和三个接触器 KM1、KM2、KM3 的相互配合来依次自动切除转子绕组中的三级电阻的。其线路工作原理如下。

合上电源开关 QS：

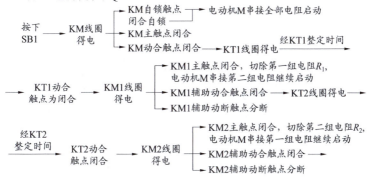

与启动按钮 SB1 串接的接触器 KM1、KM2 和 KM3 动断辅助触点的作用是保证电动机在转子绕组中接入全部外加电阻的条件下才能启动。如果接触器 KM1、KM2 和 KM3 中任何一个触点因熔焊或机械故障而没有释放时，启动电阻就没有被全部接入转子绕组中，从而使启动电流超过规定值。若把 KM1、KM2 和 KM3 的动断触点与 SB1 串接在一起，就可避免这种现象的发生，因三个接触器中只要有一个触点没有恢复闭合，电动机就不可能接通电源直接启动。

停止时，按下 SB2 即可。

11. 绕线转子串联频繁变阻器降压启动线路

转子绕组串接频敏变组器启动电路电路如图 2-58 所示。启动过程可以利用转换开关 SA 实现自动控制和手动控制。

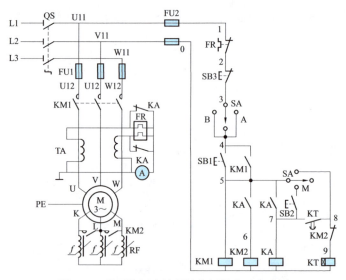

图 2-58　转子绕组串接频敏变组器启动电路图

采用自动控制时,将转换开关 SA 扳到自动位置(即 A 位置),时间继电器 KT 将起作用。线路工作原理如下。

先合上电源开关 QS:

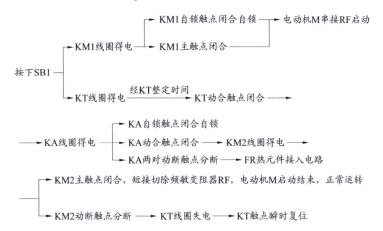

停止时，按下 SB3 就可以了。

启动过程中，中间继电器 KA 未得电，KA 的两对动断触点将热继电器 FR 的热元件短接，以免因启动过程较长，而使热继电器过热产生误动作。启动结束后，中间继电器 KA 才得电动作，其两对动断触点分断，FR 的热元件便接入主电路工作。图中 TA 为电流互感器，其作用是将主电路中的大电流变成小电流，串入热继电器的热元件反映过载程度。

采用手动控制时,将转换开关 SA 扳到手动位置(即 B 位置),这样时间继电器 KT 不起作用,用按钮 SB2 手动控制中间继电器 KA 和接触器 KM 的得电动作,以完成短接频敏变阻器 RF 的工作。

用频敏变阻器启动绕线转子异步电动机的优点是：启动性能好，无电流和机械冲击，结构简单，价格低廉，使用维护方便。但功率因数较低，启动转矩较小，不宜用于重载启动。

12. 多台电动机的顺序控制

要求几台电动机的启动或停止必须按一定的先后顺序来完成的控制方式，称为电动机的顺序控制。顺序控制可以通过控制电路实现，也可通过主电路实现，几种实现顺序控制的电路图及特点分别见表 2-11 和表 2-12。

表 2-11　　　　　控制电路实现顺序控制电路图及特点

| 在控制电路中实现顺序控制 | 特　点 |
| --- | --- |
| 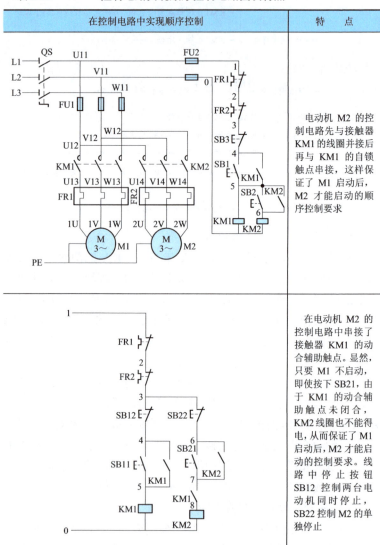 | 　　电动机 M2 的控制电路先与接触器 KM1 的线圈并接后再与 KM1 的自锁触点串接，这样保证了 M1 启动后，M2 才能启动的顺序控制要求 |
|  | 　　在电动机 M2 的控制电路中串接了接触器 KM1 的动合辅助触点。显然，只要 M1 不启动，即使按下 SB21，由于 KM1 的动合辅助触点未闭合，KM2 线圈也不能得电，从而保证了 M1 启动后，M2 才能启动的控制要求。线路中停止按钮 SB12 控制两台电动机同时停止，SB22 控制 M2 的单独停止 |

续表

| 在控制电路中实现顺序控制 | 特　点 |
|---|---|
|  | 这是两台电动机顺序启动、逆序停转控制的电路图。该电路是在电动机 M2 的控制电路中串接了接触器 KM1 的动合辅助触点。显然，只要 M1 不启动，即使按下 SB21，由于 KM1 的动合辅助触点未闭合，KM2 线圈也不能得电，从而保证了 M1 启动后，M2 才能启动的控制要求。在 SB12 的两端并接了接触器 KM2 的动合辅助触点，从而实现了 M1 才能停止的控制要求，即 M1、M2 是顺序启动，逆序停止的 |

表 2-12　　　　主电路实现顺序控制电路图及特点

| 在主电路实现顺序控制 | 特　点 |
|---|---|
| 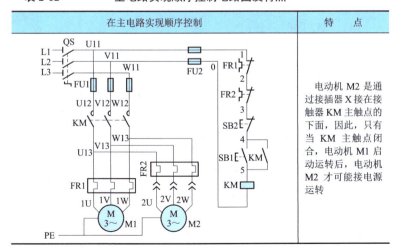 | 电动机 M2 是通过接插器 X 接在接触器 KM 主触点的下面，因此，只有当 KM 主触点闭合，电动机 M1 启动运转后，电动机 M2 才可能接电源运转 |

续表

| 在主电路实现顺序控制 | 特　点 |
|---|---|
| 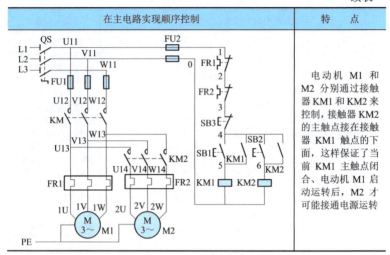 | 　电动机 M1 和 M2 分别通过接触器 KM1 和 KM2 来控制，接触器 KM2 的主触点接在接触器 KM1 触点的下面，这样保证了当前 KM1 主触点闭合、电动机 M1 启动运转后，M2 才可能接通电源运转 |

表 2-12 中第二种线路的工作原理如下。

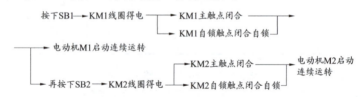

M1、M2 同时停转：

按下 SB3→控制电路失电→KM1、KM2 主触点分断→电动机 M1、M2 同时停转。

为减轻劳动者的生产强度，实际生产中常常采用在两处及两处以上同时控制一台电气设备，像这种能在两地或多地控制同一台电动机的控制方式叫电动机的多地控制。

13. 位置控制

位置控制是一种利用生产机械的运动部件上的挡铁与位置开关碰撞，使其触点动作，来接通和断开电路，以实现对生产机械运动部件的位置和行程控制。

（1）位置控制线路如图 2-59 所示。

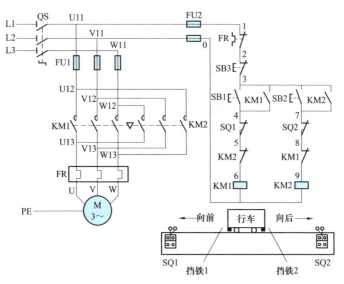

图 2-59 位置控制电路图

电路的工作原理如下。

1）行车向前运动：

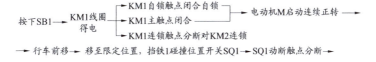

此时，即使再按下 SB1，由于 SQ1 动断触点分断，接触器 KM 线圈也不会得电，保证了行车不会超过 SQ1 所在位置。

2）行车向后运动：

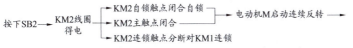

触点分断 → KM2线圈失电 ┬ KM2自锁触点分断，解除自锁 ┐
├ KM2主触点分断 ├ → 电动机M失电停转 → 行车停止后移
└ KM2连锁触点恢复闭合，解除连锁 ┘

停车时只需按下 SB3 即可。

（2）自动循环控制线路。工作台自动往返控制电路图如图 2-60 所示。为了使电动机的正反转控制与工作台的左右相配合，在控制线路中设置了四个位置开关 SQ1、SQ2、SQ3 和 SQ4，并把它们安装在工作台需限位的地方。其中 SQ1、SQ2 被用来自动换接正反转控制电路，实现工作台自动往返行程控制；SQ3 和 SQ4 被用来作终端保护，以防止 SQ1、SQ2 失灵，工作台越过限定位置而造成事故。在工作台边的 T 型槽中装有两块挡铁，挡铁 1 只能和 SQ1、SQ3 相碰，挡铁 2 只能和 SQ2、SQ4 相碰。当工作台达到限定位置时，挡铁碰撞位置开关，使其触点动作，自动换接电动机正反转控制电路，通过机械机构使工作台自动往返运动。工作台行程可通过移动挡铁位置来调节。

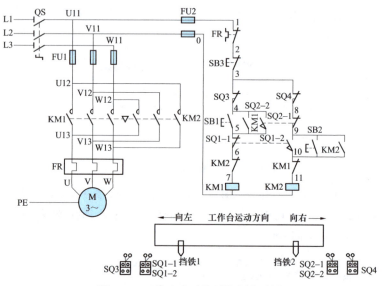

图 2-60　工作台自动往返控制电路图

线路的工作原理如下。

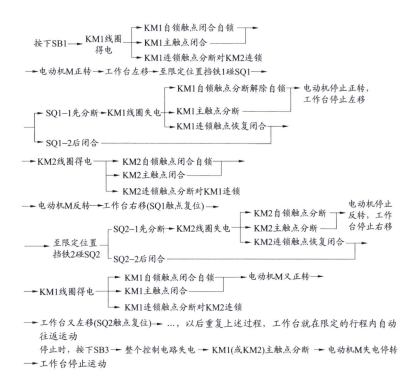

按下SB1 → KM1线圈得电 → KM1自锁触点闭合自锁
　　　　　　　　　　　 → KM1主触点闭合
　　　　　　　　　　　 → KM1连锁触点分断对KM2连锁
→ 电动机M正转 → 工作台左移 → 至限定位置挡铁1碰SQ1

→ SQ1-1先分断 → KM1线圈失电 → KM1自锁触点分断解除自锁 → 电动机停止正转，工作台停止左移
　　　　　　　　　　　　　　 → KM1主触点分断
　　　　　　　　　　　　　　 → KM1连锁触点恢复闭合
→ SQ1-2后闭合

→ KM2线圈得电 → KM2自锁触点闭合自锁
　　　　　　　 → KM2主触点闭合
　　　　　　　 → KM2连锁触点分断对KM1连锁
→ 电动机M反转 → 工作台右移(SQ1触点复位)

→ 至限定位置挡铁2碰SQ2 → SQ2-1先分断 → KM2线圈失电 → KM2自锁触点分断 → 电动机停止反转，工作台停止右移
　　　　　　　　　　　　　　　　　　　　　　　　　 → KM2主触点分断
　　　　　　　　　　　　　　　　　　　　　　　　　 → KM2连锁触点恢复闭合
　　　　　　　　　　　　 → SQ2-2后闭合

→ KM1线圈得电 → KM1自锁触点闭合自锁 → 电动机M又正转
　　　　　　　 → KM1主触点闭合
　　　　　　　 → KM1连锁触点分断对KM2连锁
→ 工作台又左移(SQ2触点复位) → …，以后重复上述过程，工作台就在限定的行程内自动往返运动

停止时，按下SB3 → 整个控制电路失电 → KM1(或KM2)主触点分断 → 电动机M失电停转 → 工作台停止运动

这里 SB1、SB2 分别作为正转启动按钮和反转启动按钮，若启动时工作台在左端，则应按下 SB2 启动。

14. 能耗制动的原理

当电动机切断交流电源后，立即在定子绕组中通入直流电，迫使电动机停转的方法称为能耗制动。其制动原理如图 2-61 所示。先断开电源开关 QS1，切断电动机的交流电源，这时转子仍沿原方向惯性运转；随后立即合上开关 QS2，并将 QS1 向下合闸，电动机 V、W 两相定子绕组通入直流电，使定子中产生一个恒定的静止磁场，这样作惯性运转的转子因切割磁力线而在转子绕组中产生感生电流，其方向可用右手定则判断出来，上面标"×"，下面标"•"。绕组中一旦产生了感生电流，又立即受到静止磁场的作用，产生电磁转矩，用左手定则判断，可知转矩的方向正好与电动机的转向相反，使电动机受制动迅速停转。由于这种制动方法是通过在定子绕组中通入直流电以消耗转子惯性运转的动能来进行制动的，所以称为能耗制动，又称动能制动。

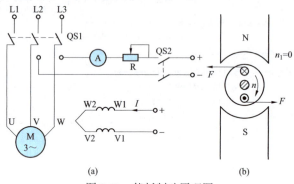

图 2-61　能耗制动原理图

（a）电路图；（b）原理示意图

　　能耗制动的优点是制动准确平稳，且能量消耗较小。缺点是需附加直流电源装置，设备费用较高，制动力较弱，在低速时制动力较小。因此，能耗制动一般用于要求制动准确、平稳的场合。

　　能耗制动时产生制动力矩的大小，与通入定子绕组中直流电流的大小、电动机的转速及转子电路中的电阻有关。电流越大，产生的静止磁场就越强，而转速越高，转子切割磁力线的速度就越大，产生的制动力矩也就越大。对于笼型异步电动机增大制动力矩只能通过增大通入电动机的直流电流来实现，而通入的直流电流又不能太大，过大会烧坏定子绕组。

　　15. 异步电动机能耗制动的控制线路

　　无变压器单相半波整流能耗制动自动控制线路如图 2-62 所示。该线路采用单相半波整流器作为直流电源，所用附加设备较少，线路简单，成本低，常用于 10kW 以下小容量电动机，且对制动要求不高的场合。

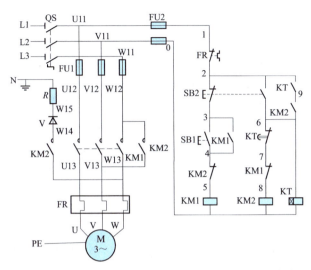

图2-62　无变压器单相半波整流能耗制动自动控制线路

**其线路的工作原理如下。先合上电源开关 QS，单向启动运转：**

按下SB1 ── KM1线圈得电 ┬─ KM1自锁触点闭合自锁 ── 电动机M启动运转
　　　　　　　　　　　　├─ KM1主触点闭合
　　　　　　　　　　　　└─ KM1连锁触点分断对KM2连锁

能耗制动停转：

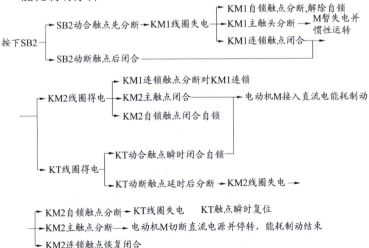

KT瞬时闭合动合触点的作用是当KT线圈断线或机械卡住等故障时，按下SB2后能使电动机制动后脱离直流电源。

16. 反接制动的原理

依靠改变电动机定子绕组的电源相序来产生制动力矩，迫使电动机迅速停转的方法称为反接制动。反接制动原理图如图2-63所示。当电动机为正常运行时，电动机定子绕组的电源相序为L1-L2-L3，电动机将沿旋转磁场方向以 $n<n_1$ 的速度正常运转。当电动机需要停转时，可拉开开关 QS，使电动机先脱离电源（此时转子仍按原方向旋转），当将开关迅速向下投合时，使电动机三相电源的相序发生改变，旋转磁场反转，此时转子将以 $n_1+n$ 的相对速度沿原转动方向切割旋转磁场，在转子绕组中产生感应电流，其方向可由左手定则判断出来，可见此转矩方向与电动机的转动方向相反，使电动机受制动迅速停转。

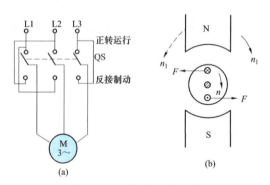

图 2-63　反接制动原理图

（a）电路图；（b）原理示意图

反接制动时应注意的是：当电动机转速接近零值时，应立即切断电动机的电源，否则电动机将反转。在反接制动设备中，为保证电动机的转速被制动到接近零值时能迅速切断电源，防止反向启动，常利用速度继电器来自动地及时切断电源。

反接制动的优点是：制动力强、制动迅速。缺点：制动准确性差、制动过程中冲击强烈、易损坏传动零件、制动能量消耗较大、不宜经常制动。因此反接制动一般适用于制动要求迅速、系统惯性较大、不经常启动与制动的场合。

17. 反接制动的控制线路

单向启动反接制动控制电路如图 2-64 所示。该线路的主电路和正反转控制线路相同，只是在反接制动时增加了三个限流电阻 R，线路中 KM1 为正转运行接触器，KM2 为反接制动接触器，KS 为速度继电器，其轴与电动机轴相连。

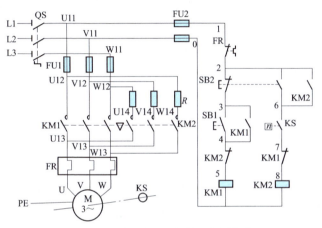

图 2-64  单向启动反接制动控制电路

线路的工作原理如下。先合上电源开关 QS，单向启动：

按下SB1 → KM1线圈得电 → KM1自锁触点闭合自锁 → 电动机M启动运转 →
                      → KM1主触点闭合
                      → KM1连锁触点分断对KM2连锁
→ 至电动机转速上升到一定值(120r/min左右)时 → KS动合触点闭合为制动作准备

反接制动：

按下复合按钮SB2 → SB2动合触点先分断 → KM1线圈失电 → KM1自锁触点分断，解除自锁
                                                → KM1主触点分断，M暂失电
                                                → KM1连锁触点闭合
                 → SB2动断触点先闭合
→ KM2线圈得电 → KM2连锁触点分断对KM1连锁
              → KM2自锁触点闭合自锁
              → KM2主触点闭合 → 电动机M串接R反接制动 →

→ 至电动机转速下降到一定值(100r/min左右)时 → KS动合触点分断 →

┌── KM2连锁触点闭合，解除连锁

→ KM2线圈失电 ─── KM2自锁触点分断，解除自锁

└── KM2主触点分断 → 电动机M脱离电源停转，制动结束

### 18. 再生发电制动的原理

当电动机所带负载是位能负载时（如起重机），由于外力的作用（如起重机在下放重物时），电动机的转速 $n$ 超过同步转速 $n_1$，电动机处于发电状态，定子电流方向反了，电动机转子导体的受

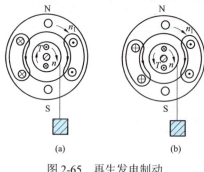

图 2-65 再生发电制动

力方向也反了，驱动力矩变为制动力矩，即电动机是将机械能转化为电能，向电网反送电，这种制动方法称为再生发电制动。再生发电制动经济性较好，常用于起重机、电力机车和多速电动机中。再生发电制动的原理如图 2-65 所示。

再生发电制动是一种比较经济的制动方法。制动时不需要改变线路即可从电动机运行状态自动转入发电制动状态，把机械能转换成电能，再回馈到电网，节能效果显著。缺点是应用范围窄，仅当电动机转速大于同步转速时才能实现发电制动。所以常用于在位能负载作用下的起重机械和多速异步电动机由高速转为低速时的情况。

### 19. 同步电动机的启动方法

由于同步电动机在电流的一个周期内，产生的平均启动转矩为零，因此同步电动不能自行启动。

同步电动机的启动方法有三种：辅助电动机启动法，异步启动法和变频启动法。现在生产中广泛应用的是异步启动法。

异步启动法的启动过程分为两大步：第一步是给三相定子绕组通入三相正弦交流电进行异步启动。为了防止刚启动时转子绕组感应高电压击穿绝缘，故启动前转子励磁绕组要求接一个约 10 倍于励磁绕组电阻的放电电阻进行短接。第二步是当转速升到同

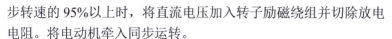

步转速的95%以上时，将直流电压加入转子励磁绕组并切除放电电阻。将电动机牵入同步运转。

同步电动机异步启动时，同步电动机的励磁绕组切忌开路。因为刚启动时，定子旋转磁场相对于转子的转速很大，而励磁绕组的匝数又很多，因此会在励磁绕组中感应出很高的电动势，可能会破坏励磁绕组的绝缘，造成人身和设备的安全事故。但也不能将励磁绕组直接短接，否则会使同步电动机的转速无法上升到接近同步转速，使同步电动机不能正常启动。

（三）机床电气控制电路维修

1. M7130平面磨床电气控制电路及维修

M7130型平面磨床的电路图如图2-66所示。该线路分为主电路、控制电路、电磁吸盘电路和照明电路四部分。

（1）M7130主电路的组成。QS1为电源开关。主电路中有三台电动机，M1为砂轮电动机，M2为冷却泵电动机，M3为液压泵电动机，它们共用一组熔断器FU1作为短路保护。砂轮电动机M1用接触器KM1控制，用热继电器FR1进行过载保护；由于冷却泵箱和床身是分装的，所以冷却泵电动机M2通过接插器X1和砂轮电动机M1的电源线相连，并和M1在主电路实现顺序控制。冷却泵电动机的容量较小，没有单独设置过载保护；液压泵电动机M3由接触器KM2控制，由热继电器FR2作过载保护。

（2）控制电路的组成。控制电路采用交流380 V电压供电，由熔断器FU2作短路保护。

在电动机的控制电路中，串接着转换开关QS2的动合触点（6区）和欠电流继电器KA的动合触点（8区），因此，三台电动机启动的必要条件是使QS2或KA的动合触点闭合。

砂轮电动机M1和液压泵电动机M3都采用了接触器自锁正转控制线路，SB1、SB3分别是它们的启动按钮，SB2、SB4分别是它们的停止按钮。

（3）M7130电气控制电路的配线方法。M7130电气控制电路的配线采用软线线槽配线的方式，如图2-67所示。其中，M7130

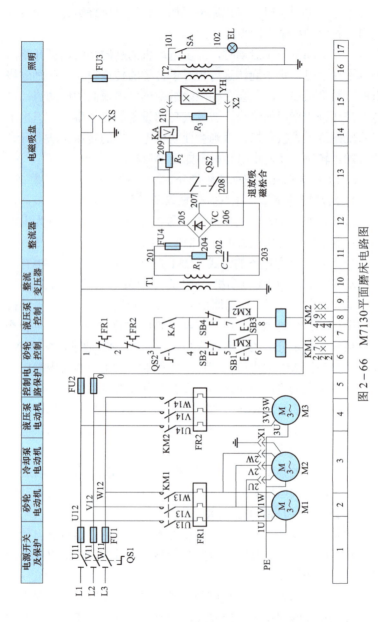

图 2-66 M7130平面磨床电路图

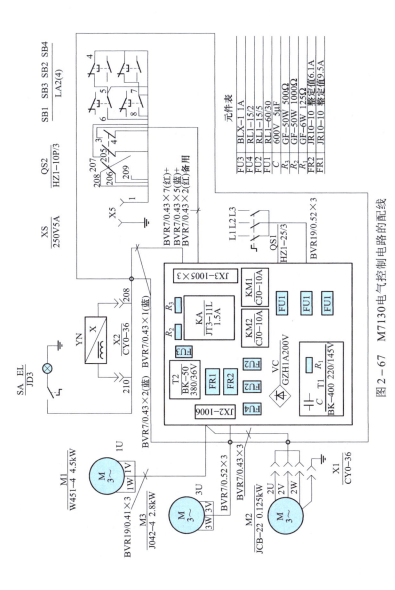

图 2 - 67  M7130电气控制电路的配线

平面磨床控制线路中导线截面分别为：M1 为 BVR19/0.41×3；M2 为 BVR7/0.43×3；M3 为 BVR7/0.52×3；电磁吸盘导线截面为 BVR7/0.43×3。

（4）M7130 电气控制的互锁方法。欠电流继电器 KA 的线圈串接在电磁吸盘 YH 的工作回路中，所以当电磁吸盘得电工作时，欠电流继电器 KA 线圈得电吸合，接通砂轮电动机 M1 和液压泵电动机 M3 的控制电路，这样就保证了加工工件被 YH 吸住的情况下，砂轮和工作台才能进行磨削加工，保证了安全。

另外，冷却泵电动机和砂轮电动机为在主电路中实现顺序控制的电路。

（5）M7130 平面磨床电气控制线路常见故障分析与处理。

1）三台电动机都不能启动。造成电动机都不能启动的原因是欠电流继电器 KA 的动合触点和转换开关 QS2 的触点（3-4）接触不良、接线松脱或有油垢，使电动机的控制电路处于断电状态。检修故障时，应将转换开关 QS2 扳至"吸合"位置，检查欠电流继电器 KA 的动合触点（3-4）的接通情况，不通则修理或更换元件，就可排除故障。否则，将转换开关 QS2 扳到"退磁"位置，拔掉电磁吸盘插头，检查 QS2 的触点（3-4）的通断情况，不通则修理或更换转换开关。

若 KA 和 QS2 的触点（3-4）无故障，电动机仍不能启动，可检查热继电器 FR1、FR2 的动断触点是否动作或接触不良。

2）砂轮电动机的热继电器 FR1 经常脱扣。砂轮电动机 M1 为装入式电动机，它的前轴承是铜瓦，易磨损。磨损后易发生堵转现象，使电流增大，导致热继电器脱扣。若是这种情况，应修理或更换轴瓦。另外，砂轮进刀量太大，电动机超负荷运行，造成电动机堵转，使电流急剧上升，热继电器脱扣。因此，工作中应选择合适的进刀量，防止电动机超载运行。除以上原因之外，更换后的热继电器规格选得太小或整定电流没有重新调整，使电动机还未达到额定负载时，热继电器就已脱扣。因此，应注意热继电器必须按其被保护电动机的额定电流进行选择和调整。

3）冷却泵电动机烧坏。造成这种故障的原因有以下几种：一是切削液进入电动机内部，造成匝间或绕组间短路，使电流增大；二是反复修理冷却泵电动机后，使电动机端盖轴间隙增大，造成转子在定子内不同心，工作时电流增大，电动机长时间过载运行；三是冷却泵被杂物塞住引起电动机堵转，电流急剧上升。由于该磨床的砂轮电动机与冷却泵电动机共用一个热继电器 FR1，而且两者容量相差太大，当发生以上故障时，电流增大不足以使热继电器 FR1 脱扣，从而造成冷却泵电动机烧坏。若给冷却泵电动机加装热继电器，就可以避免发生这种故障。

4）电磁吸盘无吸力。出现这种故障时，首先用万用表测三相电源电压是否正常。若电源电压正常，再检查熔断器 FU1、FU2、FU4 有无熔断现象。常见的故障是熔断器 FU4 熔断，造成电磁吸盘电路断开，使吸盘无吸力。FU4 熔断是由于整流器 VC 短路，使整流变压器 T1 二次侧绕组流过很大的短路电流造成的。如果检查整流器输出空载电压正常，而接上吸盘后，输出电压下降不大，欠电流继电器 KA 不动作，吸盘无吸力，这时，可依次检查电磁吸盘 YH 的线圈、接插器 X2、欠电流继电器 KA 的线圈有无断路或接触不良的现象。检修故障时，可使用万用表测量各点电压，查出故障元件，进行修理或更换，即可排除故障。

5）电磁吸盘吸力不足。引起这种故障的原因是电磁吸盘损坏或整流器输出电压不正常。M7130 型平面磨床电磁吸盘的电源电压由整流器 VC 供给。空载时，整流器直流输出电压应为 130～140V，负载时不应低于 110V。若整流器空载输出电压正常，带负载时电压远低于 110V，则表明电磁吸盘线圈已短路，短路点多发生在线圈各绕组间的引线接头处。这是由于吸盘密封不好，切削液流入，引起绝缘损坏，造成线圈短路。若短路严重，过大的电流会使整流元件和整流变压器烧坏。出现这种故障，必须更换电磁吸盘线圈，并且要处理好线圈绝缘，安装时要完全密封好。

若电磁吸盘电源电压不正常，多是因为整流元件短路或断路造成的。应检查整流器 VC 的交流侧电压及直流侧电压。若交流侧电压正常，直流输出电压不正常，则表明整流器发生元件短路或断路故障。如某一桥臂的整流二极管发生断路，将使整流输出电压降低到额定电压的一半；若两个相邻的二极管都断路，则输出电压为零。整流器元件损坏的原因可能是元件过热或过电压造成的。由于整流二极管热容量很小，在整流器过载时，元件温度急剧上升，烧坏二极管；当放电电阻 $R_3$ 损坏或接线断路时，由于电磁吸盘线圈电感很大，在断开瞬间产生过电压将整流元件击穿。排除此类故障时，可用万用表测量整流器的输出及输入电压，判断出故障部位，查出故障元件，进行更换或修理即可。

6）电磁吸盘退磁不好使工件取下困难。电磁吸盘退磁不好的故障原因，一是退磁电路断路，根本没有退磁，应检查转换开关 QS2 接触是否良好，退磁电阻 $R_2$ 是否损坏；二是退磁电压过高，应调整电阻 $R_2$，使退磁电压调至 5～10V；三是退磁时间太长或太短，对于不同材质的工件，所需的退磁时间不同，注意掌握好退磁时间。

2. C6150 车床电气电路

（1）C6150 电气控制主电路的组成。C6150 普通车床的主电路如图 2-68 所示。

主电路由 QF1 自动开关控制，它具有过载和短路保护功能。

M1 为主电动机，由 KM1 接触器和 KM2 接触器的主触点控制正反转。M2 为润滑泵电动机，由 QF2 自动开关控制，具有短路和过载保护功能。M3 为冷却液泵电动机，由 KM3 接触器控制，由 FR 热继电器作过载保护。M4 为快速移动电动机，由 SA1 三位置自动复位开关控制，由 FU1 熔断器作短路保护。

（2）C6150 电气控制电路的组成。C6150 电气控制电路由控制变压器、指示电路、主轴正反转、主轴制动器、冷却液泵电路组成。

C6150 普通车床的控制电路如图 2-69 所示。主电动机转向的变换由 SA2 主令开关来实现。主轴的转向与主电动机的转向无关，而是取决于走刀箱或溜板箱操作手柄的位置。手柄的动作使行程

| 电源进线及主电动机保护 | 主电动机正反转 | 润滑油泵电动机 | 冷却液电动机 | 快速移动电动机 |
|---|---|---|---|---|

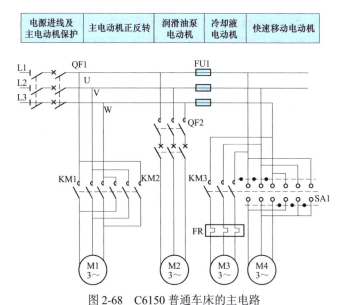

图 2-68　C6150 普通车床的主电路

| 变压器 | 指示灯 | 主轴正反转离合器 | 主轴制动器 | 主轴电动机正反转 | 冷却液电泵 | 主轴正、反转 |
|---|---|---|---|---|---|---|

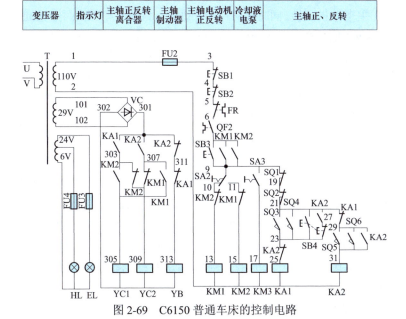

图 2-69　C6150 普通车床的控制电路

开关、继电器及电磁离合器产生相应的动作，使主轴得到正确的转向。主电动机的转向，主轴的转向以及各电气元件之间的关系见表 2-13。

表 2-13　主电动机和主轴的转向以及各电气元件之间的关系

| SA2 开关选择 | 主电动机转向 | 操作手柄位置 | 行程开关 | 小型通用继电器 | 电磁离合器 | 主轴转向 |
|---|---|---|---|---|---|---|
| $n_2$ | 正转 | 手柄向右（或向上）手柄向左（或向下） | SQ3、SQ4 压合 SQ5、SQ6 压合 | KA1 吸合 KA2 吸合 | YC2 通电 YC1 通电 | 正转 反转 |
| $n_1$ | 反转 | 手柄向右（或向上）手柄向左（或向下） | SQ3、SQ4 压合 SQ5、SQ6 压合 | KA1 吸合 KA2 吸合 | YC1 通电 YC2 通电 | 正转 反转 |

（3）C6150 电气控制的工作原理。当 SA2 在主轴电动机正转 $n_2$ 位置时，按下 SA3 按钮，KM1 线圈通电，KM1 主触点接通，M1 主电动机正转。同时 KM1 的辅助触点将 305 和 307 两点接通，而 KM2 的动断触点将 303 和 309 两点接通。此时如把操作手柄拉向右面（或向上面），SQ3 或 SQ4 组合行程开关的触点接通，主轴正转继电器 KA1 线圈通电，KA1 动合触点闭合，YC2 电磁离合器通电，带动主轴正转。若把操作手柄拉向左面（或向下），SQ5 或 SQ6 组合行程开关的触点闭合，主轴反转。继电器 KA2 线圈通电，KA2 动合触点闭合，YC1 电磁离合器通电，带动主轴反转。

当 SA2 在主电动机反转 $n_1$ 位置时，按下 SB3 按钮，KM2 接触器线圈通电，KM2 主触点接通，M1 主电动机反转。同时 KM2 的辅助触点将 303 和 305 两点接通，而 KM1 的动断触点将 307 和 309 两点接通。此时如把操作手柄拉向右面（或向上面），SQ3 或 SQ4 组合行程开关的触点接通，KA1 继电器线圈通电，KA1 动合触点闭合，将使 YC1 电磁离合器通电，带动主轴正转。若把操作手柄拉向左面（或向下面），SQ5 或 SQ6 组合行程开关的触点闭合，KA2 继电器线圈通电，KA2 动合触点闭合，YC2 电磁离合器通电，带动主轴反转。操作者控制主轴的正反转是通过走刀箱操作手柄或溜板箱操作手柄来进行控制的，如图 2-70 所示。

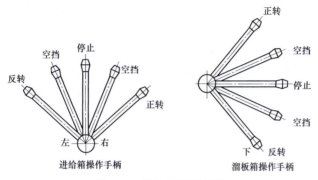

图 2-70　操作手柄示意图

操作手柄有两个空挡、正转、停止（制动）和反转等五挡位置。若需要正转，只要把手柄向右（或向上）一拉，手放松后，手柄自动回到右面（或上面）的空挡位置，因 KA1 继电器吸合后触点自锁，保持主轴正转。若需要反转，只要把手柄向左（或向下）一拉，手放松后，手柄自动回到左面（或下面）的空挡位置，因 KA2 继电器吸合后触点自锁，保持主轴反转。若需要主轴停止（制动），只要把手柄放在中间位置，SQ1 或 SQ2 组合行程开关动断触点断开，切断 KA1 和 KA2 继电器的电源，YC1 和 YC2 电磁离合器断电，主轴制动电磁离合器 YB 通电，使主轴制动。

如果需要微量转动主轴，可以按 SB4 点动按钮。

（4）C6150 电气控制的连锁方法。C6150 主轴正反转由接触器 KM1、KM2 连锁实现。

（5）C6150 电气控制的常见故障及处理方法。C6150 车床共有 4 台电动机。主电路故障主要表现在 M1 与 M4 正转或反转缺相、正反转均缺相、M2 与 M3 缺相等故障。控制电路故障主要表现在电路无法启动、主轴正转或反转无法启动、主轴无制动等。

1）M1 正转或反转缺相、正反转均缺相。

① 故障分析。电源缺相，电动机绕组损坏，M1 与 M4 接触器的动合触点损坏，连接导线断线或接触不良。

② 故障检查。正转或反转缺相。用万用表交流电压 500V 挡测量 U1、V1、W1 线电压，如不正常，则再测量 M1 或 M2 上电压。如测量 U1、V1、W1 线电压正常，可拆下 M1 电动机接线，用万用表电阻挡测量电动机接线是否断线及检查线路中连接导线是否接触不良或断线。正反转均缺相，除检查上述各点外，尚需检查 QF1 自动空气断路器上电压，及检查电动机绕组是否断线。更换元件或导线，修理电动机。

2）M4 正转或反转缺相、正反转均缺相。

① 故障分析。电源缺相，电动机绕组损坏，SA1 倒顺开关损坏，连接导线断线或接触不良。

② 故障检查。正反转均缺相，用万用表交流电压 500 V 挡测量 QF1、FU1 上电压，及用电阻挡 $R \times 1$ 测量电动机连接线及电动机绕组是否断线。正转或反转缺相，检查 SA1 开关接触是否良好，连接导线有否断线。检查到故障后，予以修理或调换元件或导线。

3）M2 正转缺相。

① 故障分析。电源缺相，QF1 或 QF2 触点损坏，电动机绕组断线，连接导线断线。

② 故障检查。用万用表交流电压 500V 挡测量 QF1 或 QF2，检查 U2、V2、W2 电压是否正常。用万用表电阻挡测量连接导线是否断线，电动机绕组是否断线。

4）M3 正转缺相。

① 故障分析。电源缺相，QF1 与 FU1 触点损坏及熔芯熔断，KM3 交流接触器触点或 FR 触点损坏，电动机绕组断线，连接导线断线。

② 故障检查。用万用表交流 500V 挡测量 QF1、FU1、KM3、FR 及 U2、V2、W2 上电压是否正常。用万用表电阻挡测量连接导线是否断线，电动机绕组是否断线。找出故障予以修复。

5）控制回路不能启动。

① 故障分析。控制变压器 TC 坏，FU1、FU2 熔芯断，SB1、SB2、FR、QF2 触点坏。

② 故障检查。用万用表交流电压 500V 挡测量 FU1 及 TC，再将万用表量程改为 250V 挡测量变压器二次绕组电压为交流 110V，再以 2 号线为基准依次测 3 号、4 号、5 号、6 号、7 号线端，应均为交流 110V 电压。如测到哪号线端无电压，则断开电源检查该处触点应已断开或连线断开。

6）主轴正转无法工作。

① 故障分析。主轴正转有两种情况，在 $n_2$ 转速下，主轴正转决定于 KM1 接触器及 M1 正转、SQ3、SQ4 行程开关、KA1 继电器、YC2 离合器。在 $n_1$ 转速下，主轴正转决定于 KM2 接触器及 M1 反转、SQ3、SQ4 行程开关、KA1 继电器、YC1 离合器。$n_2$ 与 $n_1$ 转速下，主轴正转还与变压器二次绕组交流电压 29V（102、101），以及 VC 桥式整流器是否正常有关。

② 故障检查。当 SA2 主令开关置于 $n_2$ 转速时，接通 9 号与 11 号线端，按 SB3，检查 KM1 接触器是否接通。将操作手柄置于主轴正转位置（右或上），KA1 应吸合，KA1 动合触点 301、303 接通 YC2 离合器。KM1 不吸合，用万用表交流电压 250V 挡，以 2 号为基准，依次测量 11 号与 13 号的电压应均为 110V。KA1 不吸合依次测量 19 号、21 号、23 号、25 号线也应为 110V 电压。如 23 号无电压，应检查 SQ3 或 SQ4 行程开关触点及 23 号连线。YC2 离合器不吸，用万用表直流电压 50V 挡测量 301 与 302 线端及 302、303 线端均应为直流 24V。如为 12V，则应检查 VC 整流器中二极管是否烧断。如电压正常，应断开电源检查 YC2 离合器，直流电阻正常值为 33Ω，低于此值则 YC 线圈短路或烧断。当 SA2 置于靠 1 转速时，9 号、15 号接通。按 SB3，KM2 吸合，M1 主电动机反转，操作手柄置于主轴正转位置，按 SQ3 或 SQ4，KA1 吸合，接通 YC1 离合器，主轴作正转。检查过程，转速基本相同。

7）主轴反转无法工作。

① 故障分析。主轴反转也有两种情况，在 $n_2$ 转速下，SA2 接通 11 号、9 号线，按 SB3 使 KM1 吸合，操作手柄压合 SQ5 或 SQ6，使 KA2 吸合，YC1 离合器吸合，主轴反转。在 $n_1$ 转速下，SA2 接通 9 号、15 号线端，按 SB3，KM2 吸合，操作手柄压合 SQ5 或 SQ6 使 KA2 吸合，YC2 离合器吸合，主轴反转。离合器直流电源是否为 24V。$n_2$ 与 $n_1$ 转速主轴均无反转，故障重点应在 KA2 继电器，即从线号 21 号到 29 号及 31 号间。

② 故障检查。KM1、KM2、YC1、YC2 不吸合，检查方法见 6）中②。KA2 不吸，用万用表交流 250V 挡，以 2 号为基准依次测量 21 号、29 号、31 号线应均为交流 110V 电压。如测到哪点无电压，断开电源检查触点与连线导线。

8）主轴无制动。

① 故障分析。YB 为制动离合器，当操作手柄置于停止位置时，断开 SQ1 或 SQ2，使 KA1 或 KA2 均断开电源，KA1 及 KA2 的动断触点 301 号、311 号、313 号接通，使 YB 离合器吸合。主轴无制动，重点是 KA1 及 KA2 动断触点有故障。

② 故障检查。用万用表直流电压 50V 挡以 302 为基准依次测量 301 号、311 号、313 号应为直流 24V。如测到哪点无电压，则断开电源，检查此处触点与连接导线，予以修理或更换。

3. Z3040 摇臂钻床控制电路

（1）控制要求。根据摇臂钻床结构及运动情况，对其电力拖动和控制情况提出如下要求。

1）摇臂钻床运动部件较多，为简化传动装置，采用多台电动机拖动。通常设有主轴电动机、摇臂升降电动机、立柱夹紧放松电动机及冷却泵电动机。

2）摇臂钻床为适应多种形式的加工，要求主轴及进给有较大的调速范围。主轴一般速度下的钻削加工常为恒功率负载；而低速时主要用于扩孔、铰孔、攻丝等加工，这时则为恒转矩负载。

3）摇臂钻床的主运动与进给运动皆为主轴运动，为此这两个运动由一台主轴电动机拖动，分别经主轴与传动机构实现主轴旋转和进给。所以主轴变速机构与进给变速机构均装在主轴箱内。

4）为加工螺纹，主轴要求正、反转。摇臂钻床主轴正、反转一般由机械方法获得，这样主轴电动机只需单方向旋转。

5）具有必要的连锁与保护。

该摇臂钻床具有两套液压系统，一个是操纵机构液压系统，一个是夹紧机构液压系统。前者装在主轴箱内，用以实现主轴正反转、停车制动、空挡、预选及变速；后者安装在摇臂背后的电器盒下部，用以夹紧松开主轴箱、摇臂及立柱。

（2）Z3040 电气控制主电路的组成。Z3040 摇臂钻床的主电路如图 2-71 所示。M1 为主轴电动机，M2 为摇臂升降电动机，M3 为液压泵电动机，M4 为冷却泵电动机。

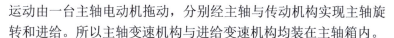

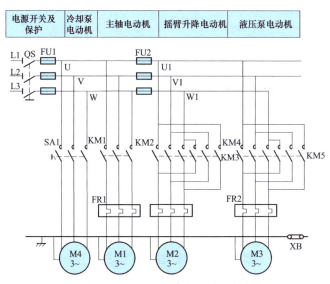

图 2-71 Z3040 摇臂钻床的主电路

M1 为单方向旋转，由 KM1 控制；主轴的正反转则由机床的液压系统操纵机构配合正反转摩擦离合器实现的，并由热继电器 FR1 作电动机长期过载保护。

M2 由 KM2 和 KM3 控制实现正反转。控制电路保证在操纵摇臂升降时，首先使液压泵电动机启动旋转，供出压力油，经液压系统将摇臂松开，然后才使电动机 M2 启动，拖动摇臂上升或下降。当移动到位后，控制电路又保证 M2 先停下，再自动通过液压系统将摇臂夹紧，最后液压泵电动机才停下来。M2 为短时工作，不用设长期过载保护。

M4 电动机容量比较小，仅 0.125kW，由开关 SA1 控制。

（3）Z3040 摇臂钻床的控制电路。Z3040 摇臂钻床的控制电路如图 2-72 所示。

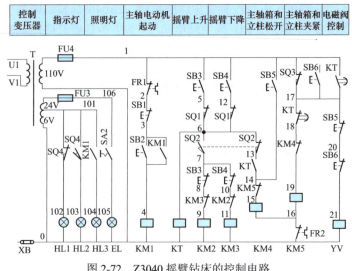

图 2-72　Z3040 摇臂钻床的控制电路

由按钮 SB1、SB2 与 KM1 构成主轴电动机 M1 的单向启动与停止电路。M1 启动后，指示灯 HL3 点亮表示主轴电动机在旋转。

由摇臂上升按钮 SB3、下降按钮 SB4 及正反转接触器 KM2、KM3 组成具有双重连锁的电动机正反转点动控制电路。由于摇臂的升降控制需与夹紧机构液压系统紧密配合，所以与液压泵电动机的控制有密切关系。

按下上升点动按钮 SB3，时间继电器 KT 线圈通电，触点 KT

（1-17）、KT（13-14）立即闭合，使电磁铁 YV、KM4 线圈同时通电，液压泵电动机启动旋转，拖动液压泵送出压力油，并经二位六通阀进入松开油腔，推动活塞和菱形块，将摇臂松开。同时，活塞杆通过弹簧片压上行程开关 SQ2，发出摇臂松开信号，即触点 SQ2（6-7）闭合，SQ2（6-13）断开，使 KM2 通电，KM4 断电。于是电动机 M3 停止转动，油泵停止供油，摇臂维持松开状态，同时 M2 启动旋转，带动摇臂上升。所以 SQ2 是用来反映摇臂是否松开并发出松开信号的元件。如果 SQ2 没有动作，表示摇臂没有松开，KM2、KM3 就不能吸合，摇臂就不能升降。

当摇臂上升到所需位置时，松开 SB3、KM2 和 KT 断电，M2 电动机停止运转，摇臂停止上升。但由于触点 KT（17-18）经 1～3s 延时闭合，触点 KT（1-17）经同样延时断开，所以 KT 线圈断电经 1～3s 延时后，KM5 通电，YV 断电。此时 M3 反向启动，拖动液压泵，送出压力油，经二位六通阀进入夹紧油腔，向反方向推动活塞和菱形块，将摇臂夹紧。同时活塞杆通过弹簧片压下行程开关 SQ3 使触点 SQ3（1-17）断开，使 KM5 断电，油泵电动机 M3 停止运转，摇臂夹紧完成。所以，SQ3 为摇臂夹紧信号开关。

时间继电器 KT 是为保证夹紧动作在摇臂升降电动机停止运转后进行夹紧而设的。KT 时间继电器延时长短根据摇臂升降电动机切断电源到停止的惯性大小来调整，应保证摇臂停止运转后才夹紧。

摇臂升降的极限由组合开关 SQ1 来实现。SQ1 由两对动断触点，当摇臂上升或下降到极限位置时，对应触点动作，切断对应上升或下降接触器 KM2 与 KM3，使 M2 停止转动，摇臂停止移动，实现极限保护。SQ1 开关两对触点平时应调整在同时接通位置，一旦动作时，应使一对触点断开，另一对触点保持闭合。

摇臂自动夹紧程度由行程开关 SQ3 控制。如果夹紧机构液压系统出现故障不能夹紧，那么触点 SQ（1-17）断不开，或者 SQ3 开关安装调整不当，摇臂夹紧后仍不能压下 SQ3。这时都会使电动机 M3 长期处于过载状态，易将电动机烧坏，为此 M3 采用热继电器 FR2 作过载保护。

主轴箱和立柱松开与夹紧的控制：主轴箱和立柱夹紧与松开是同时进行的。当按下松开按钮 SB5，KM4 通电，M3 电动机正转，拖动液压泵，送出压力油，这时 YV 处于断电状态，压力油经二位六通阀进入主轴箱松开油腔与立柱夹紧松开油腔，推动活塞和菱形块，使主轴箱与立柱松开。在松开的同时，通过行程开关 SQ4 控制指示灯发出信号，当主轴箱与立柱松开，开关 SQ4 不受压，触点 SQ4（101-102）闭合，指示灯 HL1 亮，表示确已松开，可操作主轴箱与立柱移动。当夹紧时，将 SQ4 触点（101-103）闭合，指示灯 HL2 亮，可进行钻削加工。

（4）Z3040 电气控制的常见故障及处理。主电路常见故障为 M1、M2、M4 缺相，M3 主要表现为容易过载停止运转等事故。控制电路常见故障为摇臂不能升降；摇臂升降后不能夹紧。

1）摇臂不能上升。

① 故障分析。按 SB3 按钮，KT 时间继电器吸合，使 YV 离合器与 KM4 均吸合、M3 电动机运转，摇臂松开，压 SQ2 行程开关，使 KM4 断开，M3 电动机停转。接通 KM2，使 M2 电动机运转，使摇臂上升，所以摇臂上升的前提是摇臂应完全松开，关键在 SQ2 是否被活塞杆通过弹簧片压上，使触点 6 号与 7 号接通，6 号与 13 号断开。

② 故障检查。断开电源，用万用表电阻挡测量 1 号与 5 号（按下 SB3）、5 号与 6 号、6 号到 KT 线圈是否断路。再测量 7 号与 8 号、8 号与 9 号、9 号到 KM2 线圈是否断路。手动使 KT 时间继电器的衔铁与铁心闭合，测量 6 号与 14 号、14 号与 15 号、15 号到 KM4 线圈、1 号与 17 号、17 号与 20 号、20 号与 21 号、21 号到 YV 线圈是否断路。如检查结果触点接线均良好，则通电检查，用万用表交流 250V 电压挡测量 6 号与 7 号（SQ2 动合两端）是否有电压，如有电压为不正常，此时行程开关 SQ2 可能安装位置不当或发生移动。这样，摇臂虽已松开，但活塞杆仍压不上 SQ2，

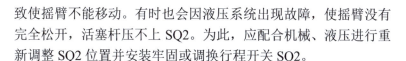

致使摇臂不能移动。有时也会因液压系统出现故障，使摇臂没有完全松开，活塞杆压不上 SQ2。为此，应配合机械、液压进行重新调整 SQ2 位置并安装牢固或调换行程开关 SQ2。

2）摇臂不能下降。

① 故障分析。根据电气原理分析，按下 SB4 按钮使时间继电器 KT 吸合，使 YV 离合器、KM4 均吸合，M3 电动机运转。摇臂松开，压上 SQ2 行程开关，使 KM4 断开，M3 电动机停转。接通 KM3，使 M2 电动机反向运转，使摇臂下降。如 M3 电动机工作而 M2 电动机不工作，关键仍在 SQ2 行程开关是否被压上，使触点 6 号与 7 号接通。

② 故障检查。基本方法参照摇臂不能上升故障的检查方法。只有检查 KM3 线圈回路时，应使用万用表电阻挡测量 7 号与 10 号、10 号与 11 号、11 号到 KM3 线圈是否断路。查到哪点不通，再检查是触点不通还是导线断线，予以更换或修理。

3）摇臂上升或下降后不能夹紧。

① 故障分析。当摇臂上升或下降到位时，松开按钮 SB3（或 SB4），KM2（KM3）和 KT 都断电，M2 电动机停止运转，经 KT 延时后，KM5 接通，YV 断电，M3 电动机反转。当压下 SQ3 行程开关后，KM5 断电，M3 停转，摇臂夹紧。SQ3 为摇臂夹紧的信号开关。当摇臂松开时，SQ3 复位（1 号、17 号接通）。当摇臂夹紧时，SQ3 被压下，使 1 号、17 号断开。所以摇臂上升或下降后不能夹紧。关键是行程开关 SQ3 通断是否正常。

② 故障检查。按 SB3（或 SB4）摇臂上升或下降，松开按钮观察 KM5 是否吸合。用万用表交流 250V 电压挡测量，1 号与 17 号如有电压，说明摇臂松开时，SQ3 未复位。拆下 SQ3 检查触点及连接导线。如 SQ3 正常，应检查 KT 延时触点（17 号、18 号），KM4 动断触点（18 号、19 号），及 KM5 线圈。如发现有哪处断开，予以修理或更换。

4）M3 液压泵电动机（控制夹紧与松开）过载。

① 故障分析。M3 为液压泵电动机，摇臂夹紧程度由行程开

关 SQ3 控制。如夹紧机构不能夹紧，将形成 SQ3 触点 1 号、17 号断不开，这会导致 M3 处于长期过载状态。

② 故障检查。断开电源，用万用表电阻挡测量行程开关 SQ3，动断触点 1 号、17 号是否断开，检查 SQ3 安装位置是否恰当，予以重新调整，在断电状态下，行程开关 SQ3 应被压下，使动断触点处于断开位置。

### 三、自动控制电路装调维修

（一）传感器装调

1. 光电开关

（1）光电开关的结构。光电开关是由发射器、接收器和检测电路三部分组成。发射器对准目标发射光束，发射的光束一般来源于发光二极管（LED）和激光二极管。光束不间断地发射，或者改变脉冲宽度。受脉冲调制的光束辐射强度在发射中经过多次选择，朝着目标不间接地运行，如图 2-73（a）所示。接收器由光电二极管或光电三极管组成，如图 2-73（b）所示。在接收器的前面，装有光学元件如透镜和光圈等。在其后面的是检测电路，它能滤出有效信号和应用该信号。光电式接近开关广泛应用于自动计数、安全保护、自动报警和限位控制等方面。光电开关按结构可分为放大器分离型、放大器内藏型和电源内藏型三类。

1）放大器分离型。放大器分离型是将放大器与传感器分离，并采用专用集成电路和混合安装工艺制成，由于传感器具有超小型和多品种的特点，而放大器的功能较多。因此，该类型采用端子台连接方式，并可交、直流电源通用。具有接通和断开延时功能，可设置亮、暗动切换开关，能控制 6 种输出状态，兼有接点和电平两种输出方式。

2）放大器内藏型。放大器内藏型是将放大器与传感器一体化，采用专用集成电路和表面安装工艺制成，使用直流电源工作。其响应速度局面（有 0.1ms 和 1ms 两种），能检测狭小和高速运动的物体。改变电源极性可转换亮、暗动，并可设置自诊断稳定工作区指示灯。兼有电压和电流两种输出方式，能防止相互干扰，在系统安装中十分方便。

3）电源内藏型。电源内藏型是将放大器、传感器与电源装置一体化，采用专用集成电路和表面安装工艺制成。它一般使用交流电源，适用于在生产现场取代接触式行程开关，可直接用于强电控制电路。也可自行设置自诊断稳定工作区指示灯，输出备有SSR固态继电器或继电器动合、动断接点，可防止相互干扰，并可紧密安装在系统中。

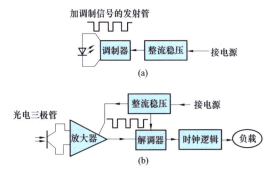

图 2-73　光电开关结构及工作示意图

（a）发射器；（b）接收器

按检测方式可分为反射式、对射式和镜面反射式三种类型。对射式检测距离远，可检测半透明物体的密度（透光度）。反射式的工作距离被限定在光束的交点附近，以避免背景影响。镜面反射式的反射距离较远，适宜作远距离检测，也可检测透明或半透明物体。

（2）光电开关的工作原理。光电开关（光电传感器）是光电接近开关的简称，它是利用被检测物对光束的遮挡或反射，由同步回路选通电路，从而检测物体有无的。物体不限于金属，所有能反射光线的物体均可被检测。光电开关将输入电流在发射器上转换为光信号射出，接收器再根据接收到的光线的强弱或有无对目标物体进行探测。安防系统中常见的光电开关烟雾报警器，工业中经常用它来记数机械臂的运动次数。

（3）光电开关的符号。光电开关的符号如图 2-74 所示。

图2-74　光电开关的符号

（4）光电开关的选择方法。常用的光电开关有：对射型、漫反射型、镜面反射型、槽式光电开关、光纤式光电开关。

1）对射型光电开关。由发射器和接收器组成，结构上是两者相互分离的，在光束被中断的情况下会产生一个开关信号变化，典型的方式是位于同一轴线上的光电开关可以相互分开达50m。

特征：辨别不透明的反光物体；有效距离大，因为光束跨越感应距离的时间仅一次；不易受干扰，可以可靠合适的使用在野外或者有灰尘的环境中；装置的消耗高，两个单元都必须敷设电缆。

2）漫反射型光电开关。是当开关发射光束时，目标产生漫反射，发射器和接收器构成单个的标准部件，当有足够的组合光返回接收器时，开关状态发生变化，作用距离的典型值一直到3m。

特征：有效作用距离是由目标的反射能力决定，由目标表面性质和和颜色决定；较小的装配开支，当开关由单个元件组成时，通常是可以达到粗定位；采用背景抑制功能调节测量距离；对目标上的灰尘敏感和对目标变化了的反射性能敏感。

3）镜面反射型光电开关。由发射器和接收器构成的情况是一种标准配置，从发射器发出的光束在对面的反射镜被反射，即返回接收器，当光束被中断时会产生一个开关信号的变化。光的通过时间是两倍的信号持续时间，有效作用距离从0.1m至20m。

特征：辨别不透明的物体；借助反射镜部件，形成高的有效距离范围；不易受干扰，可以可靠的使用在野外或者有灰尘的环境中。

4）槽式光电开关。槽式光电开关通常是标准的U字型结构，其发射器和接收器分别位于U型槽的两边，并形成一光轴，当被检测物体经过U型槽且阻断光轴时，光电开关就产生了检测到的开关量信号。槽式光电开关比较安全可靠的适合检测高速变化，分辨透明与半透明物体。

5）光纤式光电开关。光纤式光电开关采用塑料或玻璃光纤传感器来引导光线，以实现被检测物体不在相近区域的检测。通常

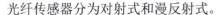

光纤传感器分为对射式和漫反射式。

（5）光电开关的使用注意事项。在使用光电开关时，应注意环境条件，以使光电开关能够正常可靠的工作。

1）避免强光源。光电开关在环境照度较高时，一般都能稳定工作。但应回避将传感器光轴正对太阳光、白炽灯等强光源。

在不能改变传感器（受光器）光轴与强光源的角度时，可在传感器上方四周加装遮光板或套上遮光长筒。

2）防止相互干扰。新型光电开关通常都具有自动防止相互干扰的功能，因而不必担心相互干扰。然而，对射式红外光电开关在几组并列靠近安装时，则应防止和邻组相互干扰。防止这种干扰最有效的办法是投光器和受光器交叉设置，超过 2 组时还拉开组距。当然，使用不同频率的机种也是一种好办法。

H 反射式光电开关防止相互干扰的有效办法是拉开间隔。而且检测距离越远，间隔也应越大，具体间隔应根据调试情况来确定。当然，也可使用不同工作频率的机种。

3）镜面角度影响。当被测物体有光泽或遇到光滑金属面时，一般反射率都很高，有近似镜面的作用，这时应将投光器与检测物体安装成 10°～20°的夹角，以使其光轴不垂直于被检测物体，从而防止误动作。

4）排除背景物影响。使用反射式扩散型投、受光器时，有时由于检出物离背景物较近，光电开关或者背景是光滑等反射率较高的物体而可能会使光电开关不能稳定检测。

因此可以改用距离限定型投、受光器，或者采用远离背景物、拆除背景物、将背景物涂成无光黑色、或设法使背景物粗糙、灰暗等方法加以排除。

5）消除台面影响。投光器与受光器在贴近台面安装时，可能会出现台面反射的部分光束照到受光器而造成工作不稳定。对此可采取措施，使受光器与投光器离开台面一定距离并加装遮光板。

严禁用稀释剂等化学物品，以免损坏塑料镜。

高压线、动力线和光电传感器的配线不应放在同一配线管或用线槽内，否则会由于感应而造成（有时）光电开关的误动作或损坏，所以原则上要分别单独配线。

下列场所，一般有可能造成光电开关的误动作，应尽量避开。

① 灰尘较多的场所。

② 腐蚀性气体较多的场所。

③ 水、油、化学品有可能直接飞溅的场所。

④ 户外或太阳光等有强光直射而无遮光措施的场所。

⑤ 环境温度变化超出产品规定范围的场所。

⑥ 振动、冲击大，而未采取避震措施的场所。

2. 接近开关

（1）接近开关的结构。接近开关是一种开关型传感器，它既有行程开关、微动开关的开关特性，又具有传感器的感应性能，而且动作可靠、性能稳定、频率响应快、抗干扰能力强，具有防水、防震、耐腐蚀等优点，它可以用于计数、测速、零件尺寸检测、金属和非金属的探测，无触点按钮，液面控制等电与非电量检测的自动化系统中，还可以同微机、逻辑元件配合使用，组成无触点控制系统。

常见的接近开关有：霍尔式、电容式、电感式、涡流式、光电式、热释电式、多普勒式及超声波式等。

电感式接近开关是一种利用涡流感知物体接近的接近传感器，主要由高频振荡器、检波电路及放大输出电路三大部分组成。如图 2-75 所示。

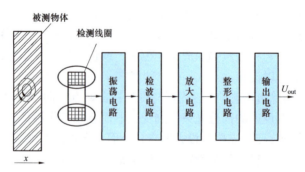

图 2-75　电感式接近开关原理框图

（2）电感式接近开关的工作原理。电感式高频振荡型接近开关的工作原理为：当有金属物体靠近一个以一定频率稳定振荡的高频振荡器的感应头附近时，由于感应作用，该物体内部会产生涡流及磁滞损耗，以致振荡回路因电阻增大、能耗增加而使振荡减弱，直至停止振荡。检测电路根据振荡器的工作状态控制输出电路的工作，输出信号去控制继电器或其他电器，以达到控制目的。

（3）接近开关的符号。电感式接近开关的符号如图 2-76 所示。

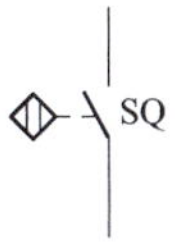

图 2-76　电感式接近
开关的符号

（4）接近开关的选择方法。

1）检测体为金属材料时，应选用高频振荡型接近开关，该类型接近开关对铁镍、A3 钢类检测体检测最灵敏。对铝、黄铜和不锈钢类检测体，其检测灵敏度就低。

2）检测体为非金属材料时，如木材、纸张、塑料、玻璃和水等，应选用电容型接近开关。

3）金属体和非金属要进行远距离检测和控制时，应选用光电型接近开关或超声波型接近开关。

4）检测体为金属时，若检测灵敏度要求不高时，可选用价格低廉的磁性接近开关或霍尔式接近开关。

5）在防盗系统中，自动门通常使用热释电接近开关、超声波接近开关、微波接近开关。有时为了提高识别的可靠性，上述几种接近开关往往被复合使用。

（5）接近开关的使用注意事项。使用接近开关，应注意对工作电压、负载电流、响应频率、检测距离等各项指标的要求。具体注意事项如下。

1）被检测体不应接触接近开关。

2）用手拉拽接近开关引线不会损坏接近开关，安装时最好在引线距离开关 10cm 处用线卡固定牢固。

3）不应用脚踏接近开关，安装时最好设置保护罩壳。

4）开关使用距离应设在额定距离 2/3 以内，以免受温度和电压对灵敏度的影响。

3. 磁性开关

（1）磁性开关的结构。磁性开关就是通过磁铁来感应的，这个"磁"就是磁铁，磁铁也有好几种，市场上面常用的磁铁有橡胶磁、永磁铁氧体、烧结钕铁硼等。开关就是干簧管了。干簧管是干式舌簧管的简称，是一种有触点的无源电子开关元件，具有结构简单，体积小便于控制等优点，其外壳一般是一根密封的玻璃管，管中装有两个铁质的弹性簧片电板，还灌有一种叫金属铑的惰性气体。平时，玻璃管中的两个由特殊材料制成的簧片是分开的。

（2）磁性开关的工作原理。干簧管又叫磁控管，它同霍尔元件差不多，但原理性质不同，是利用磁场信号来控制的一种开关元件。无磁断开，可以用来检测电路或机械运动的状态。当有磁性物质靠近玻璃管时，在磁场磁力线的作用下，管内的两个簧片被磁化而互相吸引接触，簧片就会吸合在一起，使结点所接的电路连通。外磁力消失后，两个簧片由于本身的弹性而分开，线路也就断开了。因此，作为一种利用磁场信号来控制的线路开关器件，干簧管可以作为传感器用，用于计数，限位等（在安防系统中主要用于门磁、窗磁的制作），同时还被广泛使用于各种通信设备中。

（3）磁性开关的符号。磁性接近开关的符号如图 2-77 所示。

图 2-77 磁性接近
开关的符号

（4）磁性开关的选择方法。

1）磁性开关应根据其使用电压和电流的范围、冲击性、耐震程度、使用温度范围、保护等级、残余电压、最大接点容量和泄漏电流来选择。

2）根据使用环境进行选择，如用于高温高压场所时应选金属材质的器件；用于强酸强碱等化工企业应选塑料材质的器件。

（5）磁性开关的使用注意事项。

1）安装时，不得给开关过大的冲击力，如打击、抛扔开关等。

2）避免在周围有强磁场，大电流（像大型磁铁、电焊机等）的环境中使用磁性开关。不要把连接导线与动力线并在一起。

3）不宜让磁性开关处于水或冷却液的环境中。如需在这种环境中使用，可用盖子加以遮挡。

4）配线时，导线不宜承受拉伸力和弯曲力。用于机械手等可动部件场合，应使用具有耐弯曲性能的导线，以避免开关受损伤或断线。

5）磁性开关的配线不能直接接到电源上，必须串接负载。

6）负载电压和最大负载电流都不要超过磁性开关的最大允许容量，否则其寿命会大大降低。

7）带指示灯的有触点磁性开关，当电流超过最大电流时，发光二极管会损坏；若电流在规定范围以下，发光二极管会变暗或不亮。

8）对直流电，需分正负极，若接线接反，开关可动作，但指示灯不亮。

4. 光电编码器

（1）增量型光电编码器的结构。增量型光电编码器主要由光源、码盘、检测光栅、光电检测器件和转换电路组成。

（2）增量型光电编码器的工作原理。增量型光电编码器，是一种通过光电转换将输出轴上的机械几何位移量转换成脉冲或数字量的传感器。这是目前应用最多的传感器，光栅盘是在一定直径的圆板上等分地开通若干个长方形孔。由于光电码盘与电动机同轴，电动机旋转时，光栅盘与电动机同速旋转，经发光二极管（光源）等电子元件组成的检测装置检测输出若干脉冲信号，通过计算每秒光电编码器输出脉冲的个数就能反映当前电动机的转速。此外，为判断旋转方向，码盘还可提供相位相差 90°的两路脉冲信号。

（3）增量型光电编码器的特点。原理和构造简单、易于实现、机械平均寿命长，可达几万小时以上；分辨率高；抗干扰能力强，信号传输距离较长，可靠性较高。缺点是无法直接读出转动轴的绝对位置信息。

（4）增量型光电编码器的选择方法。

1）机械安装尺寸。包括定位止口、轴径、安装孔位、电缆出线方式、安装空间体积、工作环境防护等级是否满足要求。

2）分辨率。即编码器工作时每圈输出的脉冲数是否满足设计使用精度要求。

3）电气接口。编码器输出方式常见有推拉输出（F 型 HTL 格式），电压输出（E），集电极开路（C，常见 C 为 NPN 型管输出，C2 为 PNP 型管输出），长线驱动器输出。其输出方式应和其控制系统的接口电路相匹配。

4）增量型旋转编码器有分辨率的差异，使用每圈产生的脉冲数来计量，数目从 6 到 5400 或更高，脉冲数越多，分辨率越高；这是选型的重要依据之一。

（5）光电编码器的使用注意事项。

1）光电编码器的轴与用户输出轴之间应采用弹性软连接，并注意允许的轴负载。

2）应保证光电编码器轴与用户输出轴的不同轴度<0.02mm，与轴的偏角<1.5°。

3）使用中，严禁敲打和碰摔，以免损坏轴系和码盘。

4）长期使用时，定期检查固定光电编码器的螺钉是否松动（每季度一次）。

5）接地线应不小于 $1.5mm^2$；编码器的输出线不要搭接。

6）编码器的信号线不要接到直流电源或交流电源上，以免损坏输出电路。

7）与编码器相连的电动机等设备，应接地良好。

8）光电编码器的配线应采用屏蔽电缆，并避开高压线和动力线；长距离传输时，应考虑信号衰减因素，选用具备输出阻抗低、抗干扰能力强的电缆。

（二）可编程控制器控制电路装调

1. PLC 的特点

PLC 是一种数字运算操作的电子系统，专为在工业环境下应用而设计。它采用了可编程序的存储器，用来在其内部存储执行逻辑运算、顺序控制、定时、计数和算术运算等面向用户的指令，并通过数字式或模拟式的输入和输出接口，控制各种类型的机械或生产过程。PLC 及有关外围设备，都应按照易于与工业系统连成一个整体，易于扩充其功能的原则设计。PLC 的特点如下：

（1）运行稳定、可靠性高、抗干扰能力强。

（2）设计、使用和维护方便。

（3）编程语言直观易学。

（4）与网络技术相结合。

（5）易于实现机电一体化。

2. PLC 的结构

PLC 专为工业现场应用而设计，采用了典型的计算机结构，主要是由中央处理器（CPU）、存储器（RAM、ROM）、输入/输出单元（I/O 接口）、电源及编程器几大部分组成。

（1）中央处理器（CPU）。中央处理器（CPU）一般由控制器、运算器和寄存器组成，这些电路都集成在一个芯片内。CPU 通过数据总线、地址总线和控制总线与存储单元、输入输出接口电路相连接。

（2）存储器。PLC 的存储器包括系统存储器和用户存储器两部分。

1）系统存储器用来存放由 PLC 生产厂家编写的系统程序，并固化在 ROM（只读存储器）内，用户不能直接更改。它使 PLC 具有基本的功能，能够完成 PLC 设计者规定的各项工作。

2）用户存储器包括用户程序存储器（程序区）和功能存储器（数据区）两部分。用户程序存储器用来存放用户根据控制任务编写的程序。用户程序存储器根据所选用的存储器单元类型的不同，可以是 RAM（随机存储器）、EPROM（紫外线可擦除 ROM）或

EEPROM 存储器，其内容可以由用户任意修改或增删。用户功能存储器是用来存放（记忆）用户程序中使用器件的（0N/OFF）状态/数值数据等。

（3）输入/输出单元。输入/输出单元从广义上分包含两部分：一是与被控设备相连接的接口电路；另一部分是输入和输出的映像寄存器。

（4）电源部分。PLC 一般使用 220V 的交流电源，电源部件将交流电转换成供 PLC 的中央处理器、存储器等电路工作所需的直流电，使 PLC 能正常工作。

（5）扩展接口。扩展接口用于将扩展单元以及功能模块与基本单元相连，使 PLC 的配置更加灵活以满足不同控制系统的需要。

（6）通信接口。为了实现"人-机"或"机-机"之间的对话，PLC 配有多种通信接口。PLC 通过这些通信接口可以与监视器、打印机及其他的 PLC 或计算机相连。

（7）编程器。编程器的作用是供用户进行程序的编制、编辑、调试和监视。

（8）其他部件。有些 PLC 还可配设其他一些外部设备，如 EPROM 写入器、存储器卡、打印机、高分辨率大屏幕彩色图形监控系统和工业计算机等。

3. PLC 控制系统的组成

以可编程控制器（PLC）为核心单元的控制系统称为 PLC 控制系统。PLC 控制系统由控制器、编程器、信号输入部件和信号输出部件组成。

4. PLC 梯形图中的元件符号

（1）输入继电器（X）。输入继电器与输入端相连，它是专门用来接受 PLC 外部开关信号的元件。输入继电器必须由外部信号驱动，不能用程序驱动，所以在程序中不可能出现其线圈。由于输入继电器（X）为输入映像寄存器中的状态，所以其触点的使用次数不限。

（2）输出继电器（Y）。输出继电器是用来将 PLC 内部信号输

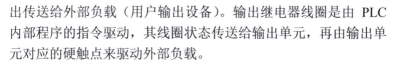

出传送给外部负载（用户输出设备）。输出继电器线圈是由 PLC 内部程序的指令驱动，其线圈状态传送给输出单元，再由输出单元对应的硬触点来驱动外部负载。

（3）辅助继电器（M）。辅助继电器是 PLC 中数量最多的一种继电器，一般的辅助继电器与继电器控制系统中的中间继电器相似。

辅助继电器不能直接驱动外部负载，负载只能由输出继电器的外部触点驱动。辅助继电器的动合与动断触点在 PLC 内部编程时可无限次使用。

辅助继电器有通用辅助继电器、断电保持辅助继电器和特殊辅助继电器之分。

（4）状态器（S）。状态器用来记录系统运行中的状态。是编制顺序控制程序的重要编程元件，它与后述的步进顺控指令 STL 配合应用。

状态器有五种类型：初始状态器 S0～S9 共 10 点；回零状态器 S10～S19 共 10 点；通用状态器 S20～S499 共 480 点；具有状态断电保持的状态器 S500～S899，共 400 点；供报警用的状态器（可用作外部故障诊断输出）S900～S999 共 100 点。

（5）定时器（T）。PLC 中的定时器（T）相当于继电器控制系统中的通电型时间继电器。它可以提供无限对动合、动断延时触点。定时器中有一个设定值寄存器（一个字长），一个当前值寄存器（一个字长）和一个用来存储其输出触点的映像寄存器（一个二进制位），这三个量使用同一地址编号。但使用场合不一样，意义也不同。

FX$_{2N}$ 系列中定时器时可分为通用定时器、积算定时器两种。它们是通过对一定周期的时钟脉冲的进行累计而实现定时的，时钟脉冲有周期为 1ms、10ms、100ms 三种，当所计数达到设定值时触点动作。设定值可用常数 K 或数据寄存器 D 的内容来设置。

（6）计数器（C）。FX$_{2N}$ 系列计数器分为内部计数器和高速计数器两类。

1）内部计数器。内部计数器是在执行扫描操作时对内部信号（如 X、Y、M、S、T 等）进行计数。内部输入信号的接通和断开时间应比 PLC 的扫描周期稍长。

2）高速计数器。高速计数器与内部计数器相比除允许输入频率高之外，应用也更为灵活，高速计数器均有断电保持功能，通过参数设定也可变成非断电保持。

（7）数据寄存器（D）。PLC 在进行输入输出处理、模拟量控制、位置控制时，需要许多数据寄存器存储数据和参数。数据寄存器为 16 位，最高位为符号位。可用两个数据寄存器来存储 32 位数据，最高位仍为符号位。数据寄存器有以下几种类型：通用数据寄存器（D0～D199）、断电保持数据寄存器（D200～D7999）、特殊数据寄存器（D8000～D8255）和变址寄存器（V/Z）。

（8）指针（P、I）。在 FX 系列中，指针用来指示分支指令的跳转目标和中断程序的入口标号。分为分支用指针、输入中断指针及定时中断指针和记数中断指针。

（9）常数（K、H）。K 是表示十进制整数的符号，主要用来指定定时器或计数器的设定值及应用功能指令操作数中的数值；H 是表示十六进制数，主要用来表示应用功能指令的操作数值。例如 20 用十进制表示为 K20，用十六进制则表示为 H14。

5. PLC 控制功能的实现

可编程序控制器控制功能的实现是在不改变硬件接线的情况下，通过改变程序的方法，可改变控制对象的运行方式。这在继电控制系统中是无法实现的。

6. PLC 中软继电器的特点

PLC 提供给用户使用的每个输入/输出继电器、计数器、定时器及每个存储单元都称为元件，由于这些元件都可用程序（即软件）来制定，故又称为软元件。各个元件各有其功能、有其固定的地址，元件的多少决定了 PLC 整个系统的规模及数据处理能力。PLC 中软继电器的特点如下：

（1）输入继电器必须由外部信号驱动，不能用程序驱动，所

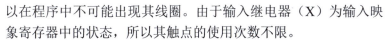

以在程序中不可能出现其线圈。由于输入继电器（X）为输入映象寄存器中的状态，所以其触点的使用次数不限。

FX 系列 PLC 的输入继电器以八进制进行编号，$FX_{2N}$ 输入继电器的编号范围为 X000～X267（184 点）。注意，基本单元输入继电器的编号是固定的，扩展单元和扩展模块是按与基本单元最靠近开始，顺序进行编号。

（2）每个输出继电器在输出单元中都对应有唯一一个动合硬触点，但在程序中供编程的输出继电器，不管是动合还是动断触点，都可以无数次使用。

FX 系列 PLC 的输出继电器也是八进制编号。其中 $FX_{2N}$ 编号范围为 Y000～Y267（184 点）。与输入继电器一样，基本单元的输出继电器编号是固定的，扩展单元和扩展模块的编号也是按与基本单元最靠近开始，顺序进行编号。

（3）辅助继电器不能直接驱动外部负载，负载只能由输出继电器的外部触点驱动。辅助继电器的动合与动断触点在 PLC 内部编程时可无限次使用。

辅助继电器采用 M 与十进制数共同组成编号（只有输入输出继电器才用八进制数）。

1）通用辅助继电器常在逻辑运算中作为辅助运算、状态暂存、移位等。

2）$FX_{2N}$ 系列有 M500～M3071 共 2572 个断电保持辅助继电器。它与普通辅助继电器不同的是具有断电保护功能，即能记忆电源中断瞬时的状态，并在重新通电后再现其状态。

3）PLC 内有大量的特殊辅助继电器，它们都有各自的特殊功能。$FX_{2N}$ 系列中有 256 个特殊辅助继电器，可分成触点型和线圈型两大类。

① 触点型。其线圈由 PLC 自动驱动，用户只可使用其触点。

M8000：运行监视器（在 PLC 运行中接通），M8001 与 M8000 相反逻辑。

M8002：初始脉冲（仅在运行开始时瞬间接通），M8003 与

M8002 相反逻辑。

M8011、M8012、M8013 和 M8014 分别是产生 10、100ms、1s 和 1min 时钟脉冲的特殊辅助继电器。

② 线圈型。由用户程序驱动线圈后 PLC 执行特定的动作。

M8033：若使其线圈得电，则 PLC 停止时保持输出映象存储器和数据寄存器内容。

M8034：若使其线圈得电，则将 PLC 的输出全部禁止。

M8039：若使其线圈得电，则 PLC 按 D8039 中指定的扫描时间工作。

（4）在使用用状态器时应注意如下事项。

1）状态器与辅助继电器一样有无数的动合和动断触点。

2）状态器不与步进顺控指令 STL 配合使用时，可作为辅助继电器 M 使用。

3）FX₂N 系列 PLC 可通过程序设定将 S0～S499 设置为有断电保持功能的状态器。

7. PLC 中光耦合器的结构

PLC 中光耦合器的基本结构如图 2-78 所示。主要由电源电路、发光管和光电管组成。输入信号为低电平有效。

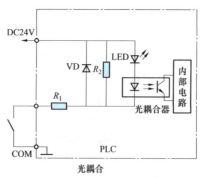

图 2-78　PLC 中光耦合器的基本结构

8. PLC 的存储器

PLC 的存储器主要有两种：一种是可读/写操作的随机存储器

RAM，另一种是只读存储器 ROM、PROM 、EPROM 和 EEPROM。在 PLC 中，存储器主要用于存放系统程序、用户程序及工作数据。

系统程序是由 PLC 的制造厂家编写的，和 PLC 的硬件组成有关，完成系统诊断、命令解释、功能子程序调用管理、逻辑运算、通信及各种参数设定等功能，提供 PLC 运行的平台。系统程序关系到 PLC 的性能，而且在 PLC 使用过程中不会变动，所以是由制造厂家直接固化在只读存储器 ROM、PROM 或 EPROM 中，用户不能访问和修改。

用户程序是随 PLC 的控制对象而定的，由用户根据对象生产工艺的控制要求而编制的应用程序。为了便于读出、检查和修改，用户程序一般存于 CMOS 静态 RAM 中，用锂电池作为后备电源，以保证掉电时不会丢失信息。为了防止干扰对 RAM 中程序的破坏，当用户程序经过运行正常，不需要改变，可将其固化在只读存储器 EPROM 中。现在有许多 PLC 直接采用 EEPROM 作为用户存储器。

工作数据是 PLC 运行过程中经常变化、经常存取的一些数据。存放在 RAM 中，以适应随机存取的要求。

9. PLC 的工作原理

PLC 的工作原理是建立在计算机工作原理基础之上，即通过执行反映控制要求的用户程序来实现的。可编程控制器程序的执行是按程序设定的顺序依次完成相应电器的动作，PLC 采用的是一个不断循环的顺序扫描工作方式。

10. PLC 的工作过程

PLC 工作的全过程可用图 2-79 所示的运行框图来表示。从第一条程序开始，在无中断或跳转控制的情况下，按程序存储的地址号递增的顺序逐条执行程序，即按顺序逐条执行程序，直到程序结束。然后再从头开始扫描，并周而复始地重复进行。

PLC 工作时的扫描过程包括 5 个阶段：内部处理、通信处理、输入扫描、程序执行、输出处理。PLC 完成一次扫描过程所需的

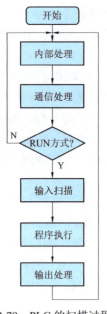

图 2-79　PLC 的扫描过程图

时间称为扫描周期。扫描周期的长短与用户程序的长度和扫描速度有关。

**11. PLC 的扫描周期**

每一次扫描所用的时间称为扫描周期或工作周期。CPU 从第一条指令执行开始，按顺序逐条地执行用户程序直到用户程序结束，然后返回第一条指令，开始新的一轮扫描，PLC 就是这样周而复始地重复上述循环扫描。

PLC 按图 2-80 所示的扫描过程进行工作，当 PLC 运行正常时，它将不断重复图中的扫描过程，不断循环扫描地工作下去。分析上述扫描过程，如果对其他通信服务暂不考虑，这样扫描过程就只剩下"输入采样"、"程序执行"和"输出刷新"三个阶段了。这三个阶段是 PLC 工作过程的中心内容（不考虑立即输入、立即输出情况）。

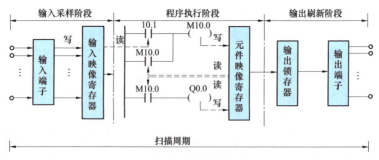

图 2-80　PLC 扫描工作过程

**12. PLC 与继电器—接触器控制的区别**

（1）继电器—接触器控制系统采用许多硬器件、硬触点和"硬"接线连接组成逻辑电路实现逻辑控制要求，而且易磨损、寿命短；而 PLC 控制系统内部大多采用"软"继电器、"软"接点和"软"接线连接，其控制逻辑由存储在内存中的程序实现，且无磨损现象，寿命长。

（2）继电器控制系统体积大、连线多，PLC 控制系统结构紧凑、体积小、连线少。

（3）继电器控制系统功能改变需拆线、接线乃至更换元器件，比较麻烦；而 PLC 控制功能改变，一般仅修改程序即可，极其方便。

（4）继电器控制系统中硬继电器的触点数量有限，用于控制用的继电器触点数一般只有 4~8 对，而 PLC 每只软继电器供编程用的触点数有无限对，使 PLC 控制系统有很好的灵活性和扩展性。

（5）在继电器控制系统中，为了达到某种控制目的，要求安全可靠，节约触点用量，因此，设置了许多制约关系的连锁环节；在 PLC 中，由于采用扫描工作方式，不存在几个并列支路同时动作的因素，因此设计过程大为简化，可靠性增强。

（6）PLC 控制系统具有自检功能，能查出自身的故障，随时显示给操作人员，并能动态地监视控制程序的执行情况，为现场调试和维护提供了方便。

（7）定时控制。继电器控制逻辑利用时间继电器进行时间控制。一般来说，时间继电器存在定时精确度不高、定时范围窄，且易受环境湿度和温度变化的影响，时间调整困难等问题。PLC 使用半导体集成电路做定时器，时基脉冲由晶体振荡器产生，精度相当高，且定时时间不受环境的影响，定时范围一般从 0.001s 到若干天或更长；用户可根据需要在程序中设置定时值，然后由软件来控制定时时间。

从以上几个方面的比较可知，PLC 在性能上优于继电器控制逻辑，特别是具有可靠性高，设计施工周期短，调试修改方便的特点；而且体积小、功耗低、使用维护方便。但在很小的系统中使用时，价格要高于继电器控制系统。

13. PLC 的主要技术性能指标

可编程控制器的种类很多，用户可以根据控制系统的具体要求选择不同技术性能指标的 PLC。可编程控制器的技术性能指标主要有以下几个方面。

（1）I/O 点数。可编程控制器的 I/O 点数指外部输入、输出端子数量的总和，又称主机的开关量 I/O 点数。它是描述 PLC 大小的一个重要参数。

（2）存储容量。PLC 的存储器由系统程序存储器，用户程序存储器和数据存储器三部分组成。PLC 存储容量通常指用户程序存储器和数据存储器容量之和，表示系统提供给用户的可用资源，是系统性能的一项重要技术指标。

（3）扫描速度。可编程控制器采用循环扫描方式工作。完成 1 次扫描所需的时间叫做扫描周期，扫描速度与周期成反比。影响扫描速度的主要因素有用户程序的长度和 PLC 产品的类型。PLC 中 CPU 的类型、机器字长等直接影响 PLC 运算精度和运行速度。

（4）指令系统。指令系统是指 PLC 所有指令的总和。可编程控制器的编程指令越多，软件功能就越强，但掌握应用也相对较复杂。用户应根据实际控制要求选择合适指令功能的可编程控制器。

（5）可扩展性。小型 PLC 的基本单元（主机）多为开关量 I/O 接口，各厂家在 PLC 基本单元的基础上大力发展模拟量处理、高速处理、温度控制、通信等智能扩展模块。智能扩展模块的多少及性能也已成为衡量 PLC 产品水平的标志。

（6）通信功能。通信有 PLC 之间的通信和 PLC 与计算机或其他设备之间的通信。通信主要涉及通信模块，通信接口，通信协议和通信指令等内容。PLC 的组网通信能力也已成为 PLC 产品水平的重要衡量指标之一。

另外，生产厂家还提供 PLC 的外形尺寸、质量、保护等级、适用温度、相对湿度、大气压等性能指标参数，供用户参考。

14. PLC 的输入/输出类型

输入/输出单元从广义上分包含两部分：一部分是与被控设备相连接的接口电路；另一部分是输入和输出的映像寄存器。

输入单元接收来自用户设备的各种控制信号，如限位开关、操作按钮、选择开关、行程开关以及其他一些传感器的信号。通过接口电路将这些信号转换成 CPU 能够识别和处理的信号，并存入输入映像寄存器。运行时 CPU 从输入映像寄存器读取输入信息并进行处理，将处理结果放到输出映像寄存器中。输入/输出映像寄存器由输出点相对的触发器组成，输出接口电路将其由弱电控制信号转换成现场需要的强电信号输出，以驱动电磁阀、接触器、指示灯等被控设备的执行元件。

输入/输出单元通常也称 I/O 单元或 I/O 模块，是 PLC 与工业生产现场之间的连接部件。 PLC 通过输入接口可以检测被控对象的各种数据，以这些数据作为 PLC 对被控制对象进行控制的依据；同时 PLC 又通过输出接口将处理结果送给被控制对象，以实现控制目的。

由于外部输入设备和输出设备所需的信号电平是多种多样的，而 PLC 内部 CPU 的处理的信息只能是标准电平，所以 I/O 接口要实现这种转换。I/O 接口一般都具有光电隔离和滤波功能，以提高 PLC 的抗干扰能力。另外，I/O 接口上通常还有状态指示，工作状况直观，便于维护。

PLC 提供了多种操作电平和驱动能力的 I/O 接口，有各种各样功能的 I/O 接口供用户选用。I/O 接口的主要类型有：数字量（开关量）输入、数字量（开关量）输出、模拟量输入、模拟量输出等。

常用的开关量输入接口按其使用的电源不同有三种类型：直流输入接口、交流输入接口和交/直流输入接口。

常用的开关量输出接口按输出开关器件不同有三种类型：是继电器输出、晶体管输出和双向晶闸管输出。继电器输出接口可驱动交流或直流负载，但其响应时间长，动作频率低；而晶体管输出和双向晶闸管输出接口的响应速度快，动作频率高，但前者只能用于驱动直流负载，后者只能用于交流负载。

PLC 的 I/O 接口所能接受的输入信号个数和输出信号个数称为 PLC 输入/ 输出（I/O）点数。I/O 点数是选择 PLC 的重要依据之一。当系统的 I/O 点数不够时，可通过 PLC 的 I/O 扩展接口对系统进行扩展。

15. PLC 型号的概念

FX 系列 PLC 型号的含义如下。

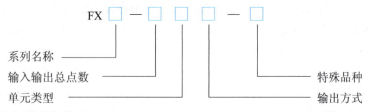

其中系列名称：如 0、2、0S、1S、ON、1N、2N、2NC 等。

单元类型：M——基本单元

E——输入输出混合扩展单元

Ex——扩展输入模块

Ey——扩展输出模块

输出方式：R——继电器输出

S——晶闸管输出

T——晶体管输出

特殊品种：D——DC 电源，DC 输出

A1——AC 电源，AC（AC100～120V）输入或 AC 输出模块

H——大电流输出扩展模块

V——立式端子排的扩展模块

C——接插口输入输出方式

F——输入滤波时间常数为 1ms 的扩展模块

如果特殊品种一项无符号，为 AC 电源、DC 输入、横式端子

排、标准输出。

例如 FX$_{2N}$–32MT–D 表示 FX$_{2N}$ 系列，32 个 I/O 点基本单位，晶体管输出，使用直流电源，24V 直流输出型。

16. PLC 的抗干扰措施

PLC 的干扰源有电弧干扰、反电势干扰、电子干扰、电源干扰以及线路之间产生的干扰等。

对于电源回路采用带屏蔽层的隔离变压器、正确的接地、滤波，以及稳压电源等都是有效的抗措施措施。此外还可采用以下措施：

（1）防止输入端信号干扰的措施。当输入端有感性元件时，为了防止感应电动势损坏模块，应在输入端并接 *RC* 吸收电路（交流输入信号）或并接续流二极管（直流输入信号）。

（2）防止输出端信号干扰的措施。在 PLC 的输出端接有感性负载时，输出信号由 OFF 变为 ON 时，会产生反向电动势。为防止干扰信号的影响，在靠近负载两端，并联 *RC* 吸收电路（交流负载）或续流二极管（直流负载）。

17. PLC 的基本指令

FX$_{2N}$ 系列 PLC 的指令系统包括 20 条基本指令、2 条步进指令和 87 条功能指令。其常见的基本指令见表 2-14。

表 2-14         FX$_{2N}$ 系列 PLC 的基本指令

| 指令 | 助记符功能 | 指令 | 助记符功能 |
| --- | --- | --- | --- |
| LD | 动合触点与左母线连接 | MPS | 进栈 |
| LDI | 动断触点与左母线连接 | MRD | 读栈 |
| OUT | 输出逻辑运算结果，驱动输出线圈 | MPP | 出栈 |
| AND | 动合触点 | MC | 主控（公共触点串联连接） |
| ANI | 动断触点串联连接 | MCR | 主控复位 |
| OR | 动合触点并联连接 | SET | 置位（使操作保持） |
| ORI | 动断触点并联连接 | RST | 复位（使操作复位或当前数据清零） |

| 指令 | 助记符功能 | 指令 | 助记符功能 |
|------|-----------|------|-----------|
| ORB | 电路块与电路块并联连接 | PLS | 上升沿产生触发脉冲 |
| ANB | 电路块与电路块串联连接 | PLF | 下降沿产生触发脉冲 |
| NOP | 空操作 | END | 结束（输入、输出处理，程序回第"0"步） |

18. 双线圈输出的概念

同一编号的线圈在一个程序使用中使用两次称为双线圈输出。双线圈输出容易引起误操作，应尽量避免线圈重复使用。

例如图 2-81，在 X0 动作之后，X1 动作之前，同一个扫描周期中，第一个 Y1 接通，第二个 Y1 断开，在下一个扫描周期中，第一个 Y1 又接通，第二个 Y1 又断开，Y1 输出继电器出现快速振荡的异常现象。所以在编程时要避免出现双线圈输出的现象，解决方法如图 2-82 所示。

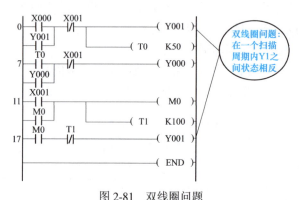

图 2-81　双线圈问题

19. PLC 梯形图的基本结构

梯形图中最左边的垂直线是左母线，最右边的垂直线是右母线；梯形图的左、右母线之间并不接任何电源，每个逻辑行中没有电流流过。梯形图中还有线圈和触点，PLC 梯形图的编写规则如下。

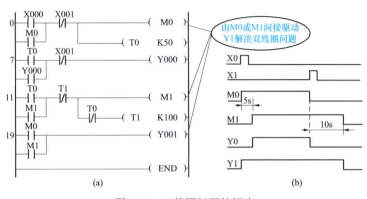

图 2-82　双线圈问题的解决

（a）梯形图；（b）波形图

（1）外部输入/输出继电器、内部继电器、定时器、计数器等器件的接点可多次重复使用，无需用复杂的程序结构来减少接点的使用次数。

（2）梯形图每一行都要从左母线开始，线圈接在最右边，如图 2-83 所示。

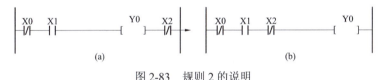

图 2-83　规则 2 的说明

（a）不正确电路；（b）正确电路

（3）线圈不能直接与左母线相连。

（4）同一编号的线圈在一个程序使用中使用两次称为双线圈输出。双线圈输出容易引起误操作，应尽量避免线圈重复使用。

（5）梯形图程序必须符合顺序执行的原则，即从左到右，从上到下地执行，如不符合顺序执行的电路不能直接编程。桥式电路如图 2-84 所示。

（6）在梯形图中串联接点使用次数没有限制，可无限制地使用，如图 2-85 所示。

图 2-84　桥式电路

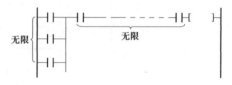

图 2-85　规则 6 的说明

图 2-86　线圈的并联输出方法

20. 线圈的并联输出方法

两个或两个以上的线圈可以并联输出。如图 2-86 所示。

21. PLC 梯形图的编程技巧

（1）把串联触点较多的电路编在梯形图上方，如图 2-87 所示。

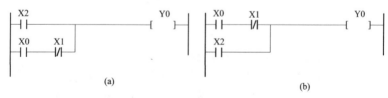

图 2-87　梯形图程序

（a）电路安排不当；（b）电路安排得当

（2）并联触点较多的电路应放在左边，如图 2-88 所示。

（3）桥式电路编程。如图 2-89 所示电路是一个桥式电路，不能对它直接进行编程，必须重画为如图 2-90 所示的电路才可以进行编程。

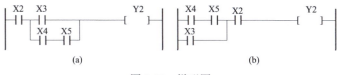

图 2-88 梯形图

（a）电路安排不当；（b）电路安排得当

图 2-89 桥式电路编程

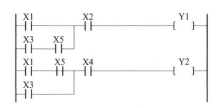

图 2-90 梯形图程序

（4）复杂电路的处理。如果梯形图构成的电路结构比较复杂，用 ANB、ORB 等指令难以解决，可重复使用一些触点画出它的等效电路，然后再进行编程就比较容易了，如图 2-91 所示。如果使用专用软件也可直接编程。

另外，在设计梯形图时输入继电器的触点状态最好按输入设备全部为动合进行设计更为合适，不易出错。建议用户尽可能用输入设备的动合触点与 PLC 输入端连接，如果某些信号只能用动断输入，可先按输入设备为动合来设计，然后将梯形图中对应的输入继电器触点取反（动合改成动断、动断改成动合）。

22. PLC 定时器的基本概念

PLC 中的定时器（T）相当于继电器控制系统中的通电型时间继电器。它可以提供无限对动合动断延时触点。定时器中有一

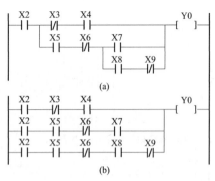

图 2-91　梯形图程序

（a）复杂电路；（b）重新排列电路

个设定值寄存器（一个字长），一个当前值寄存器（一个字长）和一个用来存储其输出触点的映像寄存器（一个二进制位），这三个量使用同一地址编号，定时器采用 T 与十进制数共同组成编号（只有输入输出继电器才用八进制数），如 T0、T198 等。

FX$_{2N}$ 中定时器可分为通用定时器、积算定时器两种。它们是通过对一定周期的时钟脉冲计数实现定时的，时钟脉冲的周期有 1、10、100ms 三种，当所计脉冲个数达到设定值时触点动作。设定值可用常数 K 或数据寄存器 D 的内容来设置。

（1）通用定时器。

1）100ms 通用定时器（T0～T199）。共 200 点，其中 T192～T199 为子程序和中断服务程序专用定时器。这类定时器是对 100ms 时钟累积计数，设定值为 1～32 767，所以其定时范围为 0.1～3276.7s。

2）10ms 通用继电器（T200～T245），共 46 点。这类定时器是对 10ms 时钟累积计数，设定值 1～32 767，所以其定时范围为 0.01～327.67s。

（2）积算定时器。

1）1ms 积算定时器（T246～T249）。共 4 点，是对 1ms 时钟脉冲进行累积计数，定时的时间范围为 0.001～32.767s。

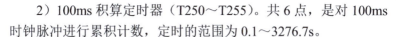

2）100ms 积算定时器（T250～T255）。共 6 点，是对 100ms 时钟脉冲进行累积计数，定时的范围为 0.1～3276.7s。

23. PLC 与编程设备的连接方法

PLC 控制系统由可编程序控制器和电源、主令器件、传感器设备以及驱动执行机构相连接而构成。

（1）电源部分。PLC 的电源接在 L 端子和 N 端子之间，接线时要注意如下事项。

1）电源电压不能超过电压的允许范围 AC85～264V。

2）为避免发生无法补救的重大事故，应有急停电路。

3）为防止发生短路故障，应选用 250V、1A 的熔断器。

4）为防止电源电压波动过大或过强的噪声干扰引起整个控制系统瘫痪，可采取隔离变压器等。

5）不能将外部电源线接到内部提供 24V 直流电源的端子上。

6）PLC 的接地线应为专用接地线，进行单独接地。

PLC 电源接线示意图如图 2-92 所示。

（2）输入部件和输出部件。输入部分是可编程控制系统的信号输入部分，主要由按钮、行程开关、光电开关等主令电器构成，用于发送控制指令。

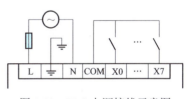

图 2-92　PLC 电源接线示意图

可编程控制器输出接口电路带负载的能力是有限的，它是通过执行装置，即接触器或继电器、执行器和气动与液动执行装置用电磁阀，来带动生产机械工作的，这些执行装置就是 PLC 的输出部件。

在 PLC 的本体上还可以连接多种功能扩展单元，例如数字量输入输出模块、模拟量输入输出模块、通信模块、高速计数模块等。

输入部件和输出部件接线时要注意如下事项。

1）输入部件导线尽可能远离输出部件导线、高压线及电动机等干扰源。

2）不能将输入部件和输出部件接到带"."端子上。

3）PLC 各"COM"端均为独立的，当各负载使用不同电压时，可采用独立输出方式；而各个负载使用相同电压时，可采用公共输出方式，这时应使用型号为 AFP1803 的短路片将它们的"COM"端短接起来

4）若输出端接感性负载时，需根据负载的不同情况接入相应的保护电路。在交流感性负载两端并接 RC 串联电路；在直流感性负载两端并接二极管保护电路；在带低电流负载的输出端并接一个泄放电阻以避免漏电流的干扰。

5）在 PLC 内部输出接口电路中没有熔断器，为防止因负载短路而造成输出短路，应在外部输出电路中安装熔断器。

（3）PLC 接线图。

1）输入器件的接线。FX 系列 PLC 的输入回路采用直流输入，且在 PLC 内部，无源开关类输入不采用单独提供电源。

2）输出器件的接线。PLC 有三类输出：继电器输出、晶体管输出和晶闸管输出。晶闸管输出只能接交流负载；晶体管输出只能接直流负载；继电器输出既可接交流负载也可接直流负载。

（4）FX 系列 PLC 与编程器、计算机的连接。

1）PLC 通信端口的选择。在 FX 系列可编程控制的面板上有多个通信端口，如与手持编程序的通信端口、与特殊功能模块的通信端口、与计算机的通信端口等。其中与计算机通信的端口，只有选择这个端口才能实现与计算机之间的通信。

2）计算机通信端口的选择。在计算机的后面板上也有很多端口，如视频输出端口、音频输出端口、USB 端口等。其中，与 FX 系列可编程控制器通信的 RS–232C 端口位置。

3）PLC 与计算机的通信电缆。计算机与 PLC 端口所选用的电缆不同，计算机的 RS–232C 为 9 针端口，而 PLC 与计算机的通信端口 RS–232C 却只有 7 针。所以通信时，要在两者之间进行转换。FX 系列 PLC 与计算机通信使用的是"RS–232C/RS–422 转换器"。这三者就组成了 FX 系列可编程控制器与计算机的通信电缆，一

般在购买 PLC 时，都会附带相应的通信电缆。

4）操作步骤。

① 认真阅读 PLC 的说明书，准备好连接所需设备，如 PLC、编程器、计算机相连的接口，与 I/O 扩展单元（或 A/D、D/A 转换单元）相连的扩展口，输入端子，电源输入和输出端子等。

② 首先将电缆线和转换器连接好，连接时要小心，并将固定螺钉上紧。

③ 将连接端口插入计算机的 RS–232C 端口，插入时不要用力过猛，要可靠连接。

④ 将电缆线与 PLC 连接，插入连接线时，一定要细心，防止插脚折断。

⑤ 检查 PLC 与计算机的连接是否正确，接通计算机和 PLC 的电源。使 PLC 处于"停机"状态。

24. PLC 编程软件的主要功能

三菱 SWOPC—FXGP/WIN—C 编程软件，是应用于 FX 系列 PLC 的中文编程软件，可在 Windows 操作系统中运行。其主要功能是对 PLC 进行编程和进行监控。具体功能如下：

（1）在 SWOPC—FXGP/WIN—C 中，可通过线路符号、列表语言及 SFC 符号来创建顺序控制指令程序，建立注释数据并设置寄存器数据。

（2）创建顺序控制指令程序并将其储存为文件，用打印机打印。

（3）该程序可在串行系统中与 PLC 进行通信、文件传送、操作控制以及各种功能测试。

所需要的通信元件如下。

（1）编程和通信软件。采用应用于 FX 系列 PLC 的编程软件 SWOPC–FXG/WIN–C。

（2）接口单元。采用 FX–232AVC 型 RS–232C/RS–422 转换器（便捷式）或 FX–232AW 型 RS–232C/RS–422 转换器（内置式），以及其他指定的转换器。

（3）通信缆线。采用 FX–422CAB 型 RS–422 缆线（用于 FX$_2$、FX$_{2C}$ 型 PLC，0.3m）或 FX–422CAB–150 行 RS–422 缆线（用于 FX$_2$、FX$_{2C}$ 型 PLC，1.5m），以及其他指定的电缆。

25. PLC 程序输入的步骤

（1）创建新文件或打开已有文件。

（2）编辑程序。可采用梯形图编程和指令表编程两种方法。完成后可以相互转换。

（3）检查程序。执行"选项"菜单下的"程序检查"命令，选择相应的检查内容。

（4）程序的传送。传送功能如下。

"读入"：将 PLC 中的程序传送到计算机中。

"写入"：将计算机中的程序发送到 PLC 中。

"校验"：将在计算机和 PLC 中的程序加以校验。

操作方法是执行"PLC"菜单下的"传送"命令完成相应操作。当选择"读入"时，应在 PLC 模式设置对话框中对已连接的 PLC 进行模式设置。

传送程序时，应注意以下问题。

1）计算机的 RS–232C 端口与 PLC 之间必须用指定的电缆线及转换器连接。

2）执行完"读入"后，计算机中的程序将丢失，原有的程序将被读入的程序所替代，PLC 模式改变为被设定的模式。

3）在"写入"时，PLC 应停止运行，程序必须在 RAM 或 EEPROM 内存保护关断的情况下写出，然后进行校验。

26. PLC 的 I/O 点数的选择方法

确定 I/O 点数有助于识别控制器的最低限制因素。要考虑未来扩充和备用（典型 10%～20%备用）的需要。

27. PLC 接地与布线的注意事项

（1）PLC 接地。

1）一点接地和多点接地。一般情况下，高频电路应就近多点接地，低频电路应一点接地。在低频电路中，布线和元件间的电

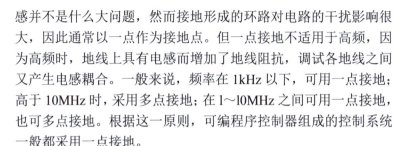

感并不是什么大问题，然而接地形成的环路对电路的干扰影响很大，因此通常以一点作为接地点。但一点接地不适用于高频，因为高频时，地线上具有电感而增加了地线阻抗，调试各地线之间又产生电感耦合。一般来说，频率在 1kHz 以下，可用一点接地；高于 10MHz 时，采用多点接地；在 1～10MHz 之间可用一点接地，也可多点接地。根据这一原则，可编程序控制器组成的控制系统一般都采用一点接地。

2）交流地与信号地不能共用。由于在一般电源地线的两点间会有数毫伏，甚至几伏电压。对低电平信号电路来说，这是一个非常严重的干扰，因此必须加以隔截和防止。

3）浮地与接地的比较。全机浮空即系统各个部分与大地浮置起来，这种方法简单，但整个系统与大地的绝缘电阻不能小于 50MΩ。这种方法具有一定的抗干扰能力，但一旦绝缘下降就会带来干扰。

4）就是将机壳接地，其余部分浮空。这种方法抗干扰能力强，安全靠，但实现起来比较复杂。由此可见，可编程序控制器系统还是以接大地为好。

5）模拟地。模拟地的接法十分重要，为了提高执共校干扰能力，对于模拟信号可采用屏蔽浮地技术。对于具体的可编程序拉制器模拟量信号的处理要严格技术操作手册上的要求设计。

6）屏蔽地。在控制系统中，为了减少信号中电容耦合噪声以便准确检测和控制，对信号采用屏蔽措施是十分必要的。根据屏蔽目的不问，屏蔽地的接法也不一样。电场屏蔽解决分布电容问题，一般接大地；磁气屏蔽以防磁铁、电机、变压器、线圈等的磁感应、磁耦合，一般接大地为好。

当信号电路是一点接地时，低频电缆的屏蔽层也应一点接地。如果电缆的屏蔽层接地点有一个以上时，产生噪声电流，形成噪声干扰源。当一个电路有一个不接地的信号源与系统中接地的放大器相连时，输入端的屏蔽应接于放大器的公共端；相反，当接地的信号源与系统中不接地的放大器相连时，放大器的输入端也应接到信号源的公共端。接地线截面积不得小于 2mm²。

（2）布线。在对 PLC 进行外部接线前，必须仔细阅读 PLC 使用说明书中对接线的要求，因为这关系到 PLC 能否正常而可靠的工作、是否会损坏 PLC 或其他电器装置和零件、是否会影响 PLC 的寿命。

PLC 的电源线、I/O 电源线、输入信号线、输出信号线、交流线、直流线都应尽量分开布线，而且后者应尽量分开布线。开关量信号线与模拟量信号线也应该分开布线，而且后者应尽量采用屏蔽线，并且将屏蔽线接地。数字传输线也要采用屏蔽线，并且要将屏蔽层接地。

28. PLC 的日常维护方法

（1）供电电源的检查。供电电源的质量直接影响 PLC 的使用可靠性，也是故障率较高的部件，检查电压是否满足额定范围的 85%～110% 及考察电压波动是否频繁。频繁的电压波动会加快电压模块电子元件的老化，建议加装稳压电源。对于使用 10 多年的 PLC 系统，若常出现程序执行错误，首先应考虑电压模块供电质量。

（2）运行环境的检查。

1）PLC 运行环境温度在 0～60℃。温度过高将使得 PLC 内部元件性能恶化和故障增加，尤其是 CPU 会因"电子迁移"现象的加速而降低 PLC 的寿命。温度偏低，模拟回路的安全系数也会变小，超低温时可能引起控制系统动作不正常。解决的办法是在控制柜安装合适的轴流风扇或者加装空调，并注意经常检查。

2）环境相对湿度在 5%～95% 之间。在湿度较大的环境中，水分容易通过模块上的 IC 的金属表面的缺陷侵入内部，引起内部元件性能的恶化，使内部绝缘性能降低，会因高压或浪涌电压而引起短路；在极其干燥的环境下，MOS 集成电路会因静电而引起击穿。

3）要定期吹扫内部灰尘，以保证风道的畅通和元件的绝缘。建议 PLC 的电控柜使用密封式结构，并且电控柜的进风口和出风

口加装过滤器，可阻挡绝大部分灰尘的进入。

4）检查 PLC 的安装状态。各 PLC 单元固定是否牢固，各种 I/O 模块端子是否松动，PLC 通信电缆的子母连接器是否完全插入并旋紧，外部连接线有无损伤。

（3）检查 PLC 的程序存储器的电池是否需要更换。

29. PLC 控制电动机正反转的方法

（1）输入/输出（I/O）分配表。首先要进行输入/输出点的分配。输入/输出分配表见表 2-15。

表 2-15　电动机正反转 PLC 控制系统输入/输出分配表

| 输　入 | | | 输　出 | | |
|---|---|---|---|---|---|
| 元件代号 | 元件功能 | 输入继电器 | 输出继电器 | 元件功能 | 元件代号 |
| SB1 | 正转启动 | X1 | Y0 | 正转控制 | KM1 |
| SB2 | 反转启动 | X2 | Y1 | 反转控制 | KM2 |
| SB0 | 停止按钮 | X0 | | | |
| KH | 过载保护 | X3 | | | |

（2）根据控制要求编写 PLC 程序。由图 2-93 和表 2-15 可以看出，输入元件分别和输入继电器 X0～X3 相对应，而控制三相

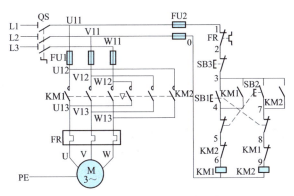

图 2-93　双重连锁正反转电路

交流异步电动机正反转的接触器 KM1、KM2 分别由输出继电器 Y0 和 Y1 控制。即输出继电器 Y0 得电，接触器 KM1 得电；输出继电器 Y1 得电，则接触器 KM2 得电。现将图 2-93 的继电器控制电路改成 PLC 梯形图程序，如图 2-94 所示。

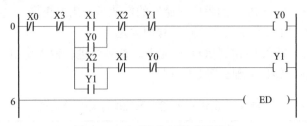

图 2-94  正反转控制梯形图程序

图 2-94 中将热继电器 FR 动合触点对应的输入点 X3 动断触点移至前面，因为 PLC 程序规定输出继电器线圈必须和右母线直接相连，中间不能有任何其他元件。

在梯形图编写时，并联多的支路应尽量靠近母线，以减少程序步数。为此可将三相交流异步电动机正反转控制梯形图程序改成如图 2-95 所示的梯形图。

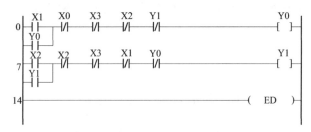

图 2-95  梯形图

### 30. PLC 控制电动机顺序启动的方法

控制要求：SB1 是 2 号传送带的启动按钮，1 号传送带在 2 号传送带启动 5s 自行启动，SB2 是 1 号传送带的停止按钮，1 号传送带停止 10s 后 2 号传送带自行停止。

（1）设计主电路。继电器控制的三相交流异步电动机控制电路电气原理如图 2-96 所示。

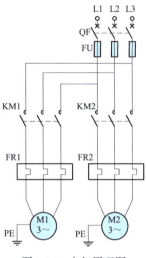

图 2-96 电气原理图

（2）输入/输出（I/O）分配表。为了将这个控制关系用 PLC 控制器实现，PLC 需要 2 个输入点（采用过载保护不占用输入点的方式），2 个输出点和 2 个定时器。输入/输出分配表见表 2-16。

表 2-16　　　　　　　输入输出点分配表

| 输入 | | | 内部与输出 | | |
|---|---|---|---|---|---|
| 输入继电器 | 输入元件 | 作用 | 内部与输出资源 | 元件 | 作用 |
| S0 | SB1 | 启动按钮 | Y0 | KM1 | 1 号传送带接触器 |
| S1 | SB2 | 停止按钮 | Y1 | KM2 | 2 号传送带接触器 |
| | | | T0 | KT1 | 5s 通电延时 |
| | | | T1 | KT2 | 10s 断电延时 |

（3）根据输入输出点分配，画出 PLC 控制两条顺序相连的传送带接线图如图 2-97 所示。

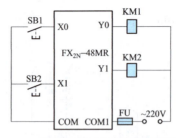

图 2-97　PLC 控制两条顺序相连的传送带接线图

（4）编制梯形图。梯形图如图 2-98 所示。

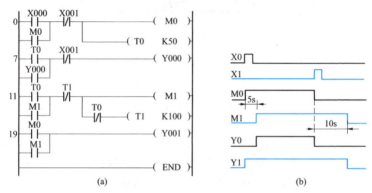

图 2-98　PLC 控制两条顺序相连的梯形图和时序图

（a）梯形图；（b）时序图

31. PLC 控制电动机自动往返的方法

控制要求：工作台的前进、后退由电动机通过丝杠驱动。控制要求为自动循环工作。

（1）分配 PLC 的输入输出点数。

PLC 的输入输出点数分配见表 2-17。

表 2-17　　　　　　　　　PLC 的输入输出点数分配

| 输　　入 | | | 输　　出 | | |
|---|---|---|---|---|---|
| 名称 | 代号 | 输入点编号 | 输出点编号 | 代号 | 名称 |
| 停止按钮 | SB1 | X1 | Y0 | KM1 | 接触器（控制正转） |

续表

| 输　　入 | | | 输　　出 | | |
|---|---|---|---|---|---|
| 名称 | 代号 | 输入点编号 | 输出点编号 | 代号 | 名称 |
| 正转启动按钮 | SB2 | X2 | Y1 | KM2 | 接触器（控制反转） |
| 反转启动按钮 | SB3 | X3 | | | |
| 行程开关 | SQ1 | X5 | | | |
| 行程开关 | SQ2 | X6 | | | |
| 行程开关 | SQ3 | X7 | | | |
| 行程开关 | SQ4 | X10 | | | |

（2）编制程序。编制的梯形图如图 2-99 所示。

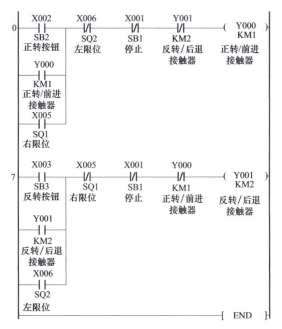

图 2-99　自动往返功能控制程序的梯形图

## 32. 便携式编程器的基本功能

编程器是 PLC 最重要的外围设备，它一方面对 PLC 进行编程，另一方面又可对 PLC 的运行状况进行监控。FX 系列 PLC 常用的编程器有手持式简易编程器和利用编程软件在计算机上编程。FX 系列 PLC 的手持式编程器型号为 FX—20P—E 型。FX—20P—E 型手持式简易编程器可联机（在线）编程，还可以脱机（离线）编程。

33. PLC 输入输出端的接线规则

（1）输入回路的接线。PLC 的输入回路采用直流输入，且在 PLC 内部、无源开关类输入不用单独提供电源。接近开关本身需要电源驱动，输出有一定电压和电流的开关量传感器。

（2）输出回路的接线。PLC 有继电器输出、晶体管输出和晶闸管输出三种形式。晶体管输出只可接直流负载；晶闸管输出只可接交流负载；继电器输出既可以接交流负载又可接直流负载。

（3）当输入信号源为感性元件，或输出驱动的负载为感性元件时，为了防止在电感性输入或输出电路断开时产生很高的感应电动势或浪涌电流对 PLC 输入输出端点的冲击，可采取以下措施。

1）对于直流电路，应在它们两端并联续流二极管。

2）对于交流电路，应在它们两端并联阻容吸收回路。

（三）变频器的认识和维护

1. 变频器的用途

变频器是将固定频率的交流电变换为频率连续可调的交流电的装置。

变频器通常是同时改变交流电动机定子绕组的电压和电源频率，使气隙磁通 $\Phi_m$ 保持额定值不变，进而改变电动机的转速。

2. 变频器的分类

（1）按变频的原理分类。

1）交-交变频器。它只有一个变换环节就可以把恒压恒频（CVCF）的交流电源转换为变压变频（VVVF）的电源，因此，称为直接变频器，或称为交-交变频器。

2）交-直-交变频器。交-直-交变频器又称为间接变频器。

基本组成电路有整流电路和逆变电路两部分，整流电路将工频交流电整流成直流电，逆变电路再将直流电逆变成频率可调节的交流电。

（2）根据变频电源的性质可分为电压型变频和电流型变频。如图 2-100 所示。

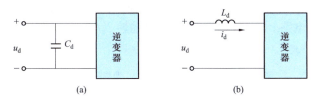

图 2-100 电压型和电流型变频器的主电路结构

（a）电压型变频器；（b）电流型变频器

（3）按变频的控制方式分类。按控制方式不同变频器可以分为 $U/f$ 控制、转差频率控制和矢量控制三种类型。

（4）按用途分类。

1）通用变频器。通用变频器的特点是其通用性。随着变频技术的发展和市场需要的不断扩大，通用变频器也在朝着两个方向发展：一是低成本的简易型通用变频器；二是高性能的多功能通用变频器。

2）专用变频器。

① 高性能专用变频器。随着控制理论、交流调速理论和电力电子技术的发展，异步电动机的 VC 得到发展，VC 变频器及其专用电动机构成的交流伺服系统已经达到并超过了直流伺服系统。此外，由于异步电动机还具有环境适应性强、维护简单等许多直流伺服电动机所不具备的优点，在要求高速、高精度的控制中，这种高性能交流伺服变频器正在逐步代替直流伺服系统。

② 高频变频器。在超精密机械加工中常要用高速电动机。为了满足其驱动的需要，出现了采用 PAM 控制的高频变频器，其输出主频可达 3kHz，驱动两极异步电动机时的最高转速为

180 000r/min。

③ 高压变频器。高压变频器一般是大容量的变频器，最高功率可做到5000kW，电压等级为3、6、10kV。

3. 变频器的基本组成

通用变频器由主电路和控制电路组成，其基本结构如图2-101所示。主电路包括整流器、中间直流环节和逆变器。控制电路由运算电路、检测电路、控制信号的输入/输出电路和驱动电路组成。

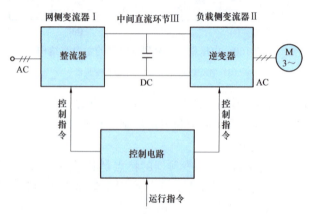

图 2-101　通用变频器的基本结构

（1）主电路。

1）整流电路。整流电路的主要作用是把三相（或单相）交流电转变成直流电，为逆变电路提供所需的直流电源。按使用的器件不同，整流电路可分为不可控整流电路和可控整流电路，如图2-102中的VD1～VD6。

不可控整流电路使用的器件为电力二极管（PD），可控整流电路使用的器件通常为普通晶闸管（SCR）。

2）滤波及限流电路。滤波电路通常由若干个电解电容并联成一组，如图2-102中$C_1$和$C_2$。为了解决电容$C_1$和$C_2$均压问题，在两电容旁各并联一个阻值相等的均压电阻$R_1$和$R_2$。

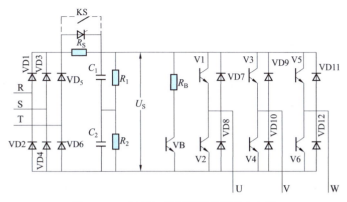

图 2-102　交–直–交电压型变频器主电路

在图 2-102 中，串接在整流桥和滤波电容之间的限流电阻 $R_s$ 和短路开关（虚线所划开关）组成了限流电路。当变频器接入电源的瞬间，将有一个很大的冲击电流经整流桥流向滤波电容，整流桥可能因电流过大而在接入电源的瞬间受到损坏，限流电阻 $R_s$ 可以削弱该冲击电流，起到保护整流桥的作用。在许多新的变频器中 $R_s$ 已由晶闸管替代。

3）直流中间电路。由整流电路可以将电网的交流电源整流成直流电压或直流电流，但这种电压或电流含有电压或电流纹波，将影响直流电压或电流的质量。为了减小这种电压或电流的波动，需要加电容器或电感器作为直流中间环节。

对电压型变频器来说，直流中间电路通过大容量的电容对输出电压进行滤波。

对电流型变频器来说，直流中间电路通过电感对输出电压进行滤波。

4）逆变电路。逆变电路是变频器最主要的部分之一，它的功能是在控制电路的控制下将直流中间电路输出的直流电压，转换为电压频率均可调的交流电压，实现对异步电动机的变频调速控制。变频器中应用最多的是三相桥式逆变电路，如图 2-103 所示，它是由电力晶体管（GTR）组成的三相桥式逆变电路，该电路关

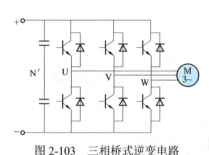

图 2-103 三相桥式逆变电路

键是对开关器件电力晶体管进行控制。目前，常用的开关器件有门极可关断晶闸管（GTO）、电力晶体管（GTR或BJT）、功率场效应晶体管（P-MOSFET）以及绝缘栅双极型晶体管（IGBT）等，在使用时要查有关使用手册。

在中小容量的变频器中多采用 PWM 开关方式的逆变电路，换流器件为大功率晶体管（GTR）、绝缘栅双极晶体管（IGBT）或功率场效应晶体管（P-MOSFET）。随着可关断晶闸管（GTO）容量和可靠性的提高，在中大容量的变频器中采用 PWM 开关方式的 GTO 晶闸管逆变电路逐渐成为主流。

在图 2-102 中，由开关管器件 V1～V6 构成的电路称为逆变桥，由 VD7～VD12 构成续流电路。

5）能耗制动电路。在变频调速中，电动机的降速和停机是通过减小变频器的输出频率，从而降低电动机的同步转速的方法来实现的。当电动机减速时，在频率刚减小的瞬间，电动机的同步转速随之降低，由于机械惯性，电动机转子转速未变，使同步转速低于电动机的实际转速，电动机处于发电制动运行状态，负载机械和电动机所具有的机械能量被回馈给电动机，并在电动机中产生制动力矩，使电动机的转速迅速下降。

（2）变频器控制电路。为变频器的主电路提供通断控制信号的电路，称为控制电路。其主要任务是完成对逆变器开关器件的开关控制和提供多种保护功能。控制方式有模拟控制和数字控制两种。目前已广泛采用了以微处理器为核心的全数字控制技术，主要靠软件完成各种控制功能，以充分发挥微处理器计算能力强和软件控制灵活性高的特点，完成许多模拟控制方式难以实现的功。控制电路主要由以下部分组成。

1）运算电路。运算电路的主要作用是将外部的速度、转矩等

指令信号同检测电路的电流、电压信号进行比较运算，决定变频器的输出频率和电压。

2）信号检测电路。将变频器和电动机的工作状态反馈至微处理器，并由微处理器按事先确定的算法进行处理后为各部分电路提供所需的控制或保护信号。

3）驱动电路。驱动电路的作用是为变频器中逆变电路的换流器件提供驱动信号。当逆变电路的换流器件为晶体管时，称为基极驱动电路；当逆变电路的换流器件为 SCR、IGBT 或 GTO 时，称为门极驱动电路。

4）保护电路。保护电路的主要作用是对检测电路得到的各种信号进行运算处理，以判断变频器本身或系统是否出现异常。当检测到出现异常时，进行各种必要的处理，如使变频器停止工作或抑制电压、电流值等。

4. 变频器型号的概念

变频器的型号都是生产厂家自定的产品系列名称，无特定的含义，但其中一般包括电压级别和标准适配电动机的容量，可作为选用变频器的参考。例如：

FR-A700

其中　FR——变频器名称；

　　　A——多功能高性能；

　　　700——产品系列代号。

5. 变频器的主要技术指标

（1）变频器的输入电源的电压和频率。对我国来说，就是 380V 50Hz。

（2）变频器的连续额定输出电流。这是决定变频器容量大小的主要依据（后面要提到），为需要调速的电动机选用变频器时，一定要使电动机的额定电流小于变频器的连续额定电流并留有一定裕量。

（3）变频器过负荷能力。一般变频器的过负荷能力均为 150%1min 或 200% 30s，好一些产品过负荷能力可过到 200% 1min。变频器的过负荷能力不仅反应在设计变频器时所采用控制方式的优劣，也反映主要开关元件正常使用时所保留的裕量。

（4）变频器的输出频率范围。通用变频器的频率调节范围一般为 0～120Hz 或 0～400Hz。

（5）变频器的载频频率范围，又称调制频率或开关频率。现在市场上销售的变频器属第三代产品，其采用的开关元件为 IGBT（绝缘栅双极性晶体管）或 IPM（智能功率模块），其开关频率最高可达 15kHz。从开关频率的大小可看出该变频器是采有何种开关元件。大功率晶体管（GTR）的开关频率只能达到 2kHz 左右，绝缘栅双极性晶体管（IGBT）的开关频率可达 15kW 左右。

（6）加减速时间范围。目前市场上出售的变频器的加减速时间范围大致都在 0～3600s。有的变频器还设有第二加减速时间，甚至第三加减速时间。

（7）再生制动力矩。电动机在制动过程（再生发电运行过程）中，电动机要将其机械能转换成电能回馈给电网。在用变频器驱动电动机时，一般交-直-交变频器本身不能将再生制动的能量回馈给电网，只能靠变频器本身的中间环节大电容或大电感吸收，但这是有限的。所以仅依靠变频器的中间环节提供制动力矩有限，一般仅能提供 15%～20%的制动力矩。有的变频器产品，如三菱 FR-A200 系列和富士 FVR·E9S 系列，容量在 7.5kW 以下时，内部自带制动单元，制动力矩可达 100%～200%。不自带制动单元的变频器，其制动力矩只能在 15%～20%。

（8）变频器的控制方式。为了能适应各种不同运行工况，现在的变频器通常都具有几种控制方式以供选择。一般变频器都具有 V/F 控制方式和矢量控制方式。

（9）为了提高变频器的运行特性和运行可靠性，变频器还具有很多其他功能，如直流制动、失速保护、过流保护、过压保护、欠压保护、过热保护及瞬时停电保护、定速运行、点动运行及避开谐振点等。

6. 变频器的主要参数

（1）基本频率参数的功能。

1）给定频率。用户根据生产工艺的需求所设定的变频器输出频率。例如：原来工频供电的风机电动机现改为变频调速供电，就可设置给定频率为 50Hz，其设置方法有两种：一种是用变频器的操作面板来输入频率的数字量 50；另一种是从控制接线端上用外部给定（电压或电流）信号进行调节，最常见的形式就是通过外接电位器来完成。

① 给定频率方式的选择功能。频率给定可有如下三种方式供用户选择。

● 面板给定方式。通过面板上的键盘设置给定频率。

● 外接给定方式。通过外部的模拟量或数字输入给定端口，将外部频率给定信号输入变频器。

● 通信接口给定方式。由计算机或其他控制器通过通信接口进行给定。

② 外接给定信号的选择。外接给定信号有如下以下两种。

● 电压信号。电压信号一般有 0～5V、0～±5V、0～10V、0～±10V 等几种。

● 电流信号。电流信号一般有 0～20mA、4～20mA 两种。

2）输出频率。输出频率即变频器实际输出的频率。当电动机所带的负载变化时，为使拖动系统稳定，此时变频器的输出频率会根据系统情况不断地调整。因此输出频率是在给定频率附近经常变化的。

3）基准频率。基准频率也叫基本频率，用 $f_b$ 表示。一般以电动机的额定频率 $f_N$ 作为基准频率 $f_b$ 的给定值。

基准电压是指输出频率到达基准频率时变频器的输出电压，基准电压通常取电动机的额定电压 $U_N$。

4）上限频率和下限频率。上限频率和下限频率是指变频器输出的最高、最低频率，常用 $f_H$ 和 $f_L$ 来表示。

（2）其他频率参数。

1）点动频率。点动频率是指变频器在点动时的给定频率。如果预置了点动频率，则每次点动时，只需要将变频器的运行模式切换至点动运行模式即可，不必再改动给定频率了。

2）载波频率（PWM频率）。PWM变频器的输出电压是一系列脉冲，脉冲的宽度和间隔均不相等，其大小取决于调制波（基波）和载波（三角波）的交点。载波频率越高，一个周期内脉冲的个数越多，也就是说脉冲的频率越高，电流波形的平滑性就越好，但是对其他设备的干扰也越大。载波频率如果预置不合适，还会引起电动机铁心的振动而发出噪声，因此一般的变频器都提供了PWM频率调整的功能，使用户在一定的范围内可以调节该频率，从而使得系统的噪声最小，波形平滑性最好，同时干扰也最小。

3）启动频率。启动频率是指电动机开始启动时的频率，常用 $f_s$ 表示；这个频率可以从0开始，但是对于惯性较大或是摩擦转矩较大的负载，需加大启动转矩。此时可使启动频率加大至 $f_s$，此时启动电流也较大。一般的变频器都可以预置启动频率，一旦预置该频率，变频器对小于启动频率的运行频率将不予理睬。

给定启动频率的原则是：在启动电流不超过允许值的前提下，拖动系统能够顺利启动为宜。

4）多挡转速频率。由于工艺上的要求，很多生产机械在不同的阶段需要在不同的转速下运行。为方便这种负载，大多数变频器均提供了多挡频率控制功能。它是通过几个开关的通、断组合来选择不同的运行频率。

5）转矩提升。此参数主要用于设定电动机启动时的转矩大小，通过设定此参数，补偿电动机绕组上的电压降，改善电动机低速时的转矩性能，设定过小，启动力矩不够，一般最大值设定为10%。

6）简单模式参数。可以在初始设定值不作任何改变的状态下实现单纯的变频器可变速运行，请根据负荷或运行规格等设定必要的参数。可以在操作面板（FR–DU07）进行参数的设定、变更及操作。

通过 Pr.160 用户参数组读取选择的设定，仅显示简单模式参数。（初始设定时将显示全部的参数。）请根据需要进行 Pr.160 用户参数组读取选择的设定。Pr.160 用户参数组见表 2-18。

表 2-18                  Pr.160 用 户 参 数

| Pr.160 | 内 容 |
| --- | --- |
| 9999 | 只能显示简单模式参数 |
| 0<br>（初始值） | 可以显示简单模式参数和扩展模式参数 |
| 1 | 可以显示用户参数组中登录的参数 |

7. 变频器的工作原理

由电动机理论可知，三相异步电动机定子每相电动势的有效值为

$$E_1 = 4.44 f_1 N_1 \Phi_{\mathrm{m}}$$

式中　$E_1$——旋转磁场切割定子绕组产生的感应电动势，V；

$f_1$——定子电流频率，Hz；

$N_1$——定子相绕组有效匝数；

$\Phi_{\mathrm{m}}$——每极磁通量，Wb。

由上式可见，$\Phi_{\mathrm{m}}$ 的值是由 $E_1$ 和 $f_1$ 共同决定的，对 $E_1$ 和 $f_1$ 进行适当的控制，就可以使气隙磁通 $\Phi_{\mathrm{m}}$ 保持额定值不变。具体分析如下。

（1）基频以下的恒磁通变频调速。这是考虑从基频（电动机额定频率 $f_{1\mathrm{n}}$）向下调速的情况。为了保持电动机的负载能力，应保持气隙主磁通 $\Phi_{\mathrm{m}}$ 不变，这就要求降低供电频率的同时降低感应电动势，保持 $E_1/f_1$＝常数，即保持电动势与频率之比为常数进行控制。这种控制又称为恒磁通变频调速，属于恒转矩调速方式。

但是，$E_1$ 难于直接检测和直接控制。当 $E_1$ 和 $f_1$ 的值较高时，定子的漏阻抗压降相对比较小，如忽略不计，则可以近似的保持

定子相电压 $U_1$ 和频率 $f_1$ 的比值为常数，即认为 $U_1=E_1$，保持 $U_1/f_1=$ 常数即可，这就是恒压频比控制方式，是近似的恒磁通控制。

当频率较低时，$U_1$ 和 $E_1$ 都较小，定子漏阻抗压降（主要是定子电阻压降）不能再忽略，这种情况下，可以人为地适当提高定子电压以补偿定子电压降的影响，使气隙磁通基本保持不变。如图 2-104 所示，其中，1 为 $U_1/f_1=C$ 时的电压、频率关系，2 为有电压补偿时（近似的 $E_1/f_1=C$）的电压、频率关系。实际装置中 $U_1$ 与 $f_1$ 的函数关系并不简单的如曲线 2 所示。通用变频器中 $U_1$ 与 $f_1$ 之间的函数关系有很多种，可以根据负载性质和运行状况加以选择。

（2）基频以上的弱磁变频调速。这是考虑由基频开始向上调速的情况。频率由额定值 $f_{IN}$ 向上增大，但电压 $U_1$ 受额定电压 $U_{IN}$ 的限制不能再升高，只能保持 $U_1=U_{IN}$ 不变，这样必然会使主磁通随着 $f_1$ 的上升而减小，相当于直流电动机弱调速的情况，属于近似的恒功率调速方式。

综合上述两种情况，异步电动机变频调速的基本控制方式如图 2-105 所示。

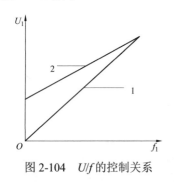

图 2-104　$U/f$ 的控制关系

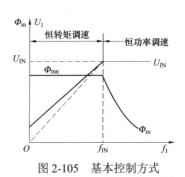

图 2-105　基本控制方式

由上面的分析可知，异步电动机的变频调速必须按照一定的规律同时改变其定子电压和频率，即必须通过变频装置获得电压频率均可调节的供电电源，实现所谓的 VVVF 调速控制。通过变频器可适应这种异步电动机变频调速的基本要求。

集中控制方式的比较。

1）$U/f$控制变频器。$U/f$控制即压频比控制。它的基本特点是对变频器输出的电压和频率同时进行控制，通过保持 $U/f$ 恒定使电动机获得所需的转矩特性。基频以下可以实现恒转矩调速，基频以上则可以实现恒功率调速。这种方式控制电路成本低，多用于精度要求不高的通用变频器。

$U/f$控制是转速开环控制，无须速度传感器，控制电路简单，负载可以是通用标准异步电动机。$U/f$控制方式通用性强，经济性好，是目前通用变频器产品中使用较多的一种控制方式。

2）SF 控制变频器。SF 控制即转差频率控制，是在 $U/f$ 控制基础上的一种改进方式。在 $U/f$ 控制方式下，如果负载变化，转速也会随之变化，转速的变化量与转差率成正比。$U/f$控制的静态调速精度较差，可采用转差频率控制方式来提高调速精度。采用转差频率控制方式，变频器通过电动机、速度传感器构成速度反馈闭环调速系统。变频器的输出频率由电动机的实际转速与转差频率之和来自动设定，从而达到在调速控制的同时也使输出转矩得到控制。该方式是闭环控制，故与 $U/f$ 控制相比，调速精度与转矩动特性较优。但是由于这种控制方式需要在电动机轴上安装速度传感器，并需依据电动机特性调节转差，故通用性较差。

3）VC 控制变频器。VC 即矢量控制，是对交流电动机一种新的控制思想和控制技术，也是异步电动机的一种理想调速方法。采用 $U/f$ 控制方式和转差频率控制方式的控制思想都建立在异步电动机的静态数学模型上，因此动态性能指标不高。采用矢量控制方式可提高变频调速的动态性能。VC 的基本思想是将异步电动机的定子电流分解为产生磁场的电流分量（励磁电流）和与其相垂直的产生转矩的电流分量（转矩电流），并分别加以控制，即模仿直流电动机的控制方式对电动机的磁场和转矩分别进行控制，可获得类似于直流调速系统的动态性能。由于在这种控制方式中必须同时控制异步电动机定子电流的幅值和相位，即控制定子电流矢量，故这种控制方式被称为 VC。

8. 变频器的接线方法

（1）主电路的接线。

1）主电路的基本接线。变频器主电路的基本接线如图 2-106 所示。变频器的输入端和输出端是绝对不允许接错的。万一将电源进线接到了 U、V、W 端，则不管哪个逆变管导通，都将引起两相间的短路而将逆变管迅速烧坏。

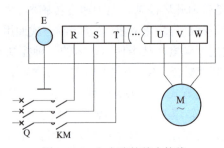

图 2-106　主电路的基本接线

Q—空气断路器；KM—接触器；R、S、T—变频器的输入端，接电源进线；

U、V、W—变频器的输出端，接电动机

注意：不能用接触器 KM 的触点来控制变频器的运行和停止，应该使用控制面板上的操作键或接线端子上的控制信号；变频器的输出端不能接电力电容器或浪涌吸收器；电动机的旋转方向如果和生产工艺要求不一致，最好用调换变频器输出相序的方法，不要用调换控制端子 FWD 或 REV 的控制信号来改变电动机的旋转方向。

设计与工频电源的切换电路。某些负载是不允许停机的，当变频器万一发生故障时，必须迅速将电动机切换到工频电源上，使电动机不停止工作。

2）主电路线径的选择。

① 电源与变频器之间的导线。一般来说，和同容量普通电动机的电线选择方法相同。考虑到其输入侧的功率因数往往较低，应本着宜大不宜小的原则来决定线径。

② 变频器与电动机之间的导线。因为频率下降时，电压也要下降，在电流相等的条件下，线路电压降 $\Delta U$ 在输出电压中的比例将上升，而电动机得到电压的比例则下降，有可能导致电动机发热。所以在决定变频器与电动机之间的导线时，最关键的因素便是线路电压降的影响。一般要求如下

$$\Delta U \leqslant （2\% \sim 3\%） U_\mathrm{N}$$

$\Delta U$ 的计算公式为

$$\Delta U = \frac{I_\mathrm{MN} R_0 \sqrt{3}}{1000}$$

式中　$I_\mathrm{MN}$——电动机的额定电流，A；

　　　$R_0$——单位长度（每米）导线的电阻，$\mathrm{m\Omega/m}$。

（2）控制电路的接线。

1）模拟量控制线。模拟量控制线主要包括如下。

① 输入侧的给定信号线与反馈信号线。

② 输入侧的频率信号线和电流信号线。模拟量信号的抗干扰能力较低，因此必须使用屏蔽线。屏蔽层靠近变频器的一端，应接控制电路的公共端（COM），而不要接到变频器的地端（E）或大地。屏蔽层的另一端应该悬空。布线时还应该遵守以下原则：

● 尽量远离主电路 100mm 以上。

● 尽量不和主电路交叉，如必须有时，应采取垂直交叉的方法。

2）开关量控制线。如启动、点动、多挡转速控制等方式。一般来说，模拟量控制线的接线原则也都适用于开关量控制线。但开关量的抗干扰能力较强，故在距离不远时，允许不使用屏蔽线，但同一信号的两根线必须绞在一起。如果操作台离变频器较远，应该先将控制信号转变成能远距离传送的信号，再将能远距离传送的信号转变成变频器所要求的信号。

3）变频器的接地。所有变频器都专门有一个接地端子"E"，用户应将此端子与大地相接。当变频器和其他设备，或有多台变

频器一起接地时，每台设备都分别与地线相接；不允许将一台设备的接地端和另一台设备的接地端相接后再接地。

4）大电感线圈的浪涌电压吸收电路。接触器、电磁继电器的线圈及其他各类电磁铁的线圈都具有很大的电感。在接通和断开的瞬间，由于电流的突变，它们会产生很高的感应电动势，因而在电路内形成峰值很高的浪涌电压，导致内部控制电路的误动作。所以，在所有电感线圈的两端，必须接入浪涌电压吸收电路，在大多数情况下，可采用阻容吸收电路；在直流电路的电感线圈中，也可以只用一个二极管。

9. 变频器的使用注意事项

（1）请将变频器牢固固定于坚实壁面上。

（2）请将变频器及电动机接地端（PE）可靠接地。

（3）请在变频器电源侧安装同容量以上的断路器。

（4）变频器内电路板及其他装置有高电压，切勿以手触摸。

（5）切断电源后因变频器内高电压需要一定时间泄放，维修检查时，需确认主控板上高压（HV）指示灯完全熄灭后方可进行。

（6）当使用 60Hz 以上的输出频率时，请事先对电动机及负载的安全性充分确认。

（7）变频器若较长时间不使用，务必切断变频器供电电源。

（8）将变频器安放于符合标准要求（温度、湿度、振动、尘埃）的场所。

（9）初次运转时，请仔细检查，以免发生接线错误。

（10）保持变频器周围良好通风，以便降低变频器环境温度。

（11）不要在变频器和电动机之间装设补偿电容、电涌抑制器。

（12）不要在变频器和电动机之间接电磁接触器。否则，变频器运转中接触器动作时，会产生大电流，对变频器不利。

（13）变频器输入电源容量应为变频器额定容量的 1.5 倍。并小于 500kVA，当使用大于 500kVA 电源时，输入电源会出现较大的尖峰电压，有时会损坏变频器，请在变频器的输入侧配置相应的交流电抗器。

（14）变频器和电动机间的电缆应在 30m 内。超过此范围，请在变频器和电动机间配置相应的交流电抗器。

（15）绝不能长期使变频器过载运转。否则有可能损坏变频器，降低其使用性能。

10. 变频器的日常维护方法

（1）日常检查。变频器在运行过程中，可以从设备外部目视检查运行状况有无异常。主要检查项目如下。

1）电源电压是否在允许范围内。

2）冷却系统是否运转正常。

3）变频器、电动机是否过热、变色或有异味。

4）变频器、电动机是否有异常振动和声音。

5）安装地点的环境有无异常。

（2）变频器的定期维护。定期维护应放在暂时停产期间，在变频器停机后进行。主要项目如下。

1）对紧固件进行必要的紧固。

2）清扫冷却系统积尘。

3）检查绝缘电阻是否在允许范围内。

4）检查导体、绝缘物是否有腐蚀、变色或破损。

5）确认保护电路的动作。

6）检查冷却风扇、滤波电容器、接触器等工作情况。

（3）维护时的注意事项。

1）操作前必须切断电源，且在主电路滤波电容器放电完毕，电源指示灯 HL 熄灭后再行作业，以确保操作者的安全。

2）在出厂前，生产厂家都已对变频器进行了初始设定，一般不能任意改变这些设定。而在改变了初始设定后又希望恢复初始设定值时，一般需进行初始化操作。

3）在新型变频器的控制电路中使用了许多 CMOS 芯片，用手指直接触摸电路板将会使这些芯片因静电作用而损坏。

4）在通电状态下不允许进行改变接线或拔插连接件等操作。

5）在变频器工作过程中不允许对电路信号进行检查。这是因为连接测量仪表时所出现的噪声以及误操作可能会使变频器出现故障。

6）当变频器发生故障而无故障显示时，注意不能再轻易通电，以免引起更大的故障。这时应断电做电阻特性参数测试，初步查找故障原因。

11. 变频器的常见故障

（1）过电流跳闸的原因分析。

1）重新启动时，升速就跳闸，这是过电流十分严重的情况，主要原因如下。

① 负荷侧短路。

② 工作机械卡阻。

③ 逆变管损坏。

④ 电动机的启动转矩过小，拖动系统转不起来。

2）重新启动时，并不立即跳闸，而是在运行过程中跳闸，可能的原因如下。

① 升速时间设定太短。

② 降速时间设定太短。

③ 转矩补偿设定较大，引起低频时空载电流过大。

④ 电子热继电器整定不当，动作电流设定得太小，引起误动作。

（2）过电压、欠电压跳闸的原因分析。

1）过电压跳闸，主要原因如下。

① 电源电压过高。

② 降速时间设定太短。

③ 降速过程中，再生制动的放电单元工作不理想。

④ 如果因来不及放电所造成，应增加补接制动电阻和制动单元。

⑤ 如果有制动电阻和制动单元，那么放电支路实际不放电。

2）欠电压跳闸，可能的原因如下。

① 电源电压过低。

② 电源缺相。

③ 整流桥故障。

（3）电动机不转的原因分析。

1）功能预置不当。

① 上限频率与最高频率或基本频率与最高频率设定，最高频率的预置值必须大于上限频率和基本频率的预置值。

② 使用外接给定时，未对"键盘给定/外接给定"的选择进行预置。

③ 其他的不合理预置。

2）在使用外接给定方式时，无"启动"信号。当使用外接给定信号时，必须由启动按钮或其他触点来控制其启动。如不需要由启动按钮或其他触点控制时，应将 Run 端（或 Fwo 端）与 COM 端之间短接 。

3）其他可能的原因如下。

① 机械有卡阻现象。

② 电动机的启动转矩不够。

③ 变频器发生短路故障。

**（四）软启动器的认识和维护**

**1. 软启动器的用途**

晶闸管电动机软启动器也被称为可控硅电动机软启动器，或者固态电子式软启动器，它是一种集电动机软启动、软停车、轻载节能和多种保护功能于一体的新颖电动机控制装置，它不仅有效地解决了电动机启动过程中电流冲击和转矩冲击问题，还可以根据应用条件的不同设置其工作状态，有很强的灵活性和适应性。

**2. 软启动器的基本组成**

如图 2-107 所示，最基本的软启动器系统由三相晶闸管交流调压电路、电源同步检测环节、触发角控制和调节环节、触发脉冲形成和隔离放大环节、反馈量检测环节组成。在此基础上，为了丰富软启动器的操控功能还需要附加外接信号输入和输出电路、显示和操作环节、通信环节等。

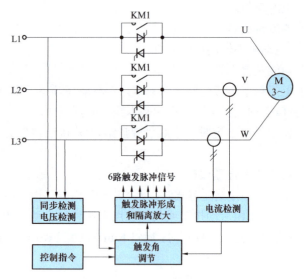

图 2-107　软启动器的系统组成

（1）晶闸管交流调压电路。晶闸管交流调压电路在软启动器中作为执行机构，通过控制晶闸管的导通角大小起到最终调节输出到异步电动机定子上的电压和电流的作用。

（2）电源同步检测环节。同步检测环节是晶闸管交流调压电路的基本环节。晶闸管必须在承受正向电压的同时给门极施加触发信号才可以被触发导通，因此，电路中每只晶闸管的触发相位必须以其刚刚承受正向电压时的相位点（即电源电压过零点）作为参照，这就必须对供电电源电压过零点进行检测，称为同步检测，并由此确定触发信号发出的时刻（该时刻决定触发角的大小）和电路中 6 只晶闸管的触发顺序。

3. 软启动器型号的概念

软启动器型号至今还没有统一的标准，现以西普电力电子有限公司生产的软启动器的型号为例来说明软启动器型号的含义。

STR 数字式电动机软启动器，是西普电力电子有限公司产品，它是采用电力电子技术、微处理器技术及现代控制理论设计生产的，具有先进水平的新型节能产品。它与国内目前仍大量使用的传统的继电控制方式的磁控式、自耦式及星-三角转换等降压启动器相比，具有十分显著的特点，并且是这些传统的降压启动器的理想换代产品。

注 A 系列产品：冷却方式为自然风冷，防护等级为 IP20，产品内部均装有旁路接触器。B 系列产品：冷却方式为强迫风冷，防护等级为 IP00，产品内部不含旁路接触器。

4. 软启动器的主要技术指标

西普 STR 软启动器的主要技术指标见表 2-19。

5. 软启动器的主要参数

（1）额定电压。交流电动机软启动器的额定电压应依照国家标准 GB 156—2007《标准电压》的规定。

1）220～1000（1140）V 的交流电力系统（三相三线或三相四线）及电气设备的标称电压或额定电压为 220/380V、380/660V、1000（1140）V。

注：1140V 仅限于井下；斜线以上为相电压，斜线以下为线电压；无斜线为三相系统线电压。

2）3000V 及以上的交流三相系统的标称电压为 3、6、10（20）、35kV。

注：括号中的数值为用户有要求时使用。

（2）额定频率。交流电动机软启动器的额定电压应依照国家标准 GB/T 1980—2005《标准频率》的规定。工频额定频率为 50Hz（60Hz）。

（3）额定电流。软启动装置的额定电流（$I_N$）是指装置在输出额定电压状态下的正常工作电流，并应考虑其极对数、额定频

表2-19　　西普STR软启动器的主要技术指标

| 产品主要性能 | STR数字式软启动器 | 磁控降压启动器 | 自耦降压启动器 |
|---|---|---|---|
| 启动特性 | 软特性，用户可以调整 | 特性较硬，不可调整 | 硬特性，不能调整 |
| 启动电流特性曲线 | 设定的启动电流限流值，可在0.4~8Ie内调整（曲线图，纵轴 $I$，标注 $6I_e$、$4I_e$、$2I_e$、$I_m$、$I_e$，横轴 $t$） | 启动电流，不可调整（曲线图，纵轴 $I$，标注 $6I_e$、$4I_e$、$2I_e$、$I_c$、$I_e$，横轴 $t$） | 启动电流，不可调整（曲线图，纵轴 $I$，标注 $6I_e$、$4I_e$、$2I_e$、$I_c$、$I_e$，横轴 $t$） |
| 起始电压 | 0~380V任意可调 | 200V左右，用户不能调整 | 250V左右，用户不能调整 |
| 启动冲击电流 | 无 | 1次，约为电动机定电流 $I_e$ 的6倍 | 2次，约为电动机额定电流 $I_e$ 的7倍 |
| 启动电流 | 0.4~8Ie，用户可视负载轻重调整 | 2~3Ie以上，不能调整 | 3~5Ie以上，不能调整 |
| 电动机转矩特性 | 没有冲击转矩，转矩匀速平滑上升 | 1次冲击转矩后，转矩匀速平滑上升 | 转矩跳跃上升，有2次冲击转矩 |
| 负载适应能力 | 强 | 一般 | 较差 |

续表

| 产品主要性能 | STR 数字式软启动器 | 磁控降压启动器 | 自耦降压启动器 |
|---|---|---|---|
| 能否频繁启动 | 可以 | 一般不能 | 一般不能 |
| 启动方式 | 限流软启动或电压斜坡启动任选① | 区域恒流软启动 | 分段式恒压启动 |
| 执行元件 | 电力电子器件 | 磁饱和电抗器（磁放大器） | 自耦变压器 |
| 控制元件和控制方式 | 16 倍高性能单片计算机模糊控制 | 继电器及普通电子元件继电电子控制 | 继电器继电控制 |
| 整机重量/体积 | 轻/小 | 轻重/较大 | 重/大 |
| 外接电缆数量 | 6 根（3 进、3 出） | 6 根或 9 根（130kW 以上为 3 进、6 出） | 6 根（3 进、3 出） |

① 表中 STR 数字式软启动器的启动电流特性曲线、限流软启动方式下的电流特性曲线，是选择限流软启动方式下的电流特性曲线；电压斜坡启动方式下的电流特性曲线与限流软启动方式下的电流特性曲线有一定的差异。

率、额定工作制、使用类别、过载特性及防护等级。

交流电动机软启动器的额定电流可参照国家标准 GB/T 762—2002《标准电流等级》规定的电气设备额定电流选定，见表 2-20。

表 2-20 　　　　　　　电气设备额定电流 　　　　　（A）

| — | — | 16 | 20 | 25 | 31.5 | 40 | 50 | 63 | 80 |
|---|---|---|---|---|---|---|---|---|---|
| 100 | 125 | 160 | 200 | 250 | 315 | 400 | 500 | 630 | 800 |
| 1000 | 1250 | 1600 | — | — | — | — | — | — | — |

（4）额定绝缘电压。软启动装置额定绝缘电压，由表 2-21 给出。

表 2-21 　　　　　软启动装置额定绝缘电压 　　　　　（V）

| 额定电压 $U_N$ | 额定绝缘电压 $U$ | 额定电压 $U_N$ | 额定绝缘电压 $U$ |
|---|---|---|---|
| $U_N<230$ | 500 | $660<U_N\leqslant1140$ | 1200 |
| $230<U_N\leqslant660$ | 660 | | |

（5）额定冲击耐受电压。在规定的条件下，电器能够耐受而不击穿的具有规定形状和极性的冲击电压峰值，该值与电气间隙有关。电器的额定冲击耐受电压应大于或等于该电器所处的电路中可能产生的瞬态过电压规定值。额定冲击耐受电压优先值见表 2-22。

表 2-22 　　　　　　额定冲击耐受电压优先值

| 额定冲击耐受电压 $U_{imp}$（kV） | 实验电压和相应的海拔 | | | | |
|---|---|---|---|---|---|
| | $U_{1.2/50}$（kV） | | | | |
| | 海平面 | 200m | 500m | 1000m | 2000m |
| 0.33 | 0.35 | 0.35 | 0.35 | 0.34 | 0.33 |
| 0.5 | 0.55 | 0.54 | 0.53 | 0.52 | 0.5 |
| 0.8 | 0.95 | 0.9 | 0.9 | 0.85 | 0.8 |

续表

| 额定冲击耐受电压 $U_{imp}$ （kV） | 实验电压和相应的海拔 | | | | |
|---|---|---|---|---|---|
| | $U_{1.2/50}$ （kV） | | | | |
| | 海平面 | 200m | 500m | 1000m | 2000m |
| 1.5 | 1.8 | 1.7 | 1.7 | 1.6 | 1.5 |
| 2.5 | 2.9 | 2.8 | 2.8 | 2.7 | 2.5 |
| 4 | 4.9 | 4.8 | 4.7 | 4.4 | 4 |
| 6 | 7.4 | 7.2 | 7 | 6.7 | 6 |
| 8 | 9.8 | 9.6 | 9.3 | 9 | 8 |
| 12 | 14.8 | 14.5 | 14 | 13.3 | 12 |

注 本表参数适用于均匀电场，参见 GB 14048.1—2006《低压开关设备和控制设备 第 1 部分：总则》中的 7.2.3.1。

（6）正常使用的电网条件。交流电网条件是指交流电网的供电质量及其与设备之间的相互兼容（扰动、抗扰）两个方面。作为供电质量（电压、波形、频率等）由国家标准统一规定，而电力电子设备所规定的正常使用条件，并非都与电网的固有规定完全一致。设备对电网的适应能力，或者说它们的兼容性，对设备而言，可以使用抗扰等级来表征。

设备的抗扰等级分为 A、B、C 三级。A 级表示设备具有较强的抗扰性，适用于较严酷的电气条件；C 级设备的抗扰性最差，只适用于良好的电气条件；而 B 级设备的抗扰性适用于通常使用的一般工业电网的电气条件。

为使设备安全运行和保持设计性能，设备的正常电气使用条件应与设备的抗扰等级相一致。当实际使用条件中的一个或几个扰动量超过正常使用条件的规定值时，对设备可能造成性能下降（F）、跳闸（T）、损坏三种影响，见表 2-23。

（7）电气间隙与爬电距离。装置中各带电电路之间以及带电零部件与导电零部件之间的电气间隙应符合表 2-24 的规定；爬电距离应符合表 2-25 的规定。

— 233 —

表 2-23　　电力电子设备交流电网供电电压变化的允许范围*

| 变化项目 | 设备抗扰等级 | | | 超过规定值可能产生的后果 |
|---|---|---|---|---|
| | A | B | C | |
| 稳态 | +10/−10 | +10/−10 | +10/−5 | F |
| 短时（0.5～30 周波），在 $I_{dn}$ 和 $U_{dn}$ 下作整流运行 | +15/−15 | +15/−10 | +15/−10 | T |
| 短时（0.5～30 周波），在 $I_{dn}$ 和 $U_{dn}$ 下作逆变运行 | +15/−15 | +15/−10 | +15/−7.5 | T |

* 参见 GB/T 3859.1—1993《半导体变流器基本要求》的规定。

表 2-24　　　　　电 气 间 隙

| 额定绝缘电压 $U$（V） | 空气中的最小电气间隙（mm） |
|---|---|
| $U \leqslant 660$ | 8 |
| $660 < U \leqslant 1200$ | 14 |

表 2-25　　　　　爬 电 距 离

| 额定绝缘电压 $U$（V） | 爬电距离（mm） | 额定绝缘电压 $U$（V） | 爬电距离（mm） |
|---|---|---|---|
| $U \leqslant 63$ | 2 | $660 < U \leqslant 800$ | 11 |
| $63 < U \leqslant 400$ | 5.6 | $800 < U \leqslant 1200$ | 18 |
| $400 < U \leqslant 660$ | 9 | | |

注　1. 设备中的电器元件及自成一体的单元，其电气间隙和爬电距离可按各自相应的标准来要求。

　　2. 根据 GB/T 16935.1—2008《低压系统内设备的绝缘配合　第 1 部分：原理、要求和测试》提出的推荐，电气间隙和爬电距离除应符合表 2-24、表 2-25 所列的额定绝缘电压 $U$ 值要求外，还应考虑安置类别、环境污染等级、绝缘材料的相比漏电起痕指数的要求。

（8）绝缘电阻与介电强度。

1）绝缘电阻。带电电路之间以及带电电路与地（外壳）之间的绝缘电阻应不小于 1MΩ。绝缘电阻只作为介电试验时的辅助性判别。

2）介电强度。对主电路及与主电路直接连接的辅助电路，应

能承受表 2-26 规定的介电试验电压。

对不与主电路直接连接的辅助电路，应能承受表 2-27 规定的介电试验电压。

**表 2-26　　　　　　介 电 试 验 电 压　　　　　　（V）**

| 额定绝缘电压 U | 介电试验电压有效值 |
| --- | --- |
| 60<U≤1140 | 2U+1000，最低 1500 |

**表 2-27　　　　　　介 电 试 验 电 压　　　　　　（V）**

| 额定绝缘电压 U | 介电试验电压有效值 | 额定绝缘电压 U | 介电试验电压有效值 |
| --- | --- | --- | --- |
| U≤60 | 250 | 250<U | 2U+1000，最低 1500 |
| 60<U≤250 | 500 | | |

试验部位：① 非电连接的两个独立电路之间；② 各带电回路与金属外壳（或地）之间。

（9）额定工作制。软启动器的额定工作制应符合生产厂的相应规定，可参见电动机的工作制。

（10）功能调节参数。功能调节参数包括启动参数、运行参数和停车参数。

6. 软启动器的工作原理

晶闸管软启动器正式利用了晶闸管交流调压的原理，它的主电路形式与晶闸管三相调压电路完全一致，它利用晶闸管的可控导通特性，通过控制晶闸管的导通角来改变实际加在电动机定子上的电压有效值，从而减少电动机的启动电流，这就是晶闸管软启动器之所以能够减少电动机启动电流，从而实现软启动的基本原理。

7. 软启动器的接线方法

如图 2-108 所示，基本接线图中的各外接端子符号、名称、说明详见表 2-28。

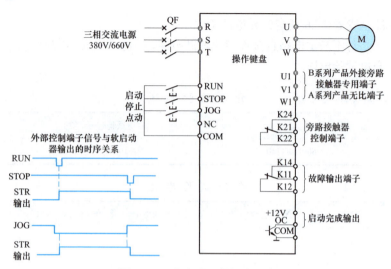

图 2-108　软启动器的接线方法

**表 2-28**　　　　　**各外接端子符号、名称、说明**

| 符号 | | 端子名称 | 说　　明 |
|---|---|---|---|
| 主电路 | R、S、T | 交流电源输入端子 | 通过断路器接三相交流电源 |
| | U、V、W | 软启动器输出端子 | 接三相异步电动机 |
| | U1、V1、W1 | 外界旁路接触器专用端子 | B 系列专用、A 系列无此专用端子 |
| 控制电路 | 数字输入 — RUN | 外控启动端子 | RUN 和 COM 短接即可外接启动 |
| | STOP | 外控停止端子 | STOP 和 COM 短接即可外接停止 |
| | JOG | 外控点动端子 | JOG 和 COM 短接即可外接点动 |
| | NC | 空端子 | 扩展功能用 |
| | COM | 外部数字信号公共端子 | 内部电源参考点 |
| | 数字输出 — +12V | 内部电源端子 | 内部输出电源，DC 12V，50mA |
| | OC | 启动完成端子 | 启动完成后 OC 门导通 |
| | COM | 外部数字信号公共端子 | 内部电源参考点 |

续表

| 符号 | | | 端子名称 | 说 明 |
|---|---|---|---|---|
| 控制电路 | 继电器输出 | K14 动合 | 故障输出端子 | 故障时 K14–K12 闭合 K11–K12 断开 触点容量 AC：10A/250V DC：10A/30V |
| | | K11 动断 | | |
| | | K12 公共 | | |
| | | K24 动合 | 外界旁路接触器 | 启动完成后 K24–K22 闭合 K21–K22 断开 触点容量 AC：10A/250V 或 5A/380V |
| | | K21 动断 | | |
| | | K22 公共 | | |

8. 软启动器的使用注意事项

（1）软启动器的输入端接通电源后，禁止接触软启动器的输出端，否则会有触电危险。

（2）补偿电容器用于提高功率因数的无功功率补偿电容器必须连接在软启动器的输入端，不得连接在输出端，否则将损坏软启动器中的晶闸管功率器件。

（3）绝缘电阻表。不得用绝缘电阻表测量软启动器输入与输出间的绝缘电阻，否则可能因过电压而损坏软启动器的晶闸管和控制板。

可用绝缘电阻表测量软启动器的相间和相地绝缘，但应预先用 3 根短路线分别将三相的输入端与输出端短接，并拔掉控制板上的 4 组触发线。

测量电动机绝缘时也应遵循上述原则。

（4）输入与输出。不得将软启动器主电路的输入与输出端子接反，否则将导致软启动器非预期的动作，可能损坏软启动器和电动机。

（5）旁路相序。使用旁路接触器时，启动电路相序应与旁路电路相序一致，否则旁路切换时将发生相间短路，使断路器跳闸甚至损坏设备。

（6）低电压等级控制电路 3、4、5 接线端子使用内部工作电压，不得在这些端子上连接其他外部电源，否则将损坏软启动器的内部电路。

9. 软启动器的常见故障

（1）在调试过程中出现启动报缺相故障，如启动器故障灯亮，电动机没有反应，故障原因可能如下。

1）启动方式采用带电方式时，操作顺序有误（正确操作顺序应为先送主电源，后送控制电源）。

2）电源缺相，软启动器保护动作（检查电源）。

3）软启动器的输出端未接负载。

（2）用户在使用过程中出现启动完毕，旁路接触器不吸合现象，故障原因可能如下。

1）启动过程中，保护装置因整定值偏小出现误动作（将保护装置重新整定）。

2）在调试时，软启动器的参数设置不合理。

3）控制线路接触不良。

（3）启动过程中，偶尔有出现断路器跳闸现象，故障原因可能如下。

1）空气断路器长延时的整定值过小或者是空气断路器与电动机不配套。

2）软启动器的起始电压参数设置过高或者启动时间过长。

3）在启动过程中，因电网电压波动较大，易引起软启动器发出错误指令，出现提前旁路现象。

4）启动时满载启动。

（4）软启动器出现显示屏无显示或者出现乱码，软启动器不工作，故障原因可能如下。

1）软启动器在使用过程中，因外部元件所产生的振动使软启动器内部连线松动。

2）软启动器控制板故障。

（5）软启动器启动时报故障，软启动器不工作，电动机没有反应。故障原因可能如下。

1）电动机缺相。

2）软启动器内主电路晶闸管短路。

3）滤波板短路。

（6）软启动器在启动时，出现启动超时现象，软启动器停止工作，电动机自由停车。故障原因可能如下。

1）参数设置不合理。

2）启动时满载启动。

（7）启动过程中，出现电流不稳定，电流过大。故障原因可能如下。

1）电流表指示不准确或者与互感器不相匹配。

2）电网电压不稳定，波动比较大，引起软启动器误动作。

3）软启动器参数设置不合理。

（8）软启动器出现重复启动。故障原因可能是：在启动过程中，外围保护元件动作，接触器不能吸合，导致软启动器出现重复启动。

（9）在软启动时出现过热故障灯亮，软启动器停止工作。故障原因可能如下。

1）启动频繁，导致温度过高，引起软启动器过热保护动作。

2）在启动过程中，保护元件动作，使接触器不能旁路，软启动器长时间工作，引起保护动作。

3）重载启动时间过长，引起过热保护。

4）软启动器参数设置不合理，时间过长，起始电压过低。

5）软启动器的散热风扇损坏，不能正常工作。

（10）晶闸管损坏。故障原因可能如下。

1）电动机在启动时，过电流将软启动器击穿。

2）软启动器的散热风扇损坏。

3）启动频繁，高温将晶闸管损坏。

4）滤波板损坏。

（11）输入缺相。故障原因可能如下。

1）进线电源与电动机进线松脱。

2）输出接有负载，负载与电动机不匹配。

3）晶闸管击穿或者门极电阻过高，不符合要求。

4）内部的接线插座松脱。

10. 软启动器的日常维护方法

（1）由于软启动器使用的现场条件各不相同，应该进行定期的保养和检查。

（2）厂家在设计软启动器时已考虑到尽可能减少保养的工作量，实际需要进行的保养工作主要是保持产品的清洁，清理和采取防范措施是保养计划的主要内容。

（3）散热器风道内的灰尘或异物会影响散热效果，可用工业吸尘器将其除去。

（4）使用正确的维护方法可延长软启动器的使用寿命。

# 第三节  相  关  知  识

1. 掌握职业道德和职业守则的基础知识。

2. 掌握钳工操作的基本知识。

3. 熟悉环保常识。

4. 熟悉质量管理、劳动合同和电力法的有关知识。

## 一、职业道德

（一）职业道德基本知识

1. 职业道德的基本内涵

职业道德是指人们在特定的职业活动中应遵循的行为规范的总和，涵盖了从业人员的服务对象、职业与职工、职业与职业之间的关系。不同的职业有不同的职业道德，如教师有师德，医生有医德，官员有官德。每一种职业的职业道德都反映出本职业的职业心理、职业习惯、职业传统和职业理想。

2. 市场经济条件下，职业道德的功能

（1）调节职业交往中从业人员内部以及从业人员与服务对象

间的关系。职业道德的基本职能是调节职能。它一方面可以调节从业人员内部的关系，即运用职业道德规范来约束内部人员的行为，促进人们的行为规范化，促进内部人员的团结与合作。如职业道德规范要求各行各业的从业人员都要团结、互助、爱岗、敬业，齐心协力地为发展本行业、本职业服务。另一方面职业道德又可以调节从业人员和服务对象之间的关系。如职业道德规定了制造产品的工人要怎样对用户负责；营销人员怎样对顾客负责；医生怎样对病人负责；教师怎样对学生负责等。

（2）有助于维护和提高本行业的信誉。一个行业、一个企业的信誉是指企业及其产品等服务在社会公众中的信任程度，提示企业的信誉主要是靠产品质量和服务质量，而从业人员职业道德水平高是产品质量和服务质量的有效保证。若从业人员职业道德水平不高，很难提供优质的服务。

（3）促进本行业的发展。责任心是最重要的，而职业道德水平高的从业人员责任心是极强的，因此职业道德能促进本行业的发展。

（4）有助于提高全社会的道德水平。职业道德是整个社会道德的主要内容。职业道德一方面涉及每个从业者如何对待职业，如何对待工作，同时也是一个从业人员的生活态度、价值观念的表现，是一个人的道德意识、道德行为发展的成熟阶段，具有较强的稳定性和连续性；另一方面，职业道德也是一个职业集体，甚至一个行业全体人员的行为表现，如果每个行业，每个职业集体都具备优良的道德，对整个社会道德水平的提高肯定会发挥重要作用。

3. 企业文化的功能

企业文化贯穿于企业生产经营过程的始终，对于社会的进步、企业的发展和企业职工积极性、主动性和创造性的发挥都具有重要的功能。

（1）自律功能。企业既是一种经济性组织，又是一种社会性组织，企业在追求利润最大化的生产经营过程中，既会给社会，消费者以及企业职工队带来一定的利益，同时也有可能给社会，消费者和职工带来一定的危害。企业若有一种高层次的企业文化，就会提高自律意识，就不会偏离为消费者和社会利益服务的方向，就会自觉克制和避免有可能带来的危害行为。

（2）导向功能。企业作为社会后机体的一部分，与社会的各个层面有着广泛而密切的联系，企业文化价值观念会通过企业的生产经营行为、广告宣传行为、职工和社会行为以及企业产品而传递，辐射到社会的各个层面，对社会的价值观念起着导向作用。高层次的企业文化能够对社会价值观起到整体推进作用，形成文化价值观的良性循环，促进整个社会价值观特别是思想道德水平的提高；而低劣的企业价值观念则会形成文化价值观和恶性循环，导致社会道德水平的下降。

（3）整合功能。现代化企业往往规模巨大，内部层次、部门以及人员众多，不仅每一个部门，每一个职工都有与企业整体利益不同的独立利益，而且不同的职工其价值观念、思维方式和行为习惯也各不相同，因此，企业内部若没有一种强大的力量整合、凝聚职工的人心，企业内部就会不断发生矛盾和冲突。企业文化对企业就具有这种整合功能，它有利于提高企业广大职工的凝聚力。一方面，企业文化有利于抑制个人企业集体的离心倾向，增强人们的整体意识、集体归属感和集体责任感；另一方面，企业文化有利于协调企业内部不同层次之间、不同部门之间职工人员的各种关系，及时消除分歧，化解矛盾，从而增强企业的合力。

（4）激励功能。已经有丰富的理论和大量的经验证明，金钱并非人们生活和工作的唯一动力，远大理想、实现人生价值、渴求受到尊重和爱也是激励人们努力工作和奋斗的重要动力。企业崇高的文化价值理念本身就是要求尊重、关心、爱护职工，它也有利于职工树立远大的理想和正确的人生观、价值观，因而能有效地激发职工的积极性、主动性和创造性。

4. 职业道德对增强企业凝聚力、竞争力的作用

职业道德通过协调职工之间的关系、职工与领导之间的关系、

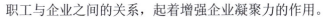

职工与企业之间的关系，起着增强企业凝聚力的作用。

职业道德可以提高企业的竞争力，原因如下。

（1）职业道德有利于企业提高产品和服务质量。产品和服务质量是企业的生命，任何企业若不能保证它提供的产品和服务的质量，那么这个企业即使暂时赢得了很大的利润，最终仍摆脱不了破产和倒闭的命运。因此，企业要提高产品的质量，给顾客提供优质的服务，就必须重视职工职业道德的教育和提高。

（2）职业道德可以降低产品成本，提高劳动生产率和经济效益。企业在生产经营过程中，从基本设备的添置到原材料的购入，从产品的生产，一直到产品的销售，需要花费很多的成本。企业如果能有效地降低产品的成本，就可以提高企业的利润率，从而提高产品在市场上的竞争力，保证企业的发展和繁荣。而要降低产品的成本，就要求职工必须具有较高的职业道德。

（3）职业道德可以促进企业技术进步。在当今激烈竞争的新形势下，新技术、新产品的开发关系着企业的生死存亡，谁抢先推出新产品，谁就能占领市场，在竞争中获胜。企业能否开发出新技术、新产品，关键看企业职工是否具有创新意识、创新能力和创新动力，而职工具有良好的职业道德，有利于职工提高创新能力，有利于企业技术进步。

（4）职业道德有利于提高企业的良好形象，创造企业名牌。一种商品品牌不仅标志着这种商品质量的高低，标志着人们对这种商品信任度的高低，而且蕴涵着一种文化品位，代表着一种消费层次。因此，任何一个有长远发展战略眼光的企业，没有不竭尽全力以期创造出其著名品牌的，而无论是塑造企业良好形象，还是创造企业著名品牌，都离不开职工的职业道德，都需要职工良好的职业道德作支撑。

5. 职业道德是人生事业成功的保证

职业道德是人生事业成功的保证可以从以下几个方面来说明。

（1）没有职业道德的人干不好任何工作。一个人的成功固然需要知识和智慧，然而对自己所从事的工作如果没有极大的热情，没有持之以恒、艰苦奋斗的敬业精神以及开拓创新的进取精神，既使再聪明的人也会与成功失之交臂。因此，无论什么人，只要他想成就一定的事业，就离不开职业道德。

（2）职业道德是人事业成功的重要性条件。随着社会的进步，人们生活水平的提高往往是从人们享受的产品和服务的质量中得到具体体现的，而产品和服务质量取决于生产质量和服务水平，生产质量和服务水平的高低又取决于人的职业技能和职业道德素质，在日益激烈的市场竞争中，产品质量和服务水平是企事业单位得以生存的重要因素，因此，越来越多的企事业单位开始注重提高单位职工的道德品质。

一个成功的企业需要从业员工具备这种职业品质，同样，一个人如果想取得一定的成就，也需要具备良好的职业道德品质。

（3）每一个成功的人往往都有较高的职业道德。职业道德反映一定的经济要求。当职业道德具体体现在一个人的职业生活中的时候，它就具体内化并表现为职业品格。在每一个成功的人身上，这些品质包括职业理想，进取心、责任感、意志力，创新精神都得到了充分的体现。这些品质的发挥程度与事业成功的程度是紧密相连的。

6. 文明礼貌的具体要求

文明礼貌的具体要求如下。

（1）仪表端庄。仪表端庄是指一定职业从业人员的外表要端正庄重。具体要求如下。

1）着装朴素大方。

2）鞋袜搭配合理。

3）饰品和化妆要适当。

4）面部、头发和手指要整洁。

5）站姿端正。

（2）语言规范。语言规范的具体要求如下。

1）职业用语要做到语感自然、语气亲切、语调柔和、语流适

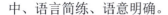

中、语言简练、语意明确。

2）要用尊称敬语。

3）不用忌语。

4）记好"三声"，即招呼声、询问声、道别声。

5）讲究语言艺术。

（3）举止得体。举止得体是指从业人员在职业活动中行为、动作要适当，不要有过多或出格的行为。具体要求如下。

1）态度恭敬。

2）表情从容。

3）行为适度。

4）形象庄重。

（4）待人热情。待人热情是指上岗职工在接待服务对象时要有热烈的情感，基本要求如下。

1）微笑迎客。

2）亲切友好。

3）主动热情。

7. 对诚实守信基本内涵的理解

"诚"、"信"都是古老的伦理道德规范。诚，就是真实不欺，尤其是不自欺。它主要是个人内持品德；信，就是真心实意地遵守履行诺言，特别是注意不欺人，它主要是处理人际交往关系的准则和行为。从二者关系来看，诚实是守信的心理品格基础，也是守信表现的品质；守信是诚实品格必然导致的行为，也是诚实与否的判断依据和标准。总之，作为一种职业道德规范，诚实守信就是指真实无欺，遵守承诺和契约的品德和行为。这种内持品德及其践履行为，就是为人之本，从业之本，也是市场经济活动得以正常进行的重要道德保障之一，是市场经济的基础。

市场经济是高度发达的商品经济，也是信用经济。信用是市场经济的基石，离开信用，商品交换无法进行，市场也就无复存在。因此，无论是对企业还是对个人而言，诚实守信都是职业道德的重中之重，是职业道德的根本所在。

8. 办事公道的具体要求

办事公道是在爱岗敬业、诚实守信基础上提出的更高层次的职业道德要求，是指从业者在办理事务、处理问题时，站在公平、公正的立场上，用同一标准和原则进行工作的职业道德规范。其具体要求如下。

（1）坚持真理。真理是指人们对客观事物及其规律的正确反映。坚持真理就是坚持实事求是的原则。就是办事情、处理问题要合乎公理、合乎正义。不追求真理，追求正义的人，办事很难会合乎道义。

（2）公私分明。要想做到办事公道，就是做到公私分明。公是指社会整体利益、集体利益和企业利益，私是指个人利益。公私分明原意是指要把社会整体利益、集体利益和个人私利明确区别开来，不以个人私利损害集体利益。在职业实践中讲公私分明是指不能凭借自己手中的职权谋取个人私利，损害社会集体利益和他人利益。

（3）公平公正。公平公正是指按照原则办事，处理事情合情合理，不徇私情。在职业活动中，不同的职业虽然各有其职业特点。公平公正的具体要求也不同，但其基本要求是一致的。都要求从业者要按照原则办事，不以个人的偏见、好恶、私心等去对待事情和处理问题。

（4）光明磊落。光明磊落是指做人做事没有私心，心胸坦荡，行为正派。在职业实践活动中，做到光明磊落就是克服私心杂念，把社会、集体和企业的利益放在首位。在看待个人同他人、个人同社会、个人同集体的种种问题时，坚持客观的、正确的标准，做到胸怀坦荡，办事公道；在任何时候，任何情况下都要说真话，不说假话；说实话，不说空话、大话；干实事，不图虚名；言行一致，表里如一，不搞两面派；勇于开展批评与自我批评，知错必改；善于团结和帮助同志，形成一个团结和谐的工作集体，促进个人和集体事业的共同发展。

9. 勤劳节俭的现代意义

勤劳节俭是中华民族固有的美德，艰苦奋斗是中国人民的优良传统。

现代的中国要在 21 世纪成为世界强国，必须大力发展生产力。在当前国际国内政治背景下，有效刺激内需，以利于生产力的发展，又成了当务之急。但刺激内需，拉动消费与坚持勤劳节俭并不矛盾。

为了使个人的消费更好地有利于国家产业结构的调整和国家经济发展的战略，有利于创造良好的社会道德风尚和个人的自我完善；那么，节俭的现代意义则是"俭而有度，合理消费。"合理的消费必须是物质需求和精神需求的和谐统一。

从经济上看，俭可以富国。崇尚节俭意味着对艰辛劳作所创造的物质财富的珍惜，本身体现着对劳动的尊崇。因此，节俭与勤劳互为表里。既勤且俭，就能不断地创造和积累财富。崇尚节俭之德与否关系到经济的盛衰，道德的维系，民族的兴亡。

随着现代化的进程，节俭之德的意义凸现于世。

首先，现代化的进程有赖于经济效率的提高和经济增长方式的集约化，这两者都离不开节俭的精神，都离不开勤劳、节俭的伦理精神作为动力。

其次，现代化的进程把生产资源的节约问题尖锐的提上日程。现代化使人类掌握了开发和控制自然的巨大能力，又加大了自然资源的消耗。加之，发达国家的经济运行方式与大众享乐主义文化结合在一起，刻意用人为制造的需求去刺激消费。不断推出种种新奇的奢侈品，使资源的浪费达到了前所未有的规模。然而，地球所提供的自然资源是有限的，如果不去纠正大量的浪费，提倡节俭之德。人类以自己的才华新建立起来的社会大厦在不久的将来就会发生崩溃。

10. 创新的道德要求

创新是指人们为了发展的需要，运用已知的信息，不断突破常规，发现或产生某种新颖独特的有社会价值或个人价值的新事物、新思想的活动。

开拓创新的道德要求如下。

（1）开拓创新要有创新的意识。这是创新活动的源泉和动力。创新意识的行为表现就是敢于标新立异。当然，标新立异绝不是胡思乱想和盲目蛮干，而是要在科学的世界观和方法论的指导下，不因循守旧，不墨守成规，善于在工作实践中发现并提出问题，大胆设想，小心求证，寻求解决问题的新方法、新途径。

（2）开拓创新需要运用现代科学的思维方式。现代科学的思维方式是在现代社会中应运而生的，因而最能在现代社会中发挥创造性功能。在工作中，常用的科学思维方式有联想思维、发散思维。

（3）开拓创新要有坚定的信心和意志。创新离不开良好的意志品质。任何创新活动都不会一帆风顺。有时甚至遭遇意想不到的困难和失败。如果没有对事业的极大热忱和顽强的意志作基础，想要取得成功是不可想象的。

（二）职业守则

1. 遵纪守法的规定

遵纪守法是指每个从业人员都要遵守纪律和法律，尤其是遵守职业纪律与职业活动相关的法律法规。企业员工遵纪守法的要求如下。

（1）要了解与自己所从事的职业相关的岗位规范、职业纪律和法律法规。只有认真地学习岗位规范、职业纪律和法律法规，才能提高遵纪守法的自觉性。才能保护本单位、本企业和个人的正当权益。

（2）要严格要求自己，在实践中养成遵纪守法的良好习惯。遵纪守法的美德不仅是认识或心理问题，更重要的是行为践履问题。只有把遵纪守法的正确认识、情感、意志、信念转化为行动。在日常的工作、生活实践中坚持不懈地努力去做，才能够养成自觉遵纪守法的美德。

（3）要敢于同违法违纪现象和不正之风作斗争。工作阶级是国家的主人翁，不仅要自觉遵守职业纪律和有关的法律法规，而且要自觉维护国家和人民的利益，敢于同违法违纪现象作斗争，敢于同以权谋私的不正之风作斗争。这是社会主义法制和道德对职业劳动者的要求。

2. 爱岗敬业的具体

爱岗敬业的具体要求如下。

（1）树立职业理想。所谓职业理想是指人们对未来工作部门和工作种类的向往和对现行职业发展将达到什么水平、程度的憧憬。

（2）强化职业责任。职业责任是指人们在一定职业活动中所承担的特定的职责，它包括人们应该做的工作以及应该承担的义务。

（3）提高职业技能。职业技能也称职业能力。是人们进行职能活动履行职业责任的能力和手段。它包括从业人员的实际操作能力、业务处理能力、技术能力以及与职业有关的理论知识。

3. 团结合作的基本要求

团结互助是处理从业人员之间和职工集体之间关系的重要道德规范，是社会主义、集体主义的具体体现，团结互助可以营造和谐的人际氛围，可以增强企业内聚力。基本要求如下。

（1）平等尊重。平等尊重是指社会生活和人们的职业活动中，不管彼此之间的社会地位、生活条件、工作性质有多大差别，都应一视同仁、平等相待、互相尊重、互相信任。在职业活动中，平等尊重、相互信任，是团结互助的基础和出发点。

（2）顾全大局。顾全大局是指在处理个人和集体利益的关系上，要树立全局观念，不计较个人利益，自觉服从整体利益的需要。

（3）互相学习。互相学习是团结互助道德规范要求的中心环节。团结互助从其内涵来讲，是指为了实现共同的利益和目标，要求人们互相帮助、互相支持、团结协作、共同发展。而在我们参与其中的职业集体中，每个从业人员在思想、学识、技艺、能力和工作态度方面都存在着差异，每人都有自己的长处和不足，并且集体中也有一些各方面的先进分子。这就要求人们之间要追赶先进，互相学习彼此的长处，取长补短，互相促进，从而使整个集体团结向上，更好地实现共同的利益和目标。

（4）加强协作。加强协作是指在职业活动中，为了协作从业人员之间，包括工序之间、工种之间、岗位之间、部门之间的关系，完成职业工作任务。彼此之间互相帮助、互相支持、密切配合、搞好协作。

4. 爱护设备和工具的基本要求

对电气生产场地的工具、材料应存放在干燥通风的处所，电气安全用具与其他工具不许混放在一起，并符合下列要求。

（1）绝缘杆应悬挂或架在支架上，不应与墙接触。

（2）绝缘手套应存放在密闭的橱内，并与其他工具仪表分别存放。

（3）绝缘靴，应放在橱内，不应代替一般套鞋使用。

（4）绝缘垫和绝缘台应经常保持清洁，无损伤。

（5）高压验电笔应存放在防潮的匣内，并放在干燥的地方。

（6）安全用具和防护用具不许当其他工具使用。

（7）安全用具应定期做试验，其试验周期分别为：绝缘杆和绝缘夹钳 1 年；绝缘手套为 6～12 个月；绝缘靴和绝缘鞋 6 个月；高压验电器 6 个月。

登高作业安全用具，应每 6 个月做静拉力试验，起重工具应做静荷重试验。

5. 文明生产的具体要求

（1）执行规章制度。

（2）严肃工艺纪律。

（3）优化工作环境。

（4）按规定完成设备的维修和保养。

（5）严格遵守生产纪律。

## 二、钳工知识

### （一）锉削方法

用锉刀对工件表面进行切削加工，使工件达到图纸所要求的尺寸、形状和表面粗糙度。这种加工方法称为锉削。锉削的方法如下。

（1）锉刀握法。锉刀的握法随锉刀的大小、形状不同而有所不同。长于 250mm 的锉刀，用右手握锉刀柄，柄端顶住掌心，大拇指放在柄的上部，其余的手指满握锉刀柄；左手将拇指根部的肌肉压在锉刀头上，拇指自然伸直，其余四指弯曲向掌心，用中指、无名指捏住锉刀的前端。右手推动锉刀并决定锉刀的推动方向，左手协同右手使锉刀保持平衡。

（2）锉削方法。

1）锉平直的平面，必须使锉刀保持直线运动；在推进过程中要使锉刀不出现上下摆动，就必须使锉刀在工件任意位置时前后两端所受的力矩保持平衡。所以推进时右手压力要随锉刀的推进而逐渐增大，回程中不加压力。

锉削速度一般是 40 次/min 左右，推进时较慢，回程时稍快，动作要自然协调。

2）基本锉法。基本锉法有顺向锉、交叉锉和推锉等。顺向锉适用于平面最后锉光和锉平，以获得较为整齐平整的锉痕；交叉锉适用于大平面和较大余量的锉削；推锉适用于狭长平面以及加工余量不大时的锉削。

（3）锉削安全知识。

1）没有装柄或柄已裂开的锉刀不可使用；锉刀不用时应放在台虎钳的右面，其柄不可露出钳台外。

2）不可将锉刀当作拆卸工具或手锤使用。

3）不能用嘴吹锉屑，也不能用手摸工件的表面。

### （二）钻孔知识

钻孔是利用钻头在工件出孔的工作。

1. 钻孔设备和工具

（1）钻床。钻床的种类、形式很多，平时钻孔常用的钻床有台式钻床、立式钻床和摇臂钻床。最常用的是台式钻床，一般用来加工直径小于 12mm 的孔。

（2）手电钻。电钻有手枪式和提式两种，电钻通常用的使 220V 或 36V 的交流电源，为保证安全，在使用 220V 的电钻时，应带绝缘手套；在潮湿的环境中应采用 36V 的电钻。

（3）钻头。常用的钻头是麻花钻，如图 2-109 所示。麻花钻一般用高速钢（W18Gr4V 或 W9CR4V2）制成，淬硬后达 HRC62～68。其结构由柄部、颈部及工作部分组成。

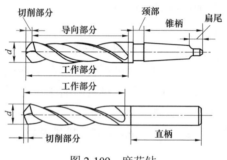

图 2-109　麻花钻

1）柄部是用来夹持、定心和传速动力的，直径 13mm 以下的一般都制成直柄式，直径 13mm 以上的一般都制成锥柄式。锥柄的扁尾用来增加传递的扭矩，避免钻头在主轴孔钻套中打滑，并作为把钻头从主轴孔或钻套中打出之用。

2）颈部为磨制钻头时供砂轮退刀之用，一般也用来刻印商标和规格。

3）工作部分由切削部分和导向部分组成。麻花钻的切削部分由五刃（两条主切削刃、两条副切削刃和一条横刃）和六面（两个前刀面、两个后刀面和两个副后刀面）组成，担任主要的切削工作。导向部分有两条螺旋槽，作用是形成切削刃以及容纳和排除切屑，便于冷却液沿着螺旋槽注入。

（4）钻夹头和钻头套。钻夹头和钻头套是夹持钻头的夹具。直柄式钻头用钻夹头夹持，先将钻头的柄部塞入钻夹头的三爪卡中，塞入长度不小于 15mm，然后用钻夹头钥匙旋转外套，以夹紧或放松钻头。

2. 钻孔操作方法

（1）划线冲眼。按钻孔位置尺寸，划好孔位的十字中心线，并打出小的中心样冲眼，按孔的孔径大小划孔的圆周线和检查圆，再将中心样冲眼打大打深。

（2）工件的夹持。钻孔时应根据孔径和工件形状、大小，采用合适的夹持方法，以保证质量和安全。

（3）钻孔时的切削用量。切削用量是切削速度、进给量和吃刀深度的总称。通常钻小孔的钻削速度可快些，进给量要小些；钻较大的孔时，钻削速度要慢些，进给量要适当大些；钻硬材料，钻削速度要慢些，进给量要小些；钻软材料，钻削速度要快些，进给量也要大些。

（4）钻孔操作方法。钻孔时，先将钻头对准中心样冲眼进行试钻，试钻出来的浅坑应保持在中心位置，如有偏移，要及时校正。当试钻达到孔位要求后，即可压紧工件完成钻孔。钻孔时要经常退钻排屑。孔即将钻穿时，进给力必须减少，以防止钻头折断或使工件随钻头转动造成事故。

（5）钻孔时的冷却与润滑。钻孔时要加注足够的冷却润滑液。钻铜、铝及铸件等材料时一般可不加，钻钢件时，可用废柴油或废机油代用。

3. 钻孔安全知识

（1）操作钻床时不可戴手套，袖口要扎紧，必须戴工作帽。

（2）钻孔前，要根据所需的钻削速度，调节好钻床的速度。调节时，必须断开钻床的电源开关。

（3）工件必须夹紧，孔将钻穿时，要减少进给力。

（4）开动钻床时，应检查是否有钻夹头钥匙或斜铁插在转轴上；工作台面上不能放置量具和其他工件等杂物。

（5）不能用手和棉纱头或嘴吹来清除切削，要用毛刷或棒钩清除，尽可能在停车时清除。

（6）停车时应让主轴自然停止转动，严禁用手捏刹钻头。严禁在开车状态下装拆工件或清洁钻床。

（三）螺纹加工

### 1. 攻丝

用丝锥在孔中切削出内螺纹称为攻丝。

（1）攻丝工具。

1）丝锥。丝锥是加工内螺纹的工具。按加工螺纹的种类分为：普通三角螺纹丝锥（其中 M6～M24 的丝锥为两只一套，小于 M6 和大于 M24 的丝锥为三只一套）；圆柱管螺纹丝锥（为两只一套）；圆锥管螺纹丝锥（均为单只）。按加工方法分为机用丝锥和手用丝锥。

2）绞杠。绞杠是用来夹持丝锥的工具。常用的是活络绞杠，绞杠长度应根据丝锥尺寸来选择，以便控制一定的攻丝扭矩。

（2）攻丝的操作方法。

1）攻丝前应确定底孔直径，底孔直径应比丝锥螺纹小径略大，还要根据工件材料性质来考虑，可用下列经验公式计算。

钢性和塑性较大的材料　　$D = d - t$

铸铁等脆性较大材料　　　$D = d - 1.05t$

式中　$D$——底孔直径，mm；

　　　$d$——螺纹大径，mm；

　　　$t$——螺距，mm。

2）操作方法。

① 划线，钻底孔，底孔孔口应倒角；通孔应两端倒角，便于丝锥切入，并可防止孔口的螺纹崩裂。

② 攻丝前工件夹持位置要正确，应尽可能把底孔中心线置于水平或垂直位置，便于攻丝时掌握丝锥是否垂直于工件。

③ 先用头锥起攻，丝锥一定要和工件垂直，可一手用掌按住绞杠中部，用力加压；另一手配合作顺时针旋转，如图 2-110 所

示。或两手均匀握住绞杠，均匀施加压力，并将丝锥顺时针旋转。当丝锥攻入一、二圈后，从间隔 90°的两个方向用角度检查，并校正丝锥位置至符合要求；攻入三四圈后，不要再在绞杠上加压，两手把稳绞杠，均匀用力顺着推板绞杠旋转。一般转 1/4～1/2 圈，以利排屑。在攻 M5 以下塑性较大的材料时，倒转要频繁，一般正转 1/2 圈倒转一次。

图 2-110　攻丝

④ 攻丝时必须按头锥、二锥、三锥顺序攻削至标准尺寸。换用丝锥时，先用手将丝锥旋入已攻出的螺孔中，待手转不动时，再装上绞杠攻丝。

⑤ 攻不通孔时，应在丝锥上作深度标记。攻丝时要经常退出丝锥，排除切屑。

⑥ 攻丝时要加注冷却润滑液。攻钢件时用机油，攻铸件时可加煤油。

2. 套螺纹

用板牙在圆杆上切削出外螺纹称为套螺纹。

（1）套螺纹工具。

1）板牙。板牙是加工外螺纹的工具，常用的有圆板牙和圆柱管板牙两种。圆板牙如同一个螺母，在上面有几个均匀分布的排屑孔。

2）板牙绞杠。板牙绞杠是用于安装板牙的工具，与板牙配合使用。使用时，应将螺钉插入板牙的 V 形槽内并拧紧。

3）板牙的选用。圆柱体或圆柱管的外径要稍小于螺纹大径。外径 D 可用下列经验公式计算确定

$$D \approx d - 0.13t$$

式中　$D$——圆柱体（或圆柱管）外径，mm；

　　　$d$——螺纹大径，mm；

　　　$t$——螺距，mm。

（2）套螺纹操作方法。

1）将圆柱体（或圆柱管）端部倒成15°～20°的锥体，且锥体的小端直径略小于螺纹小径，可避免套螺纹后的螺纹端部产生锋口和卷边。

2）工件用虎钳夹持，套螺纹部分尽可能接近钳口，夹持必须牢固。

3）起套时，用一手掌按住绞杠中部，沿工件的轴向施加压力；另一手配合做顺时针切进，转动要慢，压力要适当，并保证板牙端面与工件轴向垂直，否则会出现螺纹一边深一边浅的现象，并且容易发生烂牙。当板牙旋入3～4圈时，不要再施加压力，只要顺着旋转方向均匀地推扳手柄，并经常倒转切屑。

4）在钢件上套螺纹时，要加润滑冷却液，以降低加工螺纹的表面粗糙度和延长板牙的寿命。一般可用机油或较浓的乳化液。

### 三、安全生产的常识

1. 供电系统的基本常识

电力系统是指发电、输电、变电、配电和用电系统的总称，是指通过电力网连接在一起的发电厂、变电所及用户电气设备的总体。在整个电力系统中，除发电厂的锅炉、汽机等动力设备外的所有电气设备都属于电力系统的范畴，主要包括发电机、变压器、架空线路、配电装置、各类用电设备。

两个或两个以上的小型电力系统用电网连接起来并联运行，可组成地区性的电力系统。用输电线路把几个地区性的电力系统连接起来组成的电力系统，则称为联合电力系统。

发电和用电之间属于输送和分配电能的中间环节称为电力网。电力网的作用是将电能从发电厂输送并分配到用户处。

包含输电线路的电网称为输电网；包含配电线路的电网称为配电网；输电网是由110kV及以上的输电线路和与其相连的变电

所组成，是电力系统的主要网络，简称主网。又称为网架。输电网的作用是将电能输送到各个地区的配电网或直接送给大型工厂、企业用户。配电网是由 35kV 及以下配电线路和配电变电所组成，它的作用是将电能分配到用户。

电力网按电压、用途和特征可分为：直流电力网和交流电力网；低压电力网和高压电力网；城市、厂矿电力网和农村电力网；户外电力网和户内电力网。

通常把电力网分成区域电力网和地方电力网。电压在 35kV 以上，供电区域较大的电力网叫做区域电力网；电压在 35kV 以下，供电区域不大的电力网叫做地方电力网；35kV 电力网既可归属区域电力网也可归属地方电力网。

根据电力网的运行方式不同，又分为接地电网和不接地电网。电力系统的中性点是指三相系统作星形联结的发电机或变压器的中性点。它的工作方式为中性点不接地、中性点经消弧线圈接地和中性点直接接地三种。

（1）中性点不接地。高压电网和 1kV 以下的三相三线电网中才采用中性点不接地方式。

（2）中性点经消弧线圈接地。目前 35～60kV 的高压电网中多采用此运行方式。

（3）中性点直接接地。目前我国 110kV 及以上系统都采用中性点直接接地方式，部分 35kV 的电网及 380/220V 的低压系统也采用中性点直接接地方式。

2. 电工人身安全知识

（1）在进行电气设备安装和维修操作时，必须严格遵守各种安全操作规程，不得玩忽职守。

（2）操作时要严格遵守停送电操作规定，要切实做好防止突然送电时的各项安全措施，如挂上"有人工作，禁止合闸"的标示牌、锁上闸刀或取下电源熔断器等。不准约时送电。

（3）在附近带电部分操作时，要保证有可靠的安全间距。

（4）操作前应仔细检查操作工具的绝缘性能，绝缘鞋、绝手套等安全用具的绝缘性能是否良好，有问题的应及时更换，并应立即进行检查。

（5）登高工具必须安全可靠，未经登高训练的人员，不准进行登高作业。

（6）如发现有人触电，要立即采取正确的急救措施。

3. 现场文明生产的要求

按维护周期对设备进行清扫检查。保持设备的清洁，做到无油污、无积灰；油、气、水管道阀门无渗漏；瓷件无裂纹；电缆沟无积水、积油和杂物，盖板齐全；现场照明完好。

每班对值班室、控制室的家具、地面、继电器、电话机等清扫一次，并整理记录本、图纸、书籍，经常保持整齐清洁。

建立卫生责任区，落实到人。每月进行 1～2 次大清扫，清扫场地、道路，保持无积水、油污，无垃圾和散落器材。安全用具和消防设施应齐全合格。

变电站或有条件的配电站，要有计划地搞好绿化工作，站内草坪、花木要定期修剪，设备区的草高不得超过 300mm，不准种植高秆作物。

金属构架和固定遮栏要定期刷漆，保持清洁美观。

**四、环保知识**

1. 环境污染的概念

环境污染是指由于人类活动把大量有毒有害污染物质排入环境，这些物质在环境中积聚，使环境质量下降，以致危害人类及其他生物正常生存和发展的现象，如大气污染、水污染、噪声污染等。

与环境污染相关且并称的另一概念是公害。它是指由于环境污染和破坏，对多数人的健康、生命、财产及生活舒适性造成的公共性危害，如地面沉降、恶臭、电磁辐射和振动等。有时，不严格区分环境污染与公害。

与环境污染相近的另一概念是生态破坏。它是由于人类不合理地开发利用自然环境和自然资源，致使生态系统的结构和功能遭到损坏，而威胁人类及其他生物正常生存和发展的现象，如森林破坏、草原退化、水土流失、土地沙漠化、水源枯竭等。环境污染与生态破坏相互影响。

2. 电磁污染源的分类

电磁辐射污染又称电子雾污染，是各种电器工作时所产生的各种不同波长频率的电磁波。

发射频率为 $100 \sim 3 \times 10^5$ kHz 的电磁波，通常称为射频电磁辐射。如无线电广播、电视、微波通信、高频加热等各种射频设备的辐射。

影响人类生活环境的电磁污染源，可分为自然的和人为的两大类。

（1）自然的电磁污染。自然的电磁污染源是由某些自然现象引起的。最常见的雷电，除了可能对电气设备、飞机、建筑物等直接造成危害外，而且会在广大地区从几千赫到几百兆赫以上的极宽频率范围内产生严重的电磁干扰。此外，如火山爆发、地震和太阳黑子活动引起的磁暴等都会产生电磁干扰。自然的电磁污染对短波通信的干扰特别严重。

（2）人为的电磁污染。

1）脉冲放电。切断大电流电路时产生的火花放电，其瞬时电流很大，频率很高，会产生很强的电磁干扰。

2）电磁场。在大功率电机、变压器以及输电线附近的电磁场，并不以电磁波形式向外辐射，但在近场区会产生严重的电磁干扰。

3）射频电磁辐射。射频电磁辐射主要是热效应，即机体把吸收的射频能转换为热能，形成由于过热而引起的损伤。射频辐射也有非致热作用。

3. 噪声的危害

噪声就是声强和频率的变化均无规律的声音。只要使人烦躁、郁闷、不受人欢迎的声音，都可看做是噪声。噪声可分为气体动力噪声、机械噪声和电磁噪声。电器元件在交变磁场的作用下受迫振动，牵连周围空气质点也随之做同频率的振动，振动传播开去，便产生了声音，称为电磁噪声。变压器、发电机发出的嗡嗡声，收音机发出的交流声等，均为电磁噪声。

电磁噪声污染对人类生存环境的影响有以下几个方面。

（1）损伤听力。

（2）影响睡眠。

（3）影响情绪。

（4）对儿童和胎儿的影响。噪声会影响儿童和胎儿的发育，甚至造成畸形。

噪声传播的控制途径。对噪声进行控制，就必须从控制声源（降低噪声源本身辐射的声功率）、控制传播途径（中断和改变传播途径使声能变成热能）以及加强个人防护这三方面入手。

**五、质量管理**

1. 质量管理的内容

质量管理是企业为保证和提高产品、技术或服务的质量达到满足市场和客户的需求，所进行的质量调查，确定质量目标、计划、组织、控制、协调和信息反馈等一系列的经营管理活动。质量管理从企业的整体上来说，包括制定企业的质量方针、质量目标、工作程序、操作规程、管理标准，以及确定内部、外部的质量保证和质量控制的组织机构、组织实施等活动。对每个职工来说，质量管理的主要内容有岗位的质量要求、质量目标、质量保证措施和质量责任等。质量管理是企业经营管理的一个重要内容，是关系到企业生存和发展的重要问题，也可以说是企业的生命线。

2. 岗位质量要求

岗位的质量要求是企业根据对产品、技术或服务最终的质量要求和本身的条件，对各个岗位质量工作提出的具体要求。这一般都体现出各岗位的作业指导书或工作规程中，包括操作程序、工作内、工艺规程、参数控制、工序的质量指标，各项质量记录等。岗位的质量要求，是每个职工都必须做到的最基本的岗位工作职责。

### 六、相关法律法规知识

**1. 劳动者的权利**

劳动法是指调整劳动关系（包括直接劳动关系和间接劳动关系）的法律规范的总称。它既包括国家最高权力机关颁布的劳动法，也包括其他调整劳动关系的法律法规。劳动法中明确规定了劳动者的基本权利和义务。

（1）平等就业和选择职业的权利。

（2）获得劳动报酬的权利。

（3）休息和休假的权利。

（4）在劳动中获得劳动安全和劳动卫生保护的权利。

（5）接受职业技能培训的权利。

（6）享有社会保险和福利的权利。

（7）提请劳动争议处理的权利。

（8）法律、法规规定的其他劳动权利。

**2. 劳动者的义务**

劳动者的基本义务如下。

（1）完成劳动任务。

（2）提高职业技能。

（3）执行劳动安全卫生规程。

（4）遵守劳动纪律和职业道德。

**3. 劳动合同的解除**

劳动合同制就是以合同形式明确用工单位和劳动者个人的权利与义务，实现劳动者与生产资料科学结合的方式，是确立社会主义劳动关系，适应社会主义市场经济发展需要的一项重要的劳动法律制度。

（1）劳动合同的类型。

1）有固定期限的劳动合同，这类劳动合同明确规定了合同的起始与终止时间。

2）无固定期限的劳动合同，这类劳动合同只规定了合同起始日期，没有注明合同终止日期，但同时规定了解除合同的条件，这种条件一旦具备，合同即可终止。劳动者在同一用人单位连续工作满10年以上，当事人双方同意续延劳动合同的，如果劳动者提出订立无固定期限的劳动合同，应当订立无固定期限的劳动合同。

3）以完成一定的工作为期限的劳动合同，这类劳动合同是将完成某项工作或工程的时间作为劳动合同的起始与终止的条件。

（2）解除劳动合同。解除劳动合同是指劳动合同期限未满以前，由于出现某种情况，导致当事人双方提前终止劳动合同的法律效力，解除双方的权利和义务关系。劳动合同的解除必须遵守劳动法的规定。

1）劳动者解除劳动合同。劳动者解除劳动合同，应当提前30日以书面形式通知用人单位。劳动法第32条规定，有下列情形之一的，劳动者可以随时通知用人单位解除劳动合同：① 在试用期内；② 用人单位以暴力、威胁或者非法限制人身自由的手段强迫劳动的；③ 用人单位未按照劳动合同约定支付劳动报酬或者提供劳动条件的。

2）用人单位解除劳动合同。

① 劳动法第25条规定，劳动者有下列情形之一的，用人单位可以解除劳动合同：

- 在试用期间被证明不符合录用条件的；
- 严重违反劳动纪律或用人单位规章制度的；
- 严重失职，营私舞弊，对用人单位利益造成重大损害的；
- 被依法追究刑事责任的。

② 劳动法还规定，有下列情形之一，用人单位可以解除劳动合同，但是应当提前30日以书面形式通知劳动者本人。

- 劳动者患病或非因工负伤，医疗期满人，不能从事原工作，也不能从事由用人单位另行安排的工作的；
- 劳动者不能胜任工作，经过培训或者调整工作岗位，仍不能胜任工作的；
- 劳动合同订立时所依据的客观情况发生重大变化，致使原

劳动合同无法履行，经当事人协商不能就变更劳动合同达成协议的；

● 用人单位被撤销或解散或破产的。

3）在下列情形下用人单位不得解除劳动合同：① 劳动者患职业病或者因工负伤被确认丧失或者部分丧失劳动能力的；② 劳动者患病或者负伤，在规定的医疗期内的；③ 女职工在孕期、产期、哺乳期内的；④ 法律法规规定的其他情形。

4. 劳动安全卫生制度

劳动安全是指生产劳动过程中，防止危害劳动者人身安全的伤亡和急性中毒事故。劳动卫生是指生产劳动环境要合乎国家规定的卫生条件，防止有毒有害物质危害劳动者的健康。劳动安全卫生管理制度的主要内容如下。

（1）安全生产责任制度。

（2）劳动安全技术措施计划制度。

（3）劳动安全卫生教育制度。

（4）劳动安全卫生检查制度。

（5）特种作业人员的专门培训和资格审查制度。

（6）劳动防护用品管理制度。

（7）职业危险作业劳动者的健康检查制度。

（8）职工伤亡事故和职业病统计报告处理制度。

（9）劳动安全监察制度。

对女职工的特殊劳动保护如下。

（1）根据女职工的生理特点安排就业，实行同工同酬。

（2）禁止女职工从事特别繁重的体力劳动和有损健康的工作。

（3）建立健全对女职工"五期"保护制度。"五期"保护是指女职工在经期、孕期、产期、哺乳期、更年期给予特殊保护。

（4）定期进行身体检查，加强妇幼保健工作。

对未成年工（年满 16 周岁未满 18 周岁）的特殊劳动保护如下。

（1）严禁一切企业招收未满 16 周岁的童工。

（2）对未成年工应缩短工作时间，禁止安排他们做夜班或加班加点。

（3）禁止安排未成年工从事矿山井下、有毒有害、国家规定的第四级体力劳动强度的劳动和其他禁忌从事的劳动。

5. 电力法知识

中华人民共和国《电力法》于 1995 年 12 月 28 日第八届全国人民代表大会常务委员会第十七次会议通过。主要内容有十章七十五条。并附有《刑法》有关条款。

第一章　总则；第二章　电力建设；第三章　电力生产与电网管理；第四章　电力供应与使用；第五章　电价与电费；第六章　农村电力建设和农业用电；第七章　电力设施保护；第八章　监督检查；第九章　法律责任；第十章　附则。

# 技能操作考试指导

## 第一节　继电器—接触器线路装调

电气设备控制线路的安装与调试是维修电工在备料的基础上，运用已有理论知识和基本技能，根据电气图纸的技术要求，完成元器件组合和有关技术参数调整的工作。

电气设备控制线路是根据生产机械设备的需要而设计的，所以线路的复杂程度也有所不同，但是这些控制线路都是由基本控制线路环节组成。如启动、停止、反转制动、调速线路等，依据维修电工中级职业资格标准要求，控制线路需要完成双环节基本控制线路或单环节比较复杂控制线路的安装与调试。

### 一、继电器—接触器控制线路安装与调试的基本步骤

基本步骤描述：选用元器件及导线→电器元件检查→固定元器件→布线→安装电动机并接线→连接电源→自检→交验→通电试车。

### 二、基本操作工艺

1. 检查元器件质量

检查接触器、时间继电器、热继电器和熔断器等元器件外观是否有损坏；检查元器件技术数据是否与实际相符合；检查元器件机械部分是否灵活。

2. 元器件安装

（1）安装要求。元器件摆放时，应当先确定交流接触器的位置，然后再确定其他元器件的位置。元器件要沿水平线摆放，布

局要整齐、匀称、合理。确定元器件安装位置时，应做到既要便于布线，又要便于检修。固定元器件时，可以先用划针确定位置，然后再进行元器件安装。元器件螺钉安装要先对角固定，不能一次拧紧，待螺钉上齐后再逐步拧紧。固定时用力不要过猛，以免损坏元器件。

（2）安装电气元件的工艺要求。

1）组合开关、熔断器的受电端应安装在控制板的外侧，并使熔断器的受电端为底座的中心端。

2）各元件的安装位置应齐整、匀称、间距合理，便于元件的更换。

3）紧固各元件时用力要匀称，紧固程度适当。在紧固熔断器、接触器等易碎元件时，应用手按住元件一边轻轻摇动，一边用旋具轮换旋紧对角线上的螺钉，直到手摇不动后再适当旋紧些即可。

3. 板前明线布线的工艺要求

（1）布线通道尽可能少，同时并行导线按主、控电路分类集中，单层密排，紧贴安装面布线。

（2）同一平面的导线应高低一致或前后一致，不能交叉。非交叉不可时，该根导线应在接线端子引出时，就水平架空跨越，但必须走线合理。

（3）布线应横平竖直，分布均匀，变换走向时应垂直。

（4）布线时严禁损伤线芯和导线绝缘。

（5）布线顺序一般以接触器为中心，由里向外，由低至高，先控制电路，后主电路进行，以不妨碍后续布线为原则。

（6）在每根剥去绝缘层导线的两端套上编码套管。所有从一个接线端子（或接线桩）到另一个接线端子（或接线桩）的导线必须连续，中间无接头。

（7）导线与接线端子或接线桩连接时，不得压绝缘层、不反圈及不露铜过长。

（8）同一元件、同一回路的不同接点的导线间距离应保持一致。

（9）一个电器元件的接线端子上的连接导线不得多于两根，每节接线端子板上的连接导线一般只允许连接一根。

4. 板前线槽配线的工艺要求

（1）安装走线槽时，应先做到横平竖直，排列整齐匀称，安装牢固和便于走线等。

（2）按电路图进行板前线槽配线，并在导线端部套编码套管和冷压接线头。板前线槽配线的具体工艺要求如下。

1）所有导线的截面积在等于或大于 $0.5mm^2$ 时，必须采用软线。考虑机械强度的原因，所用最小截面积，在控制箱外为 $1mm^2$，在控制箱内为 $0.75mm^2$。但对控制箱内很小电流的电路连线，如电子逻辑线路，可用 $0.2mm^2$，并且可以采用硬线，但只能用于不移动又无振动的场合。

2）布线时，严禁损伤线芯和绝缘导线。

3）各电器元件接线端子引出导线的走向，以元件的水平中心线为界线，在水平中心线以上接线端子引出的导线，必须进入元件上面的行线槽；在水平中心线以下接线端子引出的导线，必须进入元件下面的行线槽。任何导线都不允许从水平方向进入行线槽。

4）各电器元件接线端子上引入或引出的导线，除间距很小和元件机械强度很差的允许直接架空敷设外，其他导线必须经过行线槽进行连接。

5）进入行线槽内的导线要完全置于行线槽内，并应尽可能避免交叉，装线不得超过其容量的 70%，以便能盖上行线槽盖和以后的装配及维修。

6）各电器元件与进入行线槽之间的外露导线，应走线合理，并应尽可能做到横平竖直，变换走向要垂直。同一个元件上位置一致的端子上引出或引入的导线，要敷设在同一平面上，并应做到高低一致或前后一致，不得交叉。

7）所有接线端子、导线接头上都应套有与电路图上相应接点线号一致的编码套管，并按线号进行连接，连接必须可靠，不得松动。

8）在任何情况下，接线端子必须与导线截面和材料性质相适应。当接线端子不适合连接软线或截面较小的软线时，可以在导线端头穿上针形或叉形扎头并压紧。

9）一般一个接线端子只能连接一根导线，如果采用专门设计的端子，可以连接两根或多根导线，但导线的连接方式，必须是公认的、在工艺上成熟的方式，如夹紧、压接、焊接、绕接等，并应严格按照连接工艺的工序要求进行。

### 三、考试实例

（1）考试内容。安装和调试如图 3-1 所示通电延时带直流能耗制动的丫–△启动的控制电路。

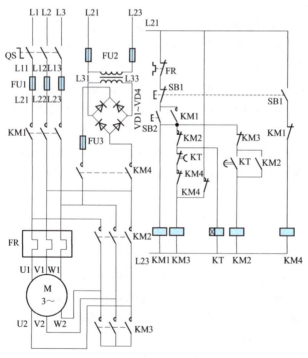

图 3-1　通电延时带直流能耗制动的丫–△启动的控制电路

（2）工具、仪器仪表及设备。工具仪器仪表见表3-1。

表3-1 工 具 仪 器 仪 表

| 序号 | 名 称 | 型号与规格 | 单位 | 数量 | 备注 |
|---|---|---|---|---|---|
| 1 | 三相四线电源 | ～3×380/220V，20A | 处 | 1 | |
| 2 | 单相交流电源 | ～220V 和 36V，5A | 处 | 1 | |
| 3 | 三相电动机 | Y112M–4，4kW、380V、△接法；或自定 | 台 | 1 | |
| 4 | 配线板 | 500mm×600mm×20mm | 块 | 1 | |
| 5 | 组合开关 | HZ10–25/3 | 个 | 1 | |
| 6 | 交流接触器 | CJ10–20，线圈电压 380V | 只 | 4 | |
| 7 | 热继电器 | JR16–20/3，整定电流 10～16A | 只 | 1 | |
| 8 | 时间继电器 | JS7–4A | 只 | 1 | |
| 9 | 熔断器及熔芯配套 | RL1–60/20 | 套 | 3 | |
| 10 | 熔断器及熔芯配套 | RL1–15/4 | 套 | 2 | |
| 11 | 三联按钮 | LA10–3H 或 LA4–3H | 个 | 2 | |
| 12 | 整流二极管 | 2CZ30，30A，600V | 只 | 4 | |
| 13 | 控制变压器 | BK–500，380V/36V，500W | 只 | 1 | |
| 14 | 接线端子排 | JX2–1015，500V、10A、15节或配套自定 | 条 | 1 | |
| 15 | 木螺钉 | $\phi$3×20mm；$\phi$3×15mm | 个 | 30 | |
| 16 | 平垫圈 | $\phi$4mm | 个 | 30 | |
| 17 | 圆珠笔 | 自定 | 支 | 1 | |
| 18 | 塑料软铜线 | BVR–2.5mm²，颜色自定 | m | 20 | |
| 19 | 塑料软铜线 | BVR–1.5mm²，颜色自定 | m | 20 | |
| 20 | 塑料软铜线 | BVR–0.75mm²，颜色自定 | m | 5 | |
| 21 | 别径压端子 | UT2.5–4，UT1–4 | 个 | 20 | |
| 22 | 行线槽 | TC3025，长 34cm，两边打 $\phi$3.5mm孔 | 条 | 5 | |
| 23 | 异型塑料管 | $\phi$3mm | m | 0.2 | |

| 序号 | 名　　称 | 型号与规格 | 单位 | 数量 | 备注 |
|---|---|---|---|---|---|
| 24 | 电工通用工具 | 验电笔、钢丝钳、螺钉旋具（一字形和十字形）、电工刀、尖嘴钳、活扳手、剥线钳等 | 套 | 1 | |
| 25 | 万用表 | 自定 | 块 | 1 | |
| 26 | 兆欧表 | 型号自定，或 500V、0～200MΩ | 台 | 1 | |
| 27 | 钳形电流表 | 0～50A | 块 | 1 | |
| 28 | 劳保用品 | 绝缘鞋、工作服等 | 套 | 1 | |

基本步骤描述：电器元件检查→阅读电路图→元器件摆放→元器件固定→布线→检查线路→盖上行线槽→空载试运转→带负载试运转→断开电源，整理考场。

（3）操作工艺。

1）电器元件检查。检查电路图、配电板、行线槽、导线、各种元器件、三相异步电动机是否备齐，所用元器件是否合格。

2）阅读电路图。为保证接线准确，考生要仔细阅读电路图，读图时要对电路图进行标号。线路的工作原理，其动作原理如下。启动时合上电源开关 QS，按下起动按钮 SB2，接触器 KM1、KM3、KT 线圈获电吸合，KM1、KM3 主触点闭合，电动机 M 连接成丫启动。经过一定延时 KT 动断触点延时断开，KM3 线圈断电释放，同时 KT 动合触点延时闭合，KM2 线圈获电吸合电动机 M 连接成△启动。停止能耗制动时，按下停止按钮 SB1，接触器 KM1 线圈断电释放，KM1 主触点断开，电动机 M 断电惯性运转；KM3、KM4 线圈获电吸合，KM3、KM4 主触点闭合，电动机 M 以丫连接进行全波整流能耗制动。

3）元器件摆放。首先确定交流接触器位置，进行水平放置，然后逐步确定其他电器。元器件布置要整齐、均称、合理。

4）元器件固定。用划针确定位置，再进行元器件安装固定。元器件要先对角固定，不能一次拧紧，待螺钉上齐后再逐个拧紧。

5）布线。

① 按电路图的要求，确定的走线方向进行布线。可先布主回路线，也可先布控制回路线。

② 截取长度合适的导线，选择适当剥线钳钳口进行剥线。

③ 主回路和控制回路的线号套管必须齐全，每一根导线的两端都必须套上编码套管。标号要写清楚不能漏标、误标。

④ 接线不能松动、露出铜线不能过长、不能压绝缘层，从一个接线桩到另一个接线桩的导线必须是连续的，中间不能有接头，不得损伤导线绝缘及线芯。

⑤ 各电器元件与行线槽之间的导线，应尽可能做到横平竖直，变换走向要垂直。

⑥ 进入行线槽内的导线要完全置于行线槽内，并应尽可能避免交叉。

6）带负载试运转。空载试运转正常后要进行带负载试运转。

① 安装完毕的控制线路板，必须认真检查，经过考评员同意后才能通电试车。在通电试运转时，应认真执行安全操作规程的有关规定，一人监护，一人操作。

② 空载试运转时接通三相电源，合上电源开关，用试电笔检查熔断器出线端，氖管亮表示电源接通。依次按动正反转按钮，观察接触器动作是否正常，经反复几次操作，正常后方可进行带负载试运转。

③ 带负载试运转正常，经考评员同意后要断开电源，整理考场。

7）操作要点提示。

① 选择元器件及器材。能耗制动时产生制动力矩的大小，与通入定子绕组中直流电流的大小、电动机的转速及转子电路中的电阻有关。电流越大，产生的静止磁场就越强，而转速越高，转子切割磁力线的速度就越大，产生的制动力矩也就越大。对于笼型异步电动机增大制动力矩只能通过增大通入电动机的直流电流

来实现，而通入的直流电流又不能太大，过大会烧坏定子绕组。例如单向桥式整流电路所需电源的估算如下。

- 首先测量出电动机三相进线中任意两根之间的电阻 $R$（$\Omega$）。
- 测量出电动机三相进线中的空载电流 $I_0$（A）。
- 能耗制动所需的直流电流 $I_L = K I_0$（A），能耗制动所需的直流电压 $U_L = I_L R$（V）。其中 $K$ 是常数，一般取 3.5～4。若考虑到电动机定子绕组的发热情况，并使电动机达到比较满意的制动效果，对转速高、惯性大的传动装置可取上限。
- 单相桥式整流电源变压器次级绕组电压和电流有效值为

$$U_2 = \frac{U_L}{0.9}$$

$$I_2 = \frac{I_L}{0.9}$$

变压器计算容量为

$$S = U_2 I_2$$

如果制动不频繁，可取变压器实际容量为

$$S' = \left( \frac{1}{3} \sim \frac{1}{4} \right) S$$

- 可调电阻 $R \approx 2\Omega$，电阻功率 $P_R = I_L^2 R$，实际选用时，电阻功率可小些。

② 时间继电器的整定时间不要调的过长，以免制动时间过长引起定子绕组发热。

③ 整流二极管要配装散热器和固定散热器支架。

④ 制动电阻要安装在控制板外面。

⑤ 进行制动时，停止按钮 SB1 要按到底。

⑥ 通电试车时，考评员必须在现场监护，同时要做到安全文明生产。

（4）评分标准。评分标准见表 3-2。

表 3-2                              评　分　标　准

| 序号 | 主要内容 | 考核要求 | 评分标准 | 配分 | 扣分 | 得分 |
|---|---|---|---|---|---|---|
| 1 | 元件安装 | （1）按图纸要求，正确利用工具和仪表，熟练地安装电气元器件；（2）元件布置要合理，安装要准确紧固；（3）按钮盒不固定在板上 | （1）元件布置不整齐、不匀称、不合理，每只扣 1 分；（2）元件安装不牢固，安装元件时漏装螺钉，每只扣 1 分；（3）损坏元件每只扣 2 分 | 5 | | |
| 2 | 布线 | （1）接线紧固、美观，配线要求美观、紧固、无毛刺，导线要入行线槽；（2）电源和电动机配线，按钮接线要接到端子排上，进出线槽的导线要有端子标号，引出端要用别径压端子 | （1）电动机运行正常，如不按电气原理图接线，扣 1 分；（2）布线不美观，不平直、整齐、紧贴敷设面，主电路、控制电路每根扣 0.5 分；（3）接点松动、露铜过长、反圈、压绝缘层，标记线号不清楚、遗漏或误标，引出端无别径压端子每处扣 0.5 分；（4）损伤导线绝缘或线芯，每根扣 0.5 分 | 10 | | |
| 3 | 通电试验 | 在保证人身安全的前提下，通电试验要一次成功 | （1）时间继电器及热继电器整定值错误各扣 2 分；（2）主、控电路配错熔体，每个扣 1 分；（3）一次试车不成功扣 5 分，二次试车不成功扣 10 分，三次试车不成功扣 15 分 | 15 | | |
| 备注 | | 合　　计 | | | | |
| | | 考评员签字 | | 年　月　日 | | |

操作要点提示如下。

1）安装时间继电器时，依据电路图的要求首先检查时间继电器状态，如果发现是断电延时时间继电器，应将线圈部分转动 180°，改为通电延时时间继电器。无论是通电延时型还是断电延时型，都必须是时间继电器在断电之后，释放时衔铁的运动垂直向下，其倾斜度不得超过5°。时间继电器整定时间旋钮的刻度值应正对安装人员，以便安装人员看清，容易调整。

2）时间继电器应在不通电时预先整定好，并在试车时校正。调整时间继电器整定时间如图3-2所示。

3）电阻器要安装在箱体内，并且要考虑其产生的热量对其他电器的影响。若将电阻器置于箱外时，采取遮护或隔离措施，以防止发生触电事故。

图3-2　调整时间继电器整定时间

4）布线时，要注意短接电阻器的接触器 KM2 在主电路的接线不能接错，否则，会由于相序接反而造成电动机反转。

## 第二节　机床电气控制电路维修

### 一、机床检修的一般步骤和方法

（一）机床故障检修的一般步骤

故障检修一般按照以下步骤进行：观察故障现象→判断故障范围→查找故障点→排除故障→通电试车。

1. 观察故障现象

当机床发生故障后，切忌盲目动手检修，在检修前，通过问、看、听、摸、闻来了解故障前后的操作情况和故障发生后出现的异常现象，以便根据故障现象判断出故障发生的部位，进而准确地排除故障。

（1）问：通过询问操作者故障前后机床的运行状况，如机床是否有异常的响声、冒烟、火花等。故障发生前有无切削力过大和频繁地启动、停止、制动等情况；有无经过保养检修或改线路等。

（2）看：观察故障发生后是否有明显的外观征兆，如各种信号；有指示装置的熔断器的情况；保护电器脱扣动作；接线脱落；触点烧蚀或熔焊；线圈过热烧毁等。

（3）听：在线路还能运行和不扩大故障范围、不损坏机床的前提下通电试车，听电动机、接触器和继电器等电器的声音是否正常。

（4）闻：走近有故障的机床旁，有时能闻到电动机、变压器等过热直至烧毁所发出的异味、焦味。

（5）摸：在刚切断电源后，尽快触摸检查电动机、变压器、电磁线圈及熔断器等，看是否有过热现象。

2. 判断故障范围

检修简单的电气控制线路时，若采取每个电器元件、每根连接导线逐一检查，也是能够找到故障点的。但遇到复杂线路时，仍采用逐一检查的方法，不仅需耗费大量的时间而且也容易漏查。在这种情况下，根据电器的工作原理和故障现象，采用逻辑分析确定故障可能发生的范围，提高检修的针对性，可达到既准又快的效果。

当故障的可能范围较大时，可在故障范围内的中间环节寻找突破口，进一步判断故障究竟在哪一部分，从而通过逻辑推理，合理地缩小故障可能发生的范围。运用逻辑分析法判断故障范围。

3. 查找故障点

在确定了故障范围后，通过选择合适的检修方法查找故障点。常有的检修方法有：直观法、电压测量法、电阻测量法、短接法、试灯法、波形测试法等。查找故障必须在确定的故障范围内，顺着检修思路逐点检查，直到找出故障点。

4. 排除故障

找到故障点后，就要进行故障排除，如更换元件设备、紧固线头修补等。对更换的新元件要注意尽量使用相同规格、型号，并进行性能检测，确认性能完好后方可替换。特别是熔体要更换相同规格型号，不得随意加大规格。在故障排除中还要注意周围的元件导线等，不可再扩大故障。

5. 通电试车

故障排除后，应重新通电试车检查机床的各项操作，必须符合技术要求。

上述的五个步骤中，重点是判断故障范围和查找故障点这两个步骤。

6. 操作要点提示

（1）发现熔断器熔断故障后，不要急于更换熔断器的熔丝，而应仔细分析熔断器熔断的原因。如果是负载电流过大或有短路现象，应进一步查出故障并排除后，再更换熔断器熔丝；如果是容量选小了，应根据所接负载重新核算选用合适的熔丝；如果是接触不良所引起的，应对熔断器座进行修理或更换。

（2）如果查出是电动机、变压器、接触器等出了故障，可按照前面学过的方法进行修理。对按钮、开关等电器，这里没有直接介绍修理方法，但由于它们都属于触点开关式电器，可参照其他触点电器的修理方法进行修理。如果损坏严重无法修理，则应更换新的。

（3）为了减少设备的停机时间，亦可先用新的电器将故障电器替换下来再修。

（4）对了接触器主触点"熔焊"粘死故障，这很可能是由于负载短路造成的，一定要将负载的问题解决后再试验。

由于故障的诊断或修理，许多情况下需要带电操作，所以一定要严格遵守电工操作规程，注意安全。

（二）检测方法

1. 电压分阶测量法

测量检查时，首先把万用表的转换开关置于交流电压 500V 的挡位上，然后按图 3-3 所示的方法进行测量。

断开主电路，接通控制电路的电源。若按下启动按钮 SB1 时，接触器 KM 不吸合，则说明电路有故障。

检测时，需要两人配合进行。一人先用万用表测量 0 和 1 两点之间的电压，若电压为 380V，则说明控制电路的电源电压正常。然后由另一人按下 SB1 不放，一人把黑表笔接到 0 点上，红表笔依次接到 2、3、4 各点上，分别测出 0–2、0–3、0–4 两点之间的电压。根据其测量结果即可找出故障点。电压分阶测量法查找故障点见表 3-3。

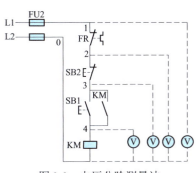

图 3-3　电压分阶测量法

表 3-3　　　　　　　　　　电压分阶测量法查找故障点　　　　　　　　　　（V）

| 故障现象 | 测试状态 | 0–2 | 0–3 | 0–4 | 故障点 |
|---|---|---|---|---|---|
| 按下 SB1 时，KM 不吸合 | 按下 SB1 不放 | 0 | 0 | 0 | FR 动断触点接触不良 |
| | | 380 | 0 | 0 | SB2 动断触点接触不良 |
| | | 380 | 380 | 0 | SB1 接触不良 |
| | | 380 | 380 | 380 | KM 线圈断路 |

这种测量方法想上（或下）台阶一样的依次测量电压，所以称为电压分阶测量法。

2. 电压分段测量法

测量检查时，首先把万用表的转换开关置于交流电压 500V 的挡位上，然后按图 3-3 所示的方法进行测量。先用万用表测量如图 3-4 所示 0-1 两点间的电压，若为 380V，则说明电源电压正常。然后一人按下启动按钮 SB2，若接触器 KM1 不吸合，则说明电路有故障。这时另一人可用万用表的红、黑两根表棒逐段测量相邻两点 1–2、2–3、3–4、4–5、5–6、6–0 之间的电压，根据其测量结果即可找出故障点，见表 3-4。

表 3-4　　　　　　　　电压分段测量法所测电压值及故障点　　　　　　（V）

| 故障现象 | 测试状态 | 1-2 | 2-3 | 3-4 | 4-5 | 5-6 | 6-0 | 故障点 |
|---|---|---|---|---|---|---|---|---|
| 按下 SB2 时，KM1 不吸合 | 按下 SB2 不放 | 380 | 0 | 0 | 0 | 0 | 0 | FR 动断触点接触不良 |
| | | 0 | 380 | 0 | 0 | 0 | 0 | SB1 触点接触不良 |
| | | 0 | 0 | 380 | 0 | 0 | 0 | SB2 触点接触不良 |
| | | 0 | 0 | 0 | 380 | 0 | 0 | KM2 动断触点接触不良 |
| | | 0 | 0 | 0 | 0 | 380 | 0 | SQ 触点接触不良 |
| | | 0 | 0 | 0 | 0 | 0 | 380 | KM1 线圈断路 |

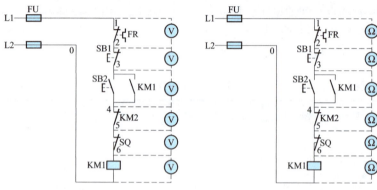

图 3-4　电压分段测量法　　　　　　图 3-5　电阻分段测量法

## 3. 电阻分段测量法

测量检查时，首先把万用表的转换开关置于倍率适当的电阻挡上，然后按图 3-5 所示方法进行测量。并逐段测量如图 3-5 所示相邻号点 1-2、2-3、3-4（测量时由 1 人按下 SB2）、4-5、5-6、6-0 之间的电阻。

如果测得某两点间电阻值很大（∞），即说明该两点间接触不良或导线断路，见表 3-5。

表 3-5　　　　　　　　电阻分段测量法查找故障点

| 故障现象 | 测试点 | 电阻值 | 故　障　点 |
|---|---|---|---|
| 按下 SB2 时，KM1 不吸合 | 1-2 | ∞ | FR 动断触点接触不良或误动作 |

续表

| 故障现象 | 测试点 | 电阻值 | 故　障　点 |
|---|---|---|---|
| 按下 SB2 时，<br>KM1 不吸合 | 2—3 | ∞ | SB1 动断触点接触不良 |
| | 3—4 | ∞ | SB2 动合触点接触不良 |
| | 4—5 | ∞ | KM2 动断触点接触不良 |
| | 5—6 | ∞ | SQ 动断触点接触不良 |
| | 6—0 | ∞ | KM1 线圈断路 |

　　电阻分段测量法的优点是安全,缺点是测量电阻值不准确时,易造成判断错误, 为此应注意以下几点。

　　（1）用电阻测量法检查故障时, 一定要先切断电源。

　　（2）所测量电路若与其他电路并联,必须将该电路与其他电路断开, 否则所测电阻值不准确。

　　（3）测量高电阻电器元件时, 要将万用表的电阻挡转换到适当挡位。

　　4. 电阻分阶测量法

　　测量检查时, 首先把万用表的转换开关置于倍率适当的电阻挡上, 然后按图3-6所示方法进行测量。

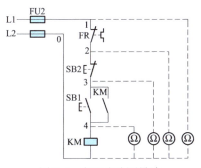

图 3-6　电阻分阶测量法

　　断开主电路,接通控制电路电源,若按下启动 SB1 时,接触器 KM 不吸合, 则说明控制电路有故障。

　　检测时, 首先切断控制电路电源, 然后一人按下 SB1 不放,然后由另一人用万用表测出 0–2、0–3、0–4 两点之间的电阻值。根据测量结果可找出故障点，电阻分阶测量法查找故障点见表3-6。

表3-6 电阻分阶测量法查找故障点

| 故障现象 | 测试状态 | 0–1 | 0–2 | 0–3 | 0–4 | 故障点 |
|---|---|---|---|---|---|---|
| 按下 SB1 时，KM 不吸合 | 按下 SB1 不放 | ∞ | R | R | R | FR 动断触点接触不良 |
| | | ∞ | ∞ | R | R | SB2 动断触点接触不良 |
| | | ∞ | ∞ | ∞ | R | SB1 接触不良 |
| | | ∞ | ∞ | ∞ | ∞ | KM 线圈断路 |

## 二、考试实例

Z3050 型钻床电气故障的检修。

1. 故障现象

主轴电动机 M1 不能启动。

2. 故障设置

热继电器 FR1 相关连线未接好。

3. 检修准备

（1）工具。测电笔、电工刀、剥线钳、尖嘴钳、斜口钳、螺钉旋具等。

（2）仪表。万用表。

（3）设备。Z3050 型钻床。

4. 评分标准

评分标准见表3-7。

表3-7 评 分 标 准

| 项目 | 评 分 标 准 | 配分 | 扣分 | 得分 |
|---|---|---|---|---|
| 故障现象 | 错看，漏看故障现象，每个故障扣 2.5 分 | 5 | | |
| 故障范围 | 错判故障范围，每个故障扣 5 分；<br>未缩小到最小故障范围，扣 5 分 | 10 | | |
| 检修方法<br>及过程 | 仪表和工具使用不正确，每次扣 5 分；<br>检修步骤不正确，每处扣 5 分；<br>不能查出故障点，每个故障扣 10 分 | 20 | | |

续表

| 项目 | 评 分 标 准 | 配分 | 扣分 | 得分 |
|---|---|---|---|---|
| 排除故障 | 不能排除故障，每个扣 5 分；<br>能排除故障但损坏电器元件，扣 10 分 | 10 | | |
| 安全文明<br>生产 | 违反安全文明生产规程，视情节，倒扣<br>5~10 分 | | | |
| 定额时间 | 30min（不允许超时） | | | |
| 备注 | 合计 | | | |
| | 考评员签字 | | 年　月　日 | |

5. 检修工艺

（1）电路原理分析。Z3050 钻床电气控制线路如图 3-7 所示。

1）主电路分析。Z3050 钻床共有 4 台电动机。除冷却泵电动机采用断路器直接启动外，其余三台异步电动机均采用接触器直接启动。

M1 是主轴电动机，由接触器 KM1 控制，只要求单方向旋转，主轴的正反转由机械手柄操作。M1 装于主轴箱顶部，拖动主轴及进给传动系统运转。热继电器 FR1 作为电动机 M1 的过载及断相保护，短路保护由断路器 QF1 中的电磁脱扣器装置来完成。

M2 是摇臂升降电动机，用接触器 KM2 和 KM3 控制其正反转。由于电动机 M2 是间断性工作，所以不设过载保护。

M3 是液压泵电动机，用接触器 KM4 和 KM5 控制其正反转。由热继电器 FR2 作为过载及断相保护。该电动机的主要作用是拖动油泵供给液压装置压力油，以实现摇臂、立柱以及主轴箱的松开和夹紧。

摇臂升降电动机 M2 和液压泵电动机 M3 共用断路器 QF3 中电磁脱扣器作为短路保护。

M4 是冷却泵电动机，由断路器 QF2 直接控制，并实现短路、过载及断相保护。

电源配电盘在立柱前下部。冷却泵电动机 M4 装于靠近立柱

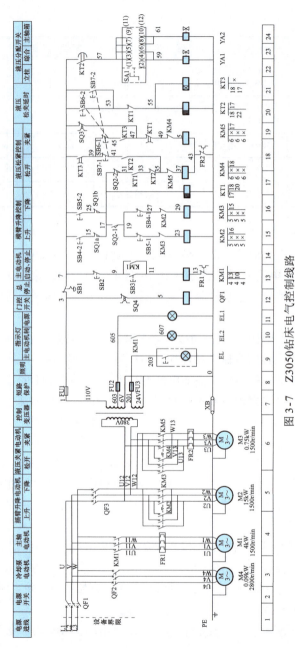

图 3-7 Z3050钻床电气控制线路

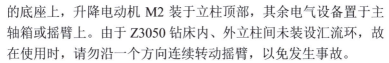

的底座上，升降电动机 M2 装于立柱顶部，其余电气设备置于主轴箱或摇臂上。由于 Z3050 钻床内、外立柱间未装设汇流环，故在使用时，请勿沿一个方向连续转动摇臂，以免发生事故。

主电路电源电压为交流 380V，断路器 QF1 作为电源的引入开关。

2）控制线路分析。如图 3-7 所示，控制线路电源由控制变压器 TC 降压后供给 110V 电压，熔断器 FU1 作为短路保护。

① 开车前的准备工作。为保证操作安全，本钻床具有"开门断电"功能。所以开车前应将立柱下部及摇臂后部的电门盖关好，方能接通电源。合上 QF3（5 区）及总电源开关 QF1（2 区），则电源指示灯 HL1（10 区）显亮，表示钻床的电气线路已进入带电状态。

② 主轴电动机 M1 的控制。按下启动按钮 SB3（12 区），接触器 KM1 吸合并自锁，使主轴电动机 M1 停止旋转，同时指示灯 HL2 熄灭。

③ 摇臂升降控制。按下上升按钮 SB4（15 区）（或下降按钮 SB5），则时间继电器 KT1（14 区）通电吸合，其瞬时闭合的动合触点（17 区）闭合，接触器 KM4 线圈（17 区）通电，液压泵电动机 M3 启动，正向旋转，供给压力油。压力油经分配阀体进入摇臂的"松开油腔"推动活塞移动，活塞推动菱形块，将摇臂松开。同时活塞杆通过弹簧片压下位置开关 SQ2，使其动断触点（17 区）断开，动合触点（15 区）闭合。前者切断了接触器 KM4 的线圈电路，KM4 主触点（6 区）断开，液压泵电动机 M3 停止工作。后者使交流接触器 KM2（或 KM3）的线圈（15 区或 16 区）通电，KM2（或 KM3）的主触点（5 区）接通 M2 的电源，摇臂升降电动机 M2 启动旋转，带动摇臂上升（或下降）。如果此时摇臂尚未松开，则位置开关 SQ2 的动合触点则不能闭合，接触器 KM2（或 KM3）的线圈无电，摇臂就不能上升（或下降）。

当摇臂上升（或下降）到所需位置时，松开按钮 SB4（或 SB5），则接触器 KM2（或 KM3）的和时间继电器 KT1 断电释放，M2

停止工作，随之摇臂停止上升（或下降）。

由于时间继电器 KT1 断电释放，经 1～3s 时间的延时后，其延时闭合的动断触点（18 区）闭合，液压泵 M3 反转，随之泵内压力油经分配阀进入摇臂的"夹紧油腔"使摇臂夹紧。在摇臂夹紧后，活塞杆推动弹簧片压下位置开关 SQ3，其动断触点（19 区）断开，KM5 断电释放，M3 最终停止工作，完成了摇臂的松开→上升（或下降）→夹紧的整套动作。

组合开关 SQ1a（15 区）和 SQ1b（16 区）作为摇臂升降的超限程限位保护。当摇臂上升到限位位置时，压下 SQ1a 使其关断，接触器 KM2 断电释放，M2 停止运行，摇臂停止上升；当摇臂下降到极限位置时，压下 SQ1b 使其断开，接触器 KM3 断电释放，M2 停止运行，摇臂停止下降。

摇臂的自动夹紧由位置开关 SQ3 控制。如果液压夹紧系统出现故障，不能自动夹紧摇臂，或者由于 SQ3 调整不当，在摇臂夹紧后不能使 SQ3 的动断触点断开，都会使液压泵 M3 因长期过载运行而损坏。为此电路中设有 FR2，其整定值应根据电动机 M3 的额定电流进行整定。

摇臂升降电动机 M2 的正反转 KM2 和 KM3 不允许同时获电动作，以防止电源相间短路，为避免因操作失误，主触点熔焊等原因而造成短路事故，在摇臂上升和下降的控制电路中采用了接触器连锁和复合按钮连锁，以确保电路安全工作。

④ 立柱和主轴箱的夹紧（或放松）即可以同时进行，也可以单独进行，由转换开关 SA1（22-24 区）和复合按钮 SB6（或 SB7）（20 或 1 区）进行控制。SA1 由三个位置，扳到中间位置时，立柱和主轴箱的夹紧（或放松）同时进行；扳到左边位置时，立柱夹紧（或放松）；扳到右边位置时，主轴箱夹紧（或放松）。复合按钮 SB6 是松开控制按钮，SB7 是夹紧控制按钮。

● 立柱和主轴箱的夹紧与放松控制。将转换开关 SA1 扳到中间位置，然后按下松开按钮 SB6，时间继电器 KT2、KT3 线圈（20、21 区）同时得电。KT2 的延时断开的动合触点（22 区）瞬时闭

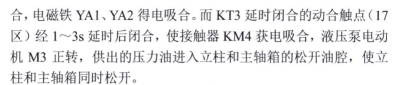

合，电磁铁 YA1、YA2 得电吸合。而 KT3 延时闭合的动合触点（17区）经 1～3s 延时后闭合，使接触器 KM4 获电吸合，液压泵电动机 M3 正转，供出的压力油进入立柱和主轴箱的松开油腔，使立柱和主轴箱同时松开。

松开 SB6，时间继电器 KT2、KT3 断电释放，KT3 延时闭合的瞬时分断，接触器 KM4 断电释放，液压泵电动机 M3 停转。KT2 延时分断的动合触点（22区）经 1～3s 后分断，电磁铁 YA1、YA2 线圈断电释放，立柱和主轴箱同时松开的操作结束。

立柱和主轴箱同时夹紧的工作原理与松开相似，只要 SB7，使接触器 KM5 获电吸合，液压泵电动机 M3 反转即可。

● 立柱和主轴箱单独松开、夹紧。如果希望单独控制主轴箱，可将转换开关 SA1 扳到右侧位置。按下松开按钮 SB6（或 SB7），时间继电器 KT2、KT3 线圈同时得电，这时只有电磁铁 YA2 单独通电吸合，从而实现主轴箱的单独松开（或夹紧）。

松开复合按钮 SB6（或 SB7），时间继电器 KT2、KT3 断电释放，KT3 通电延时闭合的动合触点瞬时分断，接触器 KM4 断电释放，液压泵电动机 M3 停转。经 1～3s 的延时后，KT2 延时分断的动合触点（22区）分断，电磁铁 YA2 的线圈断电释放，主轴箱松开（或夹紧）的操作结束。

同理，把转换开关 SA1 扳到左侧，则使立柱单独松开或夹紧。

因为立柱和主轴箱的松开与夹紧是短时间的调整工作，所以采用点动控制。

⑤ 冷却泵电动机 M4 的控制。扳动断路器 QF2，就可以接通或断开电源，操纵冷却泵电动机 M4 的工作或停止。

3）照明、指示电路分析。照明、指示电路的电源也有控制变压器 TC 降压后提供 24V、6V 的电压，由熔断器 FU3、FU2 作短路保护，EL 是照明灯，HL1 是电源指示灯，HL2 是主轴指示灯。

（2）考生可以向有关人员询问故障现象，了解故障发生后的异常现象为：按下启动按钮 SB3（12区），接触器 KM1 吸合并自锁但主轴电动机 M1 不能启动。

从故障现象结合电路原理可以判断出：故障点应在主电路。

（3）通过试验观察法对故障进一步分析，缩小故障范围。在不扩大故障范围，不损伤电气设备的前提下，直接进行通电试验：按下启动按钮 SB3（12 区），接触器 KM1 吸合并自锁但主轴电动机 M1 不能启动。

（4）故障检测。用测量法寻找故障点。断开电源，验电后，将万用表调至 $R \times 1$ 的量程上，调零→测量接触器 KM1 到热继电器 FR1 的线路正常，热继电器 FR1 到电动机的线路不通，发现热继电器 FR1 相关连线未接好。

（5）修复断线点。

（6）通电试车。机床电路恢复正常。

（7）整理现场。断开线路板总电源开关，拉下总电源开关。整理电气线路，最后将电工工具、仪表和材料整齐摆放桌面，清扫地面。

（8）总结经验做好维修记录。记录故障现象、部位、损坏的电器、故障原因、修复措施及修复后的运行情况等。

# 第三节　PLC 控制电路的装调与维修

## 一、用 PLC 改造较复杂的继电器—接触器控制系统

用 PLC 改造较复杂的继电器—接触器控制系统，应按以下步骤进行。

（1）了解系统改造的要求。用 PLC 替换原继电器控制电路；尽可能的留用原继电器—接触器控制系统中可用的元器件；在满足控制要求的情况下尽可能地采用便宜的 PLC；要预留一些输入、输出点以备添加功能时使用。

（2）了解原设备电器的工作原理。根据生产的工艺过程分析控制要求。如需要完成的动作（动作顺序、必须的保护和连锁等）、操作方式（手动、自动、连续、单周期、单步等）。根据控制要求确定系统控制方案。根据系统构成方案和工艺要求确定系统远行

方式。

（3）根据控制要求确定所需的用户输入、输出设备，据此确定 PLC 的 I/O 点数。

（4）PLC 的选择。PLC 是控制系统的核心部件，正确选择 PLC 对保证整个控制系统的技术经济指标起着重要的作用。选择 PLC 应包括机型选择、容量选择、I/O 模块选择、电源模块选择等。

（5）设计控制程序。控制程序是整个系统工作的软件，是保证系统正常、安全、可靠的关键。因此控制系统的程序应经过反复调试、修改，直到满足要求为止。

（6）联机调试。如不满足要求，再返回修改程序或检查接线，直到满足要求为止。

**二、PLC 电气控制线路安装**

（1）将熔断器、接触器、转换开关、PLC 装在一块配线板上。

（2）根据设计好的 I/O 连接图和 PLC 的 I/O 点数分配进行接线。

（3）程序的输入和调试。

1）程序输入时，将编程器放在编程状态。了解便携式编程器的使用，依据设计的语句表指令，逐条输入，完毕后逐条校对。

2）把控制电路各个电器元件的线圈负载去掉，将编程器置在运行状态。按照设计的流程图的要求，进行模拟调试。模拟调试时，观察输出指示灯的点亮顺序是否与流程图要求的动作一致。如果不一致，可以修改程序，直到输出指示灯的点亮顺序与流程图要求的动作一致。

3）把全部控制电路各个电器元件的线圈负载接上，将编程器放置在运行状态。按照考核试题的要求，进行调试。使各种电器元件的动作符合设计要求的功能。

**三、控制线路的调试**

系统的调试包括软件和硬件两大部分，但主要是软件的调试，在调试过程中，两者应协调。软件的预调试又称为带电空载调试。在完成现场设备安装、机械设备及电动机等本地检查后，并且通电正常，才能做带电空载调试。空载调试前，要将输出端口执行电源关闭，这段时间要先调整与验证输出端口最末一级输出是否正确，检查输出到最后执行机构的前一级是否全部连线，软件命令都正确送到指定终点。可以通过输入或输出的"强制"检查输出端的继电器或接触器是否需要自动化。可以通过打开 I/O 缓冲区的状态显示，逐个检查输入状态和输出状态。当验证输入与输出信号，不会发生任何重大意外，可准备进行空载调试。

系统空载调试步骤如下。

（1）使用 I/O 表在输出表中"强制"调试，即检查输出表中输出端口为"1"状态时，外部设备是否运行；为"0"状态时，外部设备是否真的停止。也可以交叉地对某些设备做"1"与"0"的"强制"，应考虑供电系统是否能保证准确而安全启动或者停止。

（2）通过人机命令在用户软件监视下，考核外部设备的启动或停止。对于某些关键设备，为了能及时判断它的运行，可以在用户软件中加入一些人机命令连锁，细心地检查它们，检查正确后，再将这些插入的人机命令拆除。这种做法同于软件调试设置断点或语言调试的暂停。

（3）空载调试全部完成后，要对现场再做一次完整的检查，去掉多余的中间检查用的临时配线，临时布置的信号，将现场做成真正使用的状态。

（4）操作要点提示如下。

1）软件调试时，应首先调试子程序功能模块，然后调试初始化程序，最后调试主程序。

2）调试的输出部分，尽可能逼近实际系统，并考虑到各种可能出现的状态，并应做多次反复的调试，发生问题应及时分析和调整。不要轻易放过出现的异常现象，以免造成运行中出现事故。

**四、系统的试运行**

在试运行阶段，系统设计者应密切注视和观察系统的运行情况，遇到问题应及时停机，认真分析产生问题的原因，找出解决问题的方法，并做好记录。

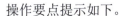

操作要点提示如下。

（1）选择机型时，有的手册或产品目录上给出的最大输入点数和最大输出点数，而实际上给出的是输入和输出的容量之和。

（2）系统调试时，应首先通过编程器将程序输入 PLC，按照被控设备的动作要求进行模拟调试。调试子程序功能模块，然后调试初始化程序，最后调试主程序，调试的输出部分，尽可能逼近实际系统，并考虑到各种出现的状态，并应做多次反复的调试，发生问题应及时分析和调整。

（3）系统的试运行　试运行的时间，应视系统规模的大小、复杂程度、系统对可靠性的要求以及系统实际运行的状况而定。通电试验时，应注意人身和设备安全。

**五、考试实例**

用 PLC 设计通电延时带直流能耗制动的Y–△启动的控制电路，并进行安装与调试。

1. 电路图

通电延时带直流能耗制动的Y–△启动的控制电路如图 3-8 所示。

2. 考前准备

常用电工工具 1 套，万用表（MF47 或自定）1 块、钳形电流表（T301–A 型或自定）、绝缘电阻表（500V、0～200MΩ）各 1 只，三相四线电源（～3×380/220V、20A）1 处，单相交流电源（～220V、36V、5A）1 处，三相电动机（Y112M–6，2.2kW、380V、Y接法或自定）1 台，配线板（500mm×450mm×20mm）1 处，可编程控制器（FX$_{2N}$–48MR 或自定）1 台，便携式编程器（FX$_{2N}$–20P或自定）1 台，组合开关（HZ10–25/3）1 个，交流接触器（CJ10–20，线圈电压 380V）4 只，热继电器（JR16–20/3D）1 只，熔断器及熔芯配套（RL1–60/20A）3 套，熔断器及熔芯配套（RL1–15/4A）2 套，三联按钮（LA10–3H 或 LA4–3H）2 个，接线端子排（JX2–1015，500V、10A、15 节）1 条，劳保用品（绝缘鞋、工作服等）1 套，演草纸（A4 或 B5 或自定）4 张，圆珠笔 1 支。

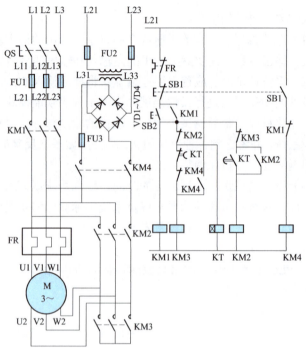

图 3-8　通电延时带直流能耗制动的丫–△启动的控制电路

## 3. 评分标准

评分标准见表 3-8。

表 3-8　　　　　　　　评　分　标　准

| 序号 | 主要内容 | 考核要求 | 评分标准 | 配分 | 扣分 | 得分 |
|------|----------|----------|----------|------|------|------|
| 1 | 电路设计 | 根据给定的继电控制电路图，列出 PLC 控制 I/O 口（输入/输出）元件地址分配表，设计梯形图及 PLC 控制 I/O 口（输入/输出）接线图，根据梯形图，列出指令表 | （1）输入输出地址遗漏或搞错，每处扣 1 分；<br>（2）梯形图表达不正确或画法不规范，每处扣 2 分；<br>（3）接线图表达不正确或画法不规范，每处扣 2 分；<br>（4）指令有错，每条扣 2 分 | 15 | | |

续表

| 序号 | 主要内容 | 考核要求 | 评分标准 | 配分 | 扣分 | 得分 |
|---|---|---|---|---|---|---|
| 2 | 安装与接线 | 按 PLC 控制 I/O 口（输入/输出）接线图在模拟配线板正确安装，元件在配线板上布置要合理，安装要准确紧固，配线导线要紧固、美观，导线要进行线槽，导线要有端子标号，引出端要有别径压端子 | （1）元件布置不整齐、不匀称、不合理，每只扣 1 分；<br>（2）元件安装不牢固、安装元件时漏装木螺钉，每只扣 1 分；<br>（3）损坏元件扣 5 分；<br>（4）电动机运行正常，如不按电路图接线，扣 1 分；<br>（5）布线不进行线槽，不美观，主电路、控制电路每根扣 0.5 分；<br>（6）接点松动、露铜过长、反圈、压绝缘层，标记线号不清楚、遗漏或误标，引出端无别径压端子，每处扣 0.5 分；<br>（7）损伤导线绝缘或线心，每根扣 0.5 分；<br>（8）不按 PLC 控制 I/O（输入/输出）接线图接线，每处扣 2 分 | 10 | | |
| 3 | 程序输入及调试 | 熟练操作 PLC 键盘，能正确地将所编写的程序输入 PLC；按照被控设备的动作要求进行模拟调试，达到设计要求 | （1）不会熟练操作 PLC 键盘输入指令，扣 2 分；<br>（2）不会用删除、插入、修改等命令，每项扣 2 分；<br>（3）1 次试车不成功扣 4 分，2 次试车不成功扣 8 分，3 次试车不成功扣 10 分 | 15 | | |
| 备注 | | | 合计 | | | |
| | | | 考评员签字　　　年　　月　　日 | | | |

**4. 操作步骤**

（1）原理分析。根据系统需完成的控制任务，对被控对象的控制过程、控制规律、功能和特性进行详细分析。

1）启动时，按启动按钮 SB2，接触器 KM1、KM3 相继吸合，三相异步电动机定子绕组接成丫形降压启动，同时时间继电器 KT 接通后开始计时，经 10s（启动时间整定值）后接触器 KM3 释放，KM2 吸合，此时电动机定子绕组接成△形正常运行。

2）停车时，按停止按钮 SB1，接触器 KM1 和 KM2 释放，电动机停转。同时 KM4、KM3 吸合，三相异步电动机以 Y 形直流能耗制动。

（2）根据给定的继电控制电路图，列出 PLC 控制 I/O 口（输入/输出）元件地址分配表。确定 I/O 点数，有助于识别控制器的最低限制因素。要考虑未来扩充和备用（典型 10%～20%备用）的需要。元件地址分配表见表 3-9。

表 3-9　　　　　　　　　元件地址分配表

| 输　　入 | | | 输　　出 | | |
| --- | --- | --- | --- | --- | --- |
| X1 | SB1 | 停止 | Y1 | KM1 | 接触器 1 |
| X2 | SB2 | 启动 | Y2 | KM2 | 接触器 2 |
| | | | Y3 | KM3 | 接触器 3 |
| | | | Y4 | KM4 | 接触器 4 |

（3）绘制 I/O 接线图。设计梯形图及 PLC 控制 I/O 口（输入/输出）接线图如图 3-9 所示。

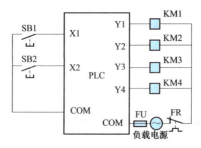

图 3-9　I/O 接线图

（4）画出梯形图。梯形图如图 3-10 所示。

（5）根据梯形图，列出指令表。

（6）安装接线。按 PLC 控制 I/O 口（输入/输出）接线图在模拟配线板正确安装，元件在配线板上布置要合理，安装要准确紧固，配线导线要紧固、美观，导线要进行线槽，导线要有端子标

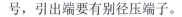

号，引出端要有别径压端子。

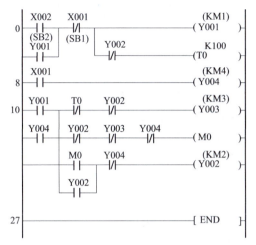

图 3-10　梯形图

1）首先按照所设计电路安装主电路，其安装方法及要求与继电接触式电路相同。

2）按照 I/O 接线图安装控制电路。安装 PLC 的输入/输出线。

（7）检查安装好的电路。用万用表、兆欧表检查电路的连接是否正确。

（8）输入程序。将设计好的程序用编程器输入到 PLC 中，进行编辑和检查。输入程序时，发现问题，立即修改和调整程序，直到满足控制要求。

（9）系统调试。

1）调试好的程序传送到现场使用的 PLC 存储器中，这时可先不带负载，只带上接触器线圈、信号灯等进行调试。

2）合上电源后，按下启动按钮 SB2，观察接触器动作是否正常。丫–△转换接触器动作是否正常。按停止按钮 SB1，观察接触器动作是否正常。

3）若不符合要求，则可对硬件和程序做调整，通常只需修改部分程序即可达到调整的目的。

# 第四节　基本电子电路装调与维修

## 一、基本电子电路装调

1. 安装焊接技术要求

（1）焊点的机械强度要满足需要。为了保证足够的机械强度，一般把被焊接的电气元件引线端子打弯后再焊接，但不能让过多的焊料堆积，以造成虚焊或焊点之间短路。

（2）焊接可靠，保证导电性能良好。为保证有良好的导电性能，必须防止虚焊，虚焊现象常有两种，一是引线浸润不好，二是印制板浸润不好。

（3）焊点表面要光滑、清洁。

2. 焊接前的准备

（1）搪锡（镀锡）。因为一般长期存放的电气元件引线端部有一层氧化膜，元件焊接前，大部分电器元件引脚应先用工具除去氧化层，然后再对电器元件引脚进行搪锡，但是少部分电气元件不需要搪锡。

（2）电气元件引线加工成型。加工时，要用工具保护引线的根部，不要从引线齐根部弯折，以免损坏电器元件。安装电气元件有两种方式：一种是立式；另一种是卧式。焊接时，具体选择哪一种应根据具体情况来选用。

3. 焊接的步骤

（1）五步焊接法：准备→加热→送丝→去丝→移烙铁。

（2）三步焊接法：准备→加热和送丝→去丝和移烙铁。

（3）对于小热容量焊件，整个焊接过程时间，不得超过 2～4s。

4. 调试方法

（1）调试前的检查。根据电路图或接线图从电源端开始，逐步逐段校对电子元件的技术参数是否与电路图相对应；逐步逐段校对连接导线是否正确，检查焊点是否光滑、美观、有无虚焊。

（2）调试。

1）静态测量。从电源开始，测量关键点的直流电压值；测量主要晶体管管脚直流电压值，是否与电路中规定值对应，进一步确定电路的正确性。

2）动态测量。加入动态信号，用电子仪器进行测量，将测量结果与标准参数对比，进一步调整电路，完善电路的性能。

（3）操作要点提示。

1）认真检查主电路与控制电路接线是否正确，特别注意晶闸管的控制极不要与其他部分发生短路。

2）控制电路不可用调压变压器作为电源，而主电路在调试时可用调压变压器的低压调试。

3）调试时应先检查电源的输入情况，再检查电源的输出情况；先调试触发电路，后调试主电路；电源输入电压先低后高，整流输出电流先小后大。

5. 考试实例

（1）安装和调试单相可控调压电路。

1）电路图。单相可控调压电路图如图 3-11 所示。

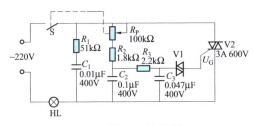

图 3-11　单相可控调压电路

2）考前准备。电工工具 1 套，电烙铁、镊子、小刀、锥子、针头等。双踪示波器、可调稳压电源各 1 台，万用表（MF47 或自定）1 块、兆欧表 1 只。三联按钮（LA10–3H 或 LA4–3H）2 个、万能印制线路板（600mm×70mm×2mm）；单股镀锌铜线 AV0.1mm$^2$（红色）；多股镀锌铜线 AVR0.1mm$^2$（白色）；松香和焊锡丝等，其数量按需要而定。元件见表 3-10。

表 3-10                         元 件 表

| 序号 | 符号 | 名    称 | 型号及规格 | 数量 |
|------|------|----------|------------|------|
| 1 | V1 | 双向触发二极管 | 2CP12 或 IN4007 | 1 |
| 2 | V2 | 双向晶闸管 | BCR3AM　3A，600V | 1 |
| 3 | $R_1$ | 电阻 | RJ21、51kΩ 1/4W | 1 |
| 4 | $R_2$ | 电阻 | RJ21、1.8kΩ 1/4W | 1 |
| 5 | $R_3$ | 电阻 | RJ21、2.2kΩ 1/4W | 1 |
| 6 | $C_1$ | 电容 | 0.01μF/400V | 1 |
| 7 | $C_2$ | 电容 | 0.1μF/400V | 1 |
| 8 | $C_3$ | 电容 | 0.047μF/400V | 1 |
| 9 | $R_P$ | 电位器 | 100kΩ 2W | 1 |
| 10 | HL | 灯泡 | 220V 25W | |

3）评分标准。评分标准见表 3-11。

表 3-11                         评 分 标 准

| 序号 | 主要内容 | 考核要求 | 评分标准 | 配分 | 扣分 | 得分 |
|------|----------|----------|----------|------|------|------|
| 1 | 按图焊接 | 正确使用工具和仪表，焊接质量可靠，焊接技术符合工艺要求 | （1）布局不合理，扣 1 分；<br>（2）焊点粗糙、拉尖、有焊接残渣，每处扣 1 分；<br>（3）元件虚焊、气孔、漏焊、松动、损坏元件，每处扣 1 分；<br>（4）引线过长、焊剂不擦干净，每处扣 1 分；<br>（5）元器件的标称值不直观、安装高度不合要求，每处扣 1 分；<br>（6）工具、仪表使用不正确，每次扣 1 分；<br>（7）焊接时损坏元件，每只扣 2 分 | 15 | | |

续表

| 序号 | 主要内容 | 考核要求 | 评分标准 | 配分 | 扣分 | 得分 |
|------|----------|----------|----------|------|------|------|
| 2 | 调试后通电试验 | 在规定时间内，利用仪器仪表调试后进行通电试验 | （1）通电调试 1 次不成功扣 5 分；2 次不成功扣 10 分；3 次不成功扣 15 分；<br>（2）调试过程中损坏元件，每只扣 2 分 | 15 | | |
| 3 | 测试 | 在所焊接的电子线路板上，用双踪示波器测试电路中 A 点（A 点由考评员自定）电压波形。并绘出波形，写出峰值 | （1）开机准备工作不熟练，扣 1 分。测量过程中，操作步骤每错 1 步扣 2 分；<br>（2）波形绘制错扣 3 分；<br>（3）写出的波形峰值错误，扣 3 分 | 10 | | |
| 备注 | | | 合计 | | | |
| | | | 考评员签字        年    月    日 | | | |

4）操作步骤。

① 检查所用电子元器件质量及分类。检查电阻、二极管、三极管和电容等元器件外观是否有损坏；检查电子元器件技术数据是否与实际相符合；然后用万用表粗测电子元器件的质量好坏，并将电子元器件分类标出。

② 元器件的安装。

● 把安装的元器件引线清理干净。

● 根据电路板安装孔的距离和元器件的立式或卧式要求进行安装。

● 元器件的引线上锡后，插入相对应的孔内（必要时套绝缘套管）。

③ 元器件的焊接。

● 印制电路板适用 25W 内热式电烙铁进行焊接，焊接前要清除烙铁头上的氧化物并要镀一层焊锡。

● 元器件引线上有氧化层时，用橡皮擦干净且不破坏元器件引线的镀层而后焊接。

● 烙铁头焊取适量的焊锡，醮取少量焊剂，对准焊点进行焊接，当焊接点充满锡后，烙铁头要迅速离开焊点，焊接时间要控制在 2～3s 内，焊后剪去多余的引线。

● 元件焊接时，不应出现漏焊、虚焊、少焊现象；元器件字标要朝外或朝上安装。

④ 调试电路。

● 根据电路图或接线图从电源端开始，逐步逐段校对电子元器件的技术参数与电路图相对应，逐步逐段校对连接导线，检查焊点有无虚焊及外观质量。

● 分析电路图的工作原理，确定电路图中调试的关键点。

● 除去灯泡，接通电源。将万用表拨至交流电压 500V 挡，测量灯泡座上的电压，电压应随着 $R_P$ 的调节而改变。调节 $R_P$ 电阻值时，一定要慢慢调节。

（2）带负反馈的两级放大电路的安装与调试。

1）放大电路原理图如图 3-12 所示。

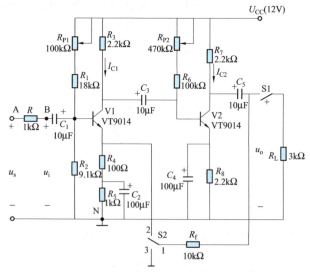

图 3-12 放大电路原理图

2）工具、仪器仪表。通用示波器 1 台、低频信号发生器 1 台、常用无线电工具 1 套，万用表（MF47 或自定）1 块、兆欧表 1 只。万能印制线路板（600mm×70mm×2mm）；单股镀锌铜线 AV0.1mm$^2$（红色）；多股镀锌铜线 AVR0.1mm$^2$（白色）；松香和焊锡丝等，其数量按需要而定。元器件表见表 3-12。

表 3-12 元 器 件 表

| 序号 | 器件名称及符号 | | 型号及规格 | 数量 |
|---|---|---|---|---|
| 1 | 三极管 V1、V2 | | VT9014 | 2 |
| 2 | 电位器 | $R_{P1}$ | 100kΩ | 1 |
| 3 | | $R_{P2}$ | 470kΩ | 1 |
| 4 | 电阻器 | $R_4$ | 100Ω | 1 |
| 5 | | $R$、$R_5$ | 1kΩ | 2 |
| 6 | | $R_3$、$R_7$、$R_8$ | 2.2kΩ | 3 |
| 7 | | $R_L$ | 3kΩ/0.25W | 1 |
| 8 | | $R_2$ | 9.1kΩ | 1 |
| 9 | | $R_f$ | 10kΩ | 1 |
| 10 | | $R_1$ | 18Ω | 1 |
| 11 | | $R_6$ | 100kΩ | 1 |
| 12 | 电解电容器 | $C_1$、$C_3$、$C_5$ | 10μF/25V | 3 |
| 13 | | $C_2$、$C_4$ | 100μF/25V | 2 |
| 14 | 开关 | S1 | 单刀单掷 | 1 |
| 15 | | S2 | 单刀双掷 | 1 |
| 16 | 实验板 | | | 1 |

3）评分标准。评分标准见表 3-11。

4）操作工艺。

① 根据表 3-12，准备好相应的元器件，并检查元器件。

② 清除元器件引脚处和印制电路板表面的氧化层，并进行搪锡处理。

③ 在印制电路板上考虑元器件布局。

④ 插接元器件，焊接前对电路进行认真检查，电解电容器应正向连接，三极管的三个电极不能接错。

⑤ 对照电路图，按焊接工艺进行焊接。

组装好的电路板如图 3-13 所示。

图 3-13　电路板

⑥ 静态工作点的测量。断开信号源，将电路的输入端对地短路，开关 S1 断开，开关 S2 接通端点 3，用万用表测量电阻 $R_3$ 两端的电压并且调整 $R_{P1}$ 使得它为 3.3V，同样再调整 $R_{P2}$ 使得电阻 $R_7$ 两端的电压也为 3.3V，那么经过调整后两管的集电极电流 $I_{C1}$ 和 $I_{C2}$ 都约为 1.5mA，然后测量并记录负反馈放大器的静态工作点，将记录结果填入表 3-13。

表 3-13　　　　　　　　　静 态 工 作 点

| $U_{B1}$ | $U_{E1}$ | $U_{C1}$ | $U_{B2}$ | $U_{E2}$ | $U_{C2}$ |
|---|---|---|---|---|---|
|  |  |  |  |  |  |

## 二、检修较复杂电子线路的故障

1. 电子电路类型识别

电子电路检修前，必须对检修的电子电路进行性质识别：判断电路是模拟电路、数字电路还是集成运放电路；是处理、放大信号的，还是产生信号的振荡电路；是电源电路还是开关电路。不同性质的电路，其检修的方法、测量的手段、分析故障的要点等都不相同。

2. 根据故障现象在线路图上分析故障范围

根据电子线路的功能、信号等方面进行区域化分，结合故障现象，确定检查的区域范围。

3. 确定线路检测方案

确定电子线路的性质后，针对其特点，确定对线路进行检查选用的仪器仪表、步骤、方法、测量点。

4. 用测量法确定第一个故障点

运用检查工具，对各个测量点，进行测量判断。根据仪表、仪器显示的结果，遵循测量步骤，进行测量分析，直至检测到故障点。

5. 检修故障点，并通电试车

如果对电子电路进行元器件更换后，必须进行调试，使其符合原来电路的要求。

6. 整理现场，考试结束

断开电子电路的电源开关，将桌面杂物清理干净。最后将电烙铁断开电源，工具、仪表和材料摆放整齐。

7. 做好维修记录

记录的内容可包括：电子设备的型号、名称、编号、故障发生日期、故障现象、部位、损坏的电器、故障原因、修复措施及修复后的运行情况等。记录的目的：作为档案以备日后维修时参考，并通过对历次故障的分析，采取相应的有效措施，防止类似事故的再次发生或对电气设备本身的设计提出改进意见等。

检修较复杂电子线路的故障的还应注意以下几点。

（1）比较复杂的电子线路，在电路图中都给出重要参数，在处理修复故障时，可对照电路图给出的参数进行比较，可以少走许多弯路。

（2）对查找到的故障点，需补焊的焊点按焊接工艺要求补焊，该更换的电子元器件按同型号同参数的要求更换。

（3）检测故障的测量方法。

1）直流电压检查法。通过对整个电子线路某些关键点在有无信号时的直流电压的测量，并与正常值相比较，经过分析便可确定故障范围，然后，再测量此故障电路中有关点的直流电压，就能较快的找出故障所在点。

2）交流电压检查法。交流电压检查法主要是用来测量交流电路是否正常。对于音频输出电路或场输出电路，有时也可以用万用表 dB 挡或交流电压挡串一只高压电容，来检查有无脉冲或音频信号，由于所测量的是脉冲或音频电压，万用表的读数只作为判断电路是否正常的参考，不能代表实际电压值。

3）电阻检查法。电阻检查通常在关机状态下进行，主要检查内容如下。

① 用来测量交流和稳压直流电源的各输出端对地电阻，以检查电源的负载有无短路或漏电。

② 用来测量电源调整管、音频输出管和其他中、大功率管的集电极对地电阻，以防这些晶体管集电极对地短路或漏电。

③ 测量集成电路各脚对地电阻，以判断集成电路是否损坏或漏电。

④ 直接测量其他元器件，以判断这些元器件是否损坏。由于 PN 结的作用，最好进行正、反向电阻的测量；另外，由于万用表的内阻、电池电压等方面的差异，测试结果可能不一致，应多加注意。

4）电流检查法。直流电流检查，常用来检查电源的输出电流、各单元电路的工作电流，尤其是输出级的工作电流，这种方法更能定量反映电路的静态工作是否正常。用万用表测量电路电流时，电流挡的内阻应足够小，以免影响电路正常工作。

5）示波器测量法。检修电子线路，示波器是通用性很强的信号特性测试仪，既能显示波形，又能测量电信号的幅度、周期、频率、时间间隔、相位等，还能测量脉冲信号的波形参数。多踪示波器还能进行信号比较。是检测电子线路的重要仪器。

（4）较复杂电子线路检修后的调试。根据电路图或接线图从电源端开始，逐步、逐段校对电子元器件的技术参数与电路图是否相对应；校对连接导线连接的是否正确，检查焊点是否虚焊。

先进行静态的测量，应从电源开始，测量各关键点的直流电压值，是否与电路中规定值对应，进一步确定电路的正确性。再进行动态的测量，加入动态信号，用电子仪器与仪表进行测量，将测量结果与标准参数、波形对比，进一步调整电路，完善电路的性能。

8. 考试实例

检修串联型可调稳压电路。

（1）电路图。电路图如图 3-14 所示。

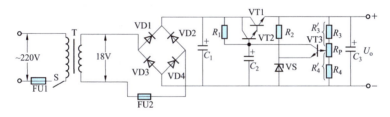

图 3-14　串联型可调稳压电路

（2）故障设置。

1）故障点设置：电阻 $R_1$ 断路。

2）故障现象：该稳压电源电路没有输出电压。

（3）工具、仪器仪表及设备。双踪示波器（SR8 型或自定）1台，万用表（自定）1块，电工通用工具 1 套，圆珠笔 1 支，演草纸（自定）2 张，绝缘鞋、工作服等 1 套，电子电路（串联型可调稳压电路）1 台，串联型可调稳压电路图（与线路相配套的电路图）1 套，故障排除所用的设备及材料（与串联型可调稳压电路相配套）1 套，单相交流电源（220V 和 36V、5A）1 处。

（4）评分标准。评分标准见表 3-14。

表 3-14 评 分 标 准

| 序号 | 主要内容 | 考核要求 | 评分标准 | 配分 | 扣分 | 得分 |
|---|---|---|---|---|---|---|
| 1 | 调查研究 | 对每个故障现象进行调查研究 | 排除故障前不进行调查研究，扣2分 | 2 | | |
| 2 | 故障分析 | 在电气控制线路图上分析故障可能的原因，思路正确 | 错标或标不出故障范围，每个故障点扣2分 | 6 | | |
| | | | 不能标出最小的故障范围，每个故障点扣2分 | 4 | | |
| 3 | 故障排除 | 正确使用工具和仪表，找出故障点并排除故障 | 实际排除故障中思路不清楚，每个故障点扣2分 | 6 | | |
| | | | 每少查出1处故障点扣2分 | 6 | | |
| | | | 每少排除1处故障点扣4分 | 8 | | |
| | | | 排除故障方法不正确，每处扣4分 | 8 | | |
| 4 | 其他 | 操作有误，要从总分中扣分 | （1）排除故障时产生新的故障后不能自行修复，每处扣10分；已经修复，每处扣5分。（2）损坏电动机扣10分 | | | |
| 备注 | | | 合计 | | | |
| | | | 考评员签字　　　　年　　月　　日 | | | |

（5）操作工艺。

1）电子电路类型识别。V1～V4 是整流电路部分。$C_1$ 为滤波电容。由 $R_3$、$R_P$、$R_4$ 组成取样电路，取出电压变动量的一部分，送给三极管 V8 的基极。$R_2$ 与稳压管 V5 为 V8 的发射极提供一个基本稳定的直流参考电压。$R_4$ 与 V8 将取样电路送来的输出电压变动量与基准电压进行比较，放大后，再去控制调整管。调整管由复合管 V6、V7 组成，它受比较放大部分的输出电压控制，自动调整管压降的大小，以保证输出电压稳定不变。当 $R_P$ 的滑臂向上滑动时，相当于减小 $R_3'$，增大 $R_4'$，输出电压下降；反之，当

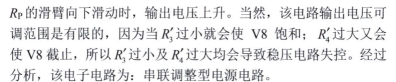

$R_P$ 的滑臂向下滑动时，输出电压上升。当然，该电路输出电压可调范围是有限的，因为当 $R'_3$ 过小就会使 V8 饱和；$R'_4$ 过大又会使 V8 截止，所以 $R'_3$ 过小及 $R'_4$ 过大均会导致稳压电路失控。经过分析，该电子电路为：串联调整型电源电路。

2）根据故障现象在线路图上分析故障范围。根据电源输出电压 $U_0 = 0V$ 的故障现象，结合该电路的工作原理，将整个电路划分为两个区域：交流部分和直流部分。考虑到：从整流变压器，到稳压电路的所有环节都有出现问题的可能性。

3）确定线路检测方案。该电源电路的测量、分析方法较为简单，一般用万用表即可满足测量要求。

将万用表转换开关旋至交流电压 50V 的量程上，接通 S 开关，测量 V1～V4 桥式整流的交流输入端有无 18V 电压。测量有 18V 电压→交流电源输入端正常。

将万用表转换开关旋至直流电压 50V 的量程上，接通 S 开关，测量 V1～V4 桥式整流的直流输出端有无 21V 左右的直流电压。有直流电压→直流电源输出端正常。

结论：故障点应在稳压电路中。

4）用测量法确定第一个故障点。将万用表转换开关旋至直流电压 50V 的量程上→测量电容 $C_2$ 两侧的直流电压→0V→V7 基极无直流工作电压→调整管处于截止状态。

断开 S 开关→将万用表转换开关旋至 $R \times 10$ 的量程上，调零后测量 $R_1$ 电阻→电阻 $R_1$ 阻值与电路图上标称值相差过大，进一步用电烙铁断开电阻 $R_1$ 一侧管脚，万用表测量 $R_1$ 电阻断路。

5）检修故障点，并通电试车。将 $R_1$ 焊好后，接通 S 开关，将万用表转换开关旋至直流电压 50V 的量程上，测量 $U_0$ 电压正常→电路正常。

6）整理现场，作好维修记录。固定好线路板，整理线路板之间的所有连线，盖上外壳。清理维修工具、仪表和桌面等。

注意事项如下。

1）测量在线电子元器件时，通过对换表笔进行测量结果比较，能较好的避免判断失误。

2）在用测量法检查故障点时，一定要保证各种测量工具和仪表完好，使用方法正确，还要注意防止感应电对其他电子元器件、电子线路的影响，以免扩大故障范围。

3）检修完毕，将检修过程涉及的各焊点重新检查一遍，是否有虚焊、漏焊等现象；各连接导线应整理规范美观。同时将线路板、箱壳内的灰尘、杂物清理干净。

# 第四章

# 国家题库试题精选

## 第一节 试卷的结构

### 一、理论知识试卷的结构

国家题库理论知识试卷，按鉴定考核用卷是否为标准化试卷划分为标准化试卷和非标准化试卷。维修电工（中级）知识试卷采用标准化试卷；非标准化试卷有三种组成形式。维修电工（中级）标准化理论知识试卷具体的题型比例、题量和配分参见表4-1、表4-2。

表4-1 　　　　　　　 标准化理论知识试卷的题型、
题量与配分方案（一）

| 题型 | 鉴定工种等级 | | | 分　　数 | |
|------|------|------|------|------|------|
| | 初级工 | 中级工 | 高级工 | 初、中级 | 高级 |
| 选择 | 60题（1分/题） | | | 60分 | |
| 判断 | 20题（2分/题） | 20题（1分/题） | | 40分 | 20分 |
| 简答/计算 | 无 | | 4题（5分/题） | 0分 | 20分 |
| 总分 | 100分（80/84题） | | | | |

中级维修电工标准化理论知识试卷还采用了 100 题型、200 题型两种。

表 4-2　　　　　　　 标准化理论知识试卷的题型、
题量与配分方案（二）

| 题型 | 鉴定工种等级 | | | 分数 | |
|---|---|---|---|---|---|
| | 初级工 | 中级工 | 高级工 | 初、中级 | 高级 |
| 选择 | 160 题（0.5 分/题） | | | 80 分 | |
| 判断 | 40 题（0.5 分/题） | | | 20 分 | |
| 总分 | 100 分（200 题） | | | | |

## 二、操作技能试卷的结构

操作技能试卷的结构见表 4-3 维修电工操作技能考核内容层次结构表。

表 4-3　　　　　　 维修电工操作技能考核内容层次结构表

| 类别 | 机电控制电路的装调与维修 | PLC 控制电路的装调与维修 | 电子电路的装调 | 变频器控制电路的装调与维修 |
|---|---|---|---|---|
| 初级 | （35 分）10～60min | （35 分）100～240min | （30 分）240min | |
| 中级 | （35 分）10～60min | （35 分）100～240min | （30 分）240min | |
| 高级 | | （40 分）150min | （30 分）60min | （30 分）60min |
| 考核项目组合及方式 | 必考 | 必考 | 必考 | 必考 |

国家题库操作技能试卷采用由准备通知单、试卷正文和评分记录表三部分组成的基本结构，分别供考场、考生和考评员使用。

（1）准备通知单。包括材料准备、设备准备、工具、量具、刃具、卡具准备等考场准备（标准、名称、规格、数量）要求。

（2）试卷正文。包含需要说明的问题和要求、试题内容、总时间与各个试题的时间分配要求，考评人数，评分规则与评分方法等。

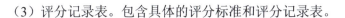

（3）评分记录表。包含具体的评分标准和评分记录表。

## 第二节　理 论 知 识 试 卷

### 一、说明

（1）本试卷以《中华人民共和国国家职业标准》为命题依据。

（2）本试卷考核内容无地域限制。

（3）本试卷只适用于本等级鉴定。

（3）本试卷命题遵循学以致用的原则。

### 二、模拟试卷正文

职业技能鉴定国家题库

# 维修电工中级理论知识试卷（1）

## 注 意 事 项

（1）考试时间：120min。

（2）本试卷依据2009年颁布的《维修电工》国家职业标准命制。

（3）请首先按要求在试卷的标封处填写您的姓名、准考证号和所在单位的名称。

（4）请仔细阅读各种题目的回答要求，在规定的位置填写您的答案。

（5）不要在试卷上乱写乱画，不要在标封区填写无关的内容。

| | （一） | （二） | 总分 |
|---|---|---|---|
| 得　分 | | | |

| 得　分 | |
|---|---|
| 评分人 | |

（一）单项选择题（第 1 题～第 160 题。选择一个正确的答案，将相应的字母填入题内的括号中。每题 0.5 分，满分 80 分。）

1. 在市场经济条件下，职业道德具有（　　　）的社会功能。

　　A. 鼓励人们自由选择职业

　　B. 遏制牟利最大化

　　C. 促进人们的行为规范化

　　D. 最大限度地克服人们受利益驱动

2. 在市场经济条件下，促进员工行为的规范化是（　　　）社会功能的重要表现。

　　A. 治安规定　　　　　　　　B. 奖惩制度

　　C. 法律法规　　　　　　　　D. 职业道德

3. 职工对企业诚实守信应该做到的是（　　　）。

　　A. 忠诚所属企业，无论何种情况都始终把企业利益放在第一位

　　B. 维护企业信誉，树立质量意识和服务意识

　　C. 扩大企业影响，多对外谈论企业之事

　　D. 完成本职工作即可，谋划企业发展由有见识的人来做

4. 要做到办事公道，在处理公私关系时，要（　　　）。

　　A. 公私不分　　　　　　　　B. 假公济私

　　C. 公平公正　　　　　　　　D. 先公后私

5. 对待职业和岗位，（　　　）并不是爱岗敬业所要求的。

　　A. 树立职业理想

　　B. 干一行、爱一行、专一行

　　C. 遵守企业的规章制度

　　D. 一职定终身，绝对不改行

6. 不符合文明生产要求的做法是（　　　）。

A. 爱惜企业的设备、工具和材料

B. 下班前搞好工作现场的环境卫生

C. 工具使用后按规定放置到工具箱中

D. 冒险带电作业

7. 并联电路中加在每个电阻两端的电压都（　　　）。

  A. 不等

  B. 相等

  C. 等于各电阻上电压之和

  D. 分配的电流与各电阻成正比

8. 电功的常用实用的单位有（　　　）。

  A. 焦耳　　　B. 伏安　　　C. 度　　　D. 瓦

9. 基尔霍夫定律的（　　　）是绕回路一周电路元件电压变化为零。

  A. 回路电压定律　　　　B. 电路功率平衡

  C. 电路电流定律　　　　D. 回路电位平衡

10. 把垂直穿过磁场中某一截面的磁力线条数叫作（　　　）。

  A. 磁通或磁通量　　　　B. 磁感应强度

  C. 磁导率　　　　　　　D. 磁场强度

11. 在RL串联电路中，$U_R=16V$，$U_L=12V$，则总电压为（　　　）V。

  A. 28　　　B. 20　　　C. 2　　　D. 4

12. 将变压器的一次侧绕组接交流电源，二次侧绕组的电流大于额定值，这种运行方式称为（　　　）运行。

  A. 空载　　　B. 过载　　　C. 满载　　　D. 轻载

13. 三相异步电动机的优点是（　　　）。

  A. 调速性能好　　　　B. 交直流两用

  C. 功率因数高　　　　D. 结构简单

14. 三相异步电动机的转子由转子铁心、（　　　）、风扇、转轴等组成。

  A. 电刷　　　　　　　B. 转子绕组

  C. 端盖　　　　　　　D. 机座

15. 三相异步电动机工作时，其电磁转矩是由旋转磁场与（　　）共同作用产生的。

    A. 定子电流　　　　　　　　B. 转子电流

    C. 转子电压　　　　　　　　D. 电源电弧

16. 交流接触器的作用是可以（　　）接通和断开负载。

    A. 频繁地　　B. 偶尔　　C. 手动　　D. 不需

17. 面接触型二极管应用于（　　）。

    A. 整流　　B. 稳压　　C. 开关　　D. 光敏

18. 如图 4-1 所示为（　　）符号。

    A. 光敏二极管　　　　　　　B. 整流二极管

    C. 稳压二极管　　　　　　　D. 普通二极管

19. 如图 4-2 所示，该电路的反馈类型为（　　）。

    A. 电压串联负反馈　　　　　B. 电压并联负反馈

    C. 电流串联负反馈　　　　　D. 电流并联负反馈

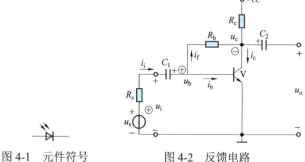

图 4-1　元件符号　　　　　　图 4-2　反馈电路

20. 扳手的手柄越短，使用起来越（　　）。

    A. 麻烦　　B. 轻松　　C. 省力　　D. 费力

21. 常用的裸导线有（　　）、铝绞线和钢芯铝绞线。

    A. 钨丝　　B. 铜绞线　　C. 钢丝　　D. 焊锡丝

22. 导线截面的选择通常是由（　　）、机械强度、电流密度、电压损失和安全载流量等因素决定的。

A. 磁通密度　　　　　　　　B. 绝缘强度

C. 发热条件　　　　　　　　D. 电压高低

23. 根据劳动法的有关规定，（　　　）劳动者可以随时通知用人单位解除劳动合同。

A. 在试用期间被证明不符合录用条件的

B. 严重违反劳动纪律或用人单位规章制度的

C. 严重失职、营私舞弊，对用人单位利益造成重大损害的

D. 在试用期内

24. 劳动安全卫生管理制度对未成年工给予了特殊的劳动保护，规定严禁一切企业招收未满（　　　）周岁的童工。

A. 14　　　　B. 15　　　　C. 16　　　　D. 18

25. 调节电桥平衡时，若检流计指针向标有"−"的方向偏转时，说明（　　　）。

A. 通过检流计电流大，应增大比较臂的电阻

B. 通过检流计电流小，应增大比较臂的电阻

C. 通过检流计电流小，应减小比较臂的电阻

D. 通过检流计电流大，应减小比较臂的电阻

26. 直流单臂电桥测量十几欧姆电阻时，比率应选为（　　　）。

A. 0.001　　　B. 0.01　　　C. 0.1　　　D. 1

27. 直流双臂电桥的连接端分为（　　　）接头。

A. 电压、电阻　　　　　　　B. 电压、电流

C. 电位、电流　　　　　　　D. 电位、电阻

28. 直流双臂电桥为了减少接线及接触电阻的影响，在接线时要求（　　　）。

A. 电流端在电位端外侧　　　B. 电流端在电位端内侧

C. 电流端在电阻端外侧　　　D. 电流端在电阻端内侧

29. 直流单臂电桥用于测量中值电阻，直流双臂电桥的测量电阻在（　　　）Ω以下。

A. 10　　　　B. 1　　　　C. 20　　　　D. 30

30. 数字万用表按量程转换方式可分为（　　）类。

    A. 5　　　　　B. 3　　　　　C. 4　　　　　D. 2

31. 晶体管毫伏表专用输入电缆线，其屏蔽层、线芯分别是（　　）。

    A. 信号线、接地线　　　　　B. 接地线、信号线

    C. 保护线、信号线　　　　　D. 保护线、接地线

32. 符合有"0"得"1"，全"1"得"0"逻辑关系的逻辑门是（　　）。

    A. 或门　　　B. 与门　　　C. 非门　　　D. 与非门

33. TTL 与非门电路低电平的产品典型值通常不高于（　　）V。

    A. 1　　　　　B. 0.4　　　　C. 0.8　　　　D. 1.5

34. 双向晶闸管的额定电流是用（　　）来表示的。

    A. 有效值　　　B. 最大值　　　C. 平均值　　　D. 最小值

35. 单结晶体管的结构中有（　　）个电极。

    A. 4　　　　　B. 3　　　　　C. 2　　　　　D. 1

36. 单结晶体管在电路图中的文字符号是（　　）。

    A. SCR　　　B. VT　　　C. VD　　　D. VC

37. 集成运放的中间级通常实现（　　）功能。

    A. 电流放大　　　　　B. 电压放大

    C. 功率放大　　　　　D. 信号传递

38. 理想集成运放输出电阻为（　　）。

    A. 10Ω　　　B. 100Ω　　　C. 0　　　　　D. 1kΩ

39. 固定偏置共射极放大电路，已知 $R_b$=300kΩ，$R_c$=4kΩ，$U_{CC}$=12V，$\beta$=50，则 $I_{BQ}$ 为（　　）。

    A. 40μA　　　B. 30μA　　　C. 40mA　　　D. 10μA

40. 分压式偏置共射放大电路，当温度升高时，其静态值 $I_{BQ}$ 会（　　）。

    A. 增大　　　　　B. 变小

    C. 不变　　　　　D. 无法确定

41. 放大电路的静态工作点的偏高易导致信号波形出现

（　　）失真。

　　A. 截止　　　B. 饱和　　　C. 交越　　　D. 非线性

42. 为了减小信号源的输出电流，降低信号源负担，常用共集电极放大电路的（　　）特性。

　　A. 输入电阻大　　　　　　　B. 输入电阻小
　　C. 输出电阻大　　　　　　　D. 输出电阻小

43. 输入电阻最小的放大电路是（　　）。

　　A. 共射极放大电路　　　　　B. 共集电极放大电路
　　C. 共基极放火电路　　　　　D. 差动放大电路

44. 要稳定输出电流，增大电路输入电阻应选用（　　）负反馈。

　　A. 电压串联　　　　　　　　B. 电压并联
　　C. 电流串联　　　　　　　　D. 电流并联

45. 差动放大电路能放大（　　）。

　　A. 直流信号　　　　　　　　B. 交流信号
　　C. 共模信号　　　　　　　　D. 差模信号

46. 音频集成功率放大器的电源电压一般为（　　）V。

　　A. 5　　　　B. 10　　　　C. 5 ~ 8　　　D. 6

47. RC 选频振荡电路，能产生电路振荡的放大电路的放大倍数至少为（　　）。

　　A. 10　　　　B. 3　　　　C. 5　　　　D. 20

48. LC 选频振荡电路，当电路频率小于谐振频率时，电路性质为（　　）。

　　A. 电阻性　　　　　　　　　B. 感性
　　C. 容性　　　　　　　　　　D. 纯电容性

49. 串联型稳压电路的调整管工作在（　　）状态。

　　A. 放大　　　B. 饱和　　　C. 截止　　　D. 导通

50. CW7806 的输出电压、最大输出电流为（　　）。

　　A. 6V、1.5A　　　　　　　　B. 6V、1A
　　C. 6V、0.5A　　　　　　　　D. 6V、0.1A

51. 下列不属于组合逻辑门电路的是（　　　）。

    A. 与门　　　　　　　　　　B. 或非门

    C. 与非门　　　　　　　　　D. 与或非门

52. 单相半波可控整流电路的电源电压为220V，晶闸管的额定电压要留2倍裕量，则需选购（　　　）V的晶闸管。

    A. 250　　　　B. 300　　　　C. 500　　　　D. 700

53. 单相桥式可控整流电路电感性负载带续流二极管时，晶闸管的导通角为（　　　）。

    A. $180°-\alpha$　　　　　　　B. $90°-\alpha$

    C. $90°+\alpha$　　　　　　　D. $180°+\alpha$

54. 单相桥式可控整流电路电阻性负载，晶闸管中的电流平均值是负载的（　　　）倍。

    A. 0.5　　　　B. 1　　　　C. 2　　　　D. 0.25

55. 晶闸管两端（　　　）的目的是防止尖峰电压。

    A. 串联小电容　　　　　　　B. 并联小电容

    C. 并联小电感　　　　　　　D. 串联小电感

56. 对于电阻性负载，熔断器熔体的额定电流（　　　）线路的工作电流。

    A. 远大于　　　　　　　　　B. 不等于

    C. 等于或略大于　　　　　　D. 等于或略小于

57. 短路电流很大的电气线路中，宜选用（　　　）断路器。

    A. 塑壳式　　　　　　　　　B. 限流型

    C. 框架式　　　　　　　　　D. 直流快速断路器

58. 对于△接法的异步电动机应选用（　　　）结构的热继电器。

    A. 四相　　　　　　　　　　B. 三相

    C. 两相　　　　　　　　　　D. 单相

59. 时间继电器一般用于（　　　）中。

    A. 网络电路　　　　　　　　B. 无线电路

    C. 主电路　　　　　　　　　D. 控制电路

60. 行程开关根据安装环境选择防护方式，如开启式或（　　）。

    A. 防火式　　B. 塑壳式　　C. 防护式　　D. 铁壳式

61. 选用 LED 指示灯的优点之一是（　　）。

    A. 寿命长　　B. 发光强　　C. 价格低　　D. 颜色多

62. JBK 系列控制变压器适用于机械设备一般电器的控制、工作照明、（　　）的电源之用。

    A. 电动机　　B. 信号灯　　C. 油泵　　D. 压缩机

63. 对于环境温度变化大的场合，不宜选用（　　）时间继电器。

    A. 晶体管式　B. 电动式　　C. 液压式　　D. 手动式

64. 压力继电器选用时首先要考虑所测对象的压力范围，还要考虑符合电路中额定电压的要求，以及所测管路的（　　）。

    A. 绝缘等级　　　　　　B. 电阻率

    C. 接口管径的大小　　　D. 材料

65. 直流电动机结构复杂、价格贵、制造麻烦、维护困难，但是启动性能好、（　　）。

    A. 调速范围大　　　　　B. 调速范围小

    C. 调速力矩大　　　　　D. 调速力矩小

66. 直流电动机的转子由电枢铁心、电枢绕组、（　　）、转轴等组成。

    A. 接线盒　　B. 换向极　　C. 主磁极　　D. 换向器

67. 并励直流电动机的励磁绕组与（　　）并联。

    A. 电枢绕组　　　　　　B. 换向绕组

    C. 补偿绕组　　　　　　D. 稳定绕组

68. 直流电动机常用的启动方法有电枢串电阻启动、（　　）等。

    A. 弱磁启动　　　　　　B. 降压启动

    C. Ｙ-△启动　　　　　　D. 变频启动

69. 直流电动机弱磁调速时，转速只能从额定转速（　　）。

A. 降低一倍　　　　　　　B. 开始反转

C. 往上升　　　　　　　　D. 往下降

70. 直流电动机的各种制动方法中，最节能的方法是（　　　）。

A. 反接制动　　　　　　　B. 回馈制动

C. 能耗制动　　　　　　　D. 机械制动

71. 直流串励电动机需要反转时，一般将（　　　）两头反接。

A. 励磁绕组　　　　　　　B. 电枢绕组

C. 补偿绕组　　　　　　　D. 换向绕组

72. 直流电动机滚动轴承发热的主要原因有（　　　）等。

A. 轴承磨损过大　　　　　B. 轴承变形

C. 电动机受潮　　　　　　D. 电刷架位置不对

73. 绕线式异步电动机转子串频敏变阻器启动时，随着转速的升高，（　　　）自动减小。

A. 频敏变阻器的等效电压　　B. 频敏变阻器的等效电流

C. 频敏变阻器的等效功率　　D. 频敏变阻器的等效阻抗

74. 绕线式异步电动机转子串电阻分级启动，而不是连续启动的原因是（　　　）。

A. 启动时转子电流较小　　B. 启动时转子电流较大

C. 启动时转子电流很高　　D. 启动时转子电压很小

75. 以下属于多台电动机顺序控制的线路是（　　　）。

A. 一台电动机正转时不能立即反转的控制线路

B. Ｙ–△启动控制线路

C. 电梯先上升后下降的控制线路

D. 电动机 2 可以单独停止，电动机 1 停止时电动机 2 也
　　停止的控制线路

76. 多台电动机的顺序控制线路（　　　）。

A. 只能通过主电路实现

B. 既可以通过主电路实现，又可以通过控制电路实现

C. 只能通过控制电路实现

D. 必须要主电路和控制电路同时具备该功能才能实现

77. 位置控制就是利用生产机械运动部件上的挡铁与（　　　）碰撞来控制电动机的工作状态。

　　A. 断路器　　　　　　　　B. 位置开关

　　C. 按钮　　　　　　　　　D. 接触器

78. 下列不属于位置控制线路的是（　　　）。

　　A. 走廊照明灯的两处控制电路

　　B. 龙门刨床的自动往返控制电路

　　C. 电梯的开关门电路

　　D. 工厂车间里行车的终点保护电路

79. 三相异步电动机能耗制动的控制线路至少需要（　　　）个接触器。

　　A. 1　　　　B. 2　　　　C. 3　　　　D. 4

80. 三相异步电动机反接制动时，（　　　）绕组中通入相序相反的三相交流电。

　　A. 补偿　　　B. 励磁　　　C. 定子　　　D. 转子

81. 三相异步电动机电源反接制动的过程可用（　　　）来控制。

　　A. 电压继电器　　　　　　B. 电流继电器

　　C. 时间继电器　　　　　　D. 速度继电器

82. 三相异步电动机再生制动时，定子绕组中流过（　　　）。

　　A. 高压电　　　　　　　　B. 直流电

　　C. 三相交流电　　　　　　D. 单相交流电

83. 同步电动机采用变频启动法启动时，转子励磁绕组应该（　　　）。

　　A. 接到规定的直流电源　　B. 串入一定的电阻后短接

　　C. 开路　　　　　　　　　D. 短路

84. M7130 平面磨床控制电路中的两个热继电器动断触点的连接方法是（　　　）。

　　A. 并联　　　B. 串联　　　C. 混联　　　D. 独立

85. M7130 平面磨床控制线路中导线截面最小的是（　　　）。

A. 连接砂轮电动机 M1 的导线

B. 连接电源开关 OS1 的导线

C. 连接电磁吸盘 YH 的导线

D. 连接冷却泵电动机 M2 的导线

86. M7130 平面磨床中，冷却泵电动机 M2 必须在（　　）运行后才能启动。

　　A. 照明变压器　　　　　　B. 伺服驱动器

　　C. 液压泵电动机 M3　　　　D. 砂轮电动机 M1

87. M7130 平面磨床中电磁吸盘吸力不足的原因之一是（　　）。

　　A. 电磁吸盘的线圈内有匝间短路

　　B. 电磁吸盘的线圈内有短路点

　　C. 整流变压器开路

　　D. 整流变压器短路

88. M7130 平面磨床中，电磁吸盘退磁不好，使工件取下困难，但退磁电路正常，退磁电压也正常,则需要检查和调整(　　)。

　　A. 退磁功率　　　　　　　B. 退磁频率

　　C. 退磁电流　　　　　　　D. 退磁时间

89. C6150 车床主轴电动机通过（　　）控制正反转。

　　A. 手柄　　　　　　　　　B. 接触器

　　C. 断路器　　　　　　　　D. 热继电器

90. C6150 车床控制电路中照明灯的额定电压是（　　）。

　　A. 交流 10V　　　　　　　B. 交流 24V

　　C. 交流 30V　　　　　　　D. 交流 6V

91. C6150 车床的照明灯为了保证人身安全，配线时要（　　）。

　　A. 保护接地　　　　　　　B. 不接地

　　C. 保护接零　　　　　　　D. 装漏电保护器

92. C6150 车床主轴电动机反转、电磁离合器 YC1 通电时，主轴的转向为（　　）。

A. 正转　　B. 反转　　C. 高速　　D. 低速

93. C6150 车床（　　　）的正反转控制线路具有三位置自动复位开关的互锁功能。

A. 冷却液电动机　　　　　B. 主轴电动机

C. 快速移动电动机　　　　D. 润滑油泵电动机

94. C6150 车床控制电路中的中间继电器 KA1 和 KA2 的动断触点故障时会造成（　　　）。

A. 主轴无制动

B. 主轴电动机不能启动

C. 润滑油泵电动机不能启动

D. 冷却液电动机不能启动

95. Z3040 摇臂钻床主电路中有四台电动机，用了（　　　）个接触器。

A. 6　　　　B. 5　　　　C. 4　　　　D. 3

96. Z3040 摇臂钻床的摇臂升降电动机由按钮和接触器构成的（　　　）控制电路来控制。

A. 单向启动停止　　　　　B. 正反转点动

C. Y—△ 启动　　　　　　D. 减压启动

97. Z3040 摇臂钻床的主轴箱与立柱的夹紧和放松控制按钮安装在（　　　）。

A. 摇臂上　　　　　　　　B. 主轴箱移动手轮上

C. 主轴箱外壳　　　　　　D. 底座上

98. Z3040 摇臂钻床中液压泵电动机的正反转具有（　　　）功能。

A. 接触器互锁　　　　　　B. 双重互锁

C. 按钮互锁　　　　　　　D. 电磁阀互锁

99. Z3040 摇臂钻床的摇臂不能升降的原因是摇臂松开后 KM2 回路不通时，应（　　　）。

A. 调整行程开关 SQ2 的位置　B. 重接电源相序

C. 更换液压泵　　　　　　D. 调整速度继电器的位置

100. 光电开关按结构可分为（　　）、放大器内藏型和电源内藏型三类。

    A. 放大器组合型　　　　　　B. 放大器分离型

    C. 电源分离型　　　　　　　D. 放大器集成型

101. 光电开关的接收器根据所接收到的光线强弱对目标物体实现探测，产生（　　）。

    A. 开关信号　　　　　　　　B. 压力信号

    C. 警示信号　　　　　　　　D. 频率信号

102. 光电开关可以非接触、（　　）地迅速检测和控制各种固体、液体、透明体、黑体、柔软体、烟雾等物质的状态。

    A. 高亮度　　　　　　　　　B. 小电流

    C. 大力矩　　　　　　　　　D. 无损伤

103. 当检测远距离的物体时，应优先选用（　　）光电开关。

    A. 光纤式　　　　　　　　　B. 槽式

    C. 对射式　　　　　　　　　D. 漫反射式

104. 高频振荡电感型接近开关的感应头附近有金属物体接近时，接近开关（　　）。

    A. 涡流损耗减少　　　　　　B. 无信号输出

    C. 振荡电路工作　　　　　　D. 振荡减弱或停止

105. 接近开关的图形符号中，其菱形部分与动合触点部分用（　　）相连。

    A. 虚线　　　B. 实线　　　C. 双虚线　　　D. 双实线

106. 当检测体为（　　）时，应选用高频振荡型接近开关。

    A. 透明材料　　　　　　　　B. 不透明材料

    C. 金属材料　　　　　　　　D. 非金属材料

107. 选用接近开关时应注意对工作电压、负载电流、响应频率、（　　）等各项指标的要求。

    A. 检测距离　　　　　　　　B. 检测功率

    C. 检测电流　　　　　　　　D. 工作速度

108. 磁性开关中的干簧管是利用（　　）来控制的一种开关

元件。

A. 磁场信号　　　　　　B. 压力信号

C. 温度信号　　　　　　D. 电流信号

109. 磁性开关的图形符号中，其菱形部分与动合触点部分用（　　）相连。

A. 虚线　　B. 实线　　　C. 双虚线　　D. 双实线

110. 磁性开关用于（　　）场所时应选金属材质的器件。

A. 化工企业　　　　　　B. 真空低压

C. 强酸强碱　　　　　　D. 高温高压

111. 磁性开关在使用时要注意磁铁与（　　）之间的有效距离在 10mm 左右。

A. 干簧管　　B. 磁铁　　　C. 触点　　　D. 外壳

112. 增量式光电编码器主要由（　　）、码盘、检测光栅、光电检测器件和转换电路组成。

A. 光电三极管　　　　　B. 运算放大器

C. 脉冲发生器　　　　　D. 光源

113. 可以根据增量式光电编码器单位时间内的脉冲数量测出（　　）。

A. 相对位置　　　　　　B. 绝对位置

C. 轴加速度　　　　　　D. 旋转速度

114. 增量式光电编码器根据信号传输距离选型时要考虑（　　）。

A. 输出信号类型　　　　B. 电源频率

C. 环境温度　　　　　　D. 空间高度

115. 增量式光电编码器配线时，应避开（　　）。

A. 电话线、信号线　　　B. 网络线、电话线

C. 高压线、动力线　　　D. 电灯线、电话线

116. PLC 是一种专门在（　　）环境下应用而设计的数字运算操作的电子装置。

A. 工业　　B. 军事　　　C. 商业　　　D. 农业

117. PLC 采用大规模集成电路构成的（　　）和存储器来组成逻辑部分。

　　A. 运算器　　　　　　　　B. 微处理器

　　C. 控制器　　　　　　　　D. 累加器

118. PLC 系统由基本单元、（　　）、编程器、用户程序、程序存入器等组成。

　　A. 键盘　　　　　　　　　B. 鼠标

　　C. 扩展单元　　　　　　　D. 外围设备

119. FX$_{2N}$ 系列 PLC 定时器用（　　）表示。

　　A. X　　　　B. Y　　　　C. T　　　　D. C

120. PLC 采用大规模集成电路构成的微处理器和（　　）来组成逻辑部分。

　　A. 运算器　　　　　　　　B. 控制器

　　C. 存储器　　　　　　　　D. 累加器

121. FX$_{2N}$ 系列 PLC 梯形图规定串联和并联的触点数是（　　）。

　　A. 有限的　　　　　　　　B. 无限的

　　C. 最多 4 个　　　　　　　D. 最多 7 个

122. FX$_{2N}$ 系列 PLC 光耦合器的有效输入电平形式是（　　）。

　　A. 高电平　　　　　　　　B. 低电平

　　C. 高电平或低电平　　　　D. 以上都是

123. PLC（　　）中存放的随机数据掉电即丢失。

　　A. RAM　　　　　　　　　B. ROM

　　C. EEPROM　　　　　　　D. 以上都是

124. PLC 在 RUN 模式下，执行顺序是（　　）。

　　A. 输入采样—执行用户程序—输出刷新

　　B. 执行用户程序—输入采样—输出刷新

　　C. 输入采样—输出刷新—执行用户程序

　　D. 以上都不对

125. PLC 在程序执行阶段，输入信号的改变会在（　　）扫描周期读入。

  A. 下一个　　　　　　　　B. 当前

  C. 下两个　　　　　　　　D. 下三个

126. FX$_{2N}$ PLC（　　）输出反应速度比较快。

  A. 继电器型　　　　　　　B. 晶体管和晶闸管型

  C. 晶体管和继电器型　　　D. 继电器和晶闸管型

127. 下列选项（　　）不是 PLC 的抗干扰措施。

  A. 可靠接地　　　　　　　B. 电源滤波

  C. 晶体管输出　　　　　　D. 光耦合器

128. FX$_{2N}$ 系列 PLC 中回路并联连接用（　　）指令。

  A. AND　　　B. ANI　　　C. ANB　　　D. ORB

129. 在 FX$_{2N}$ PLC 中，M8000 线圈用户可以使用（　　）次。

  A. 3　　　B. 2　　　C. 1　　　D. 0

130. 用 PLC 编程时，主程序可以有（　　）个。

  A. 1　　　B. 2　　　C. 3　　　D. 无限

131. 在 FX$_{2N}$ PLC 中，T200 的定时精度为（　　）。

  A. 1ms　　　B. 10ms　　　C. 100ms　　　D. 1s

132. 对于小型开关量的 PLC 梯形图程序，一般只有（　　）。

  A. 初始化程序　　　　　　B. 子程序

  C. 中断程序　　　　　　　D. 主程序

133. FX$_{2N}$ PLC 的通信口是（　　）模式。

  A. RS–232　　　　　　　B. RS–485

  C. RS–422　　　　　　　D. USB

134. PLC 编程软件通过计算机，可以对 PLC 实施（　　）。

  A. 编程　　　　　　　　　B. 运行控制

  C. 监控　　　　　　　　　D. 以上都是

135. 将程序写入 PLC 时，首先将（　　）清零。

  A. 存储器　　B. 计数器　　C. 计时器　　D. 计算器

136. 对于晶体管输出型 PLC，其所带负载只能由额定（　　）
电源供电。

A. 交流                  B. 直流

C. 交流或直流          D. 高压直流

137. PLC 的接地线截面一般大于（    ）$mm^2$。

     A. 1        B. 1.5        C. 2        D. 2.5

138. 对 PLC 进行外部环境检查，当湿度过大时应考虑装（    ）。

     A. 风扇       B. 加热器       C. 空调       D. 除尘器

139. 根据图 4-3 所示的电动机顺序启动梯形图，下列指令正确的是（    ）。

     A. LDI X000               B. AND T20

     C. AND X001            D. OUT T20    K30

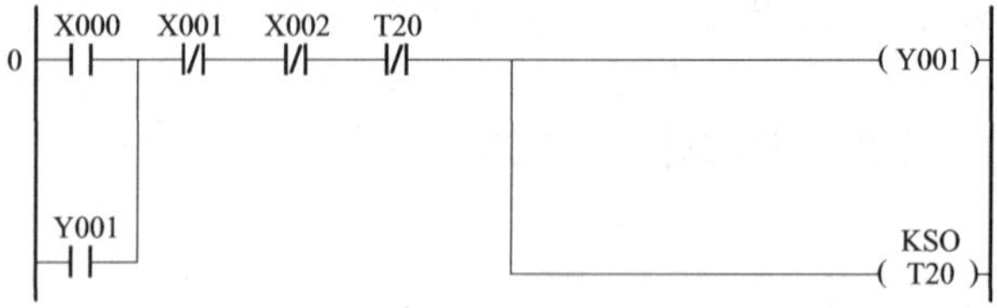

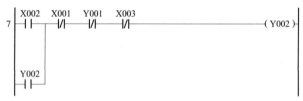

图 4-3    梯形图

140. 根据图 4-4 所示的电动机自动往返梯形图，下列指令正确的是（    ）。

图 4-4    梯形图

     A. LDI X002            B. ORI Y002

     C. AND Y001           D. ANDI X003

141. FX 编程器的显示内容包括（    ）、数据、工作方式、指令执行情况和系统工作状态等。

A. 地址 B. 参数

C. 程序 D. 位移寄存器

142. 对于晶闸管输出型 PLC，要注意负载电源为（ ），并且不能超过额定值。

A. AC 600V B. AC 220V

C. DC 220V D. DC 24V

143. 变频器是通过改变交流电动机的定子电压、频率等参数来（ ）的装置。

A. 调节电动机转速 B. 调节电动机转矩

C. 调节电动机功率 D. 调节电动机性能

144. 在通用变频器主电路中的电源整流器件较多采用（ ）。

A. 快速恢复二极管 B. 普通整流二极管

C. 肖特基二极管 D. 普通晶闸管

145. FR-A700 系列是三菱（ ）变频器。

A. 多功能、高性能 B. 经济型高性能

C. 水泵和风机专用型 D. 节能型轻负载

146. 在变频器输出侧的技术数据中，（ ）是用户选择变频器容量时的主要依据。

A. 额定输出电流 B. 额定输出电压

C. 输出频率范围 D. 配用电动机容量

147. 变频器常见的各种频率给定方式中，最易受干扰的方式是（ ）方式。

A. 键盘给定 B. 模拟电压信号给定

C. 模拟电流信号给定 D. 通信方式给定

148. 在变频器的几种控制方式中，其动态性能比较的结论是（ ）。

A. 转差矢量控制系统优于无速度检测器的矢量控制系统

B. $U/f$ 控制优于转差频率控制

C. 转差频率控制优于矢量控制

D. 无速度检测器的矢量控制系统优于转差型矢量控制系统

149. 变频器中的直流制动是为克服低速爬行现象而设计的，拖动负载惯性越大，（　　）设定位越高。

    A. 直流制动电压         B. 直流制动时间

    C. 直流制动电流         D. 制动起始频率

150. 西门子 MM420 变频器的主电路电源端子（　　）需经交流接触器和保护用断路器与三相电源连接。不宜采用主电路的通、断进行变频器的运行与停止操作。

    A. X、Y、Z         B. U、V、W

    C. L1、L2、L3       D. A、B、C

151. 一台使用多年的 250kW 电动机拖动鼓风机，经变频改造运行两个月后常出现过电流跳闸，故障的原因可能是（　　）。

    A. 变频器选配不当

    B. 变频器参数设置不当

    C. 变频供电的高频谐波使电动机绝缘加速老化

    D. 负载有时过重

152. 异步电动机的启动电流与启动电压成正比，启动转矩与启动（　　）。

    A. 电压的平方成正比    B. 电压成反比

    C. 电压成正比        D. 电压的平方成反比

153. 低压软启动器的主电路通常采用（　　）形式。

    A. 电阻调压         B. 自耦调压

    C. 开关变压器调压    D. 晶闸管调压

154. 西普 STR 系列（　　）软启动器，是外加旁路、智能型。

    A. A型    B. B型    C. C型    D. L型

155. 就交流电动机的各种启动方式的主要技术指标来看，性能最佳的是（　　）。

    A. 串电感启动        B. 串电阻启动

C. 软启动 D. 变频启动

156. 软启动器的功能调节参数有：运行参数、（　　）、停车参数。

A. 电阻参数 B. 启动参数

C. 电子参数 D. 电源参数

157. 内三角接法软启动器只需承担（　　）的电动机线电流。

A. $1/\sqrt{3}$　　B. 1/3　　　　　C. 3　　　　　D. $\sqrt{3}$

158. 软启动器（　　）常用于短时重复工作的电动机。

A. 跨越运行模式 B. 接触器旁路运行模式

C. 节能运行模式 D. 调压调速运行模式

159. 接通主电源后，软启动器虽处于待机状态，但电动机有嗡嗡响。此故障不可能的原因是（　　）。

A. 晶闸管短路故障 B. 旁路接触器有触点粘连

C. 触发电路不动作 D. 启动线路接线错误

160. 软启动器旁路接触器必须与软启动器的输入和输出端一一对应接正确，（　　）。

A. 要就近安装接线 B. 允许变换相序

C. 不允许变换相序 D. 应做好标识

（二）判断题（第161题～第200题。将判断结果填入括号中。正确的填"√"，错误的填"×"。每题0.5分，满分20分。）

161. （　　）企业文化对企业具有整合的功能。

162. （　　）职业道德对企业起到增强竞争力的作用。

163. （　　）职业活动中，每位员工都必须严格执行安全操作规程。

164. （　　）领导亲自安排的工作，一定要认真负责，其他工作可以马虎一点。

165. （　　）正弦量可以用相量表示，因此可以说，相量等于正弦量。

166. （　　）变压器既能改变交流电压，又能改变直流电压。

167. （　　）二极管两端加上正向电压就一定会导通。

168. （　　　）三极管有两个 PN 结、三个引脚、三个区域。

169. （　　　）分压式偏置共发射极放大电路是一种能够稳定静态工作点的放大器。

170. （　　　）在不能估计被测电路电流大小时，最好先选择量程足够大的电流表，粗测一下，然后根据测量结果，正确选用量程适当的电流表。

171. （　　　）测量电压时，电压表的内阻越小，测量精度越高。

172. （　　　）喷灯是一种利用燃烧对工件进行加工的工具，常用于锡焊。

173. （　　　）雷击是一种自然灾害，具有很多的破坏性。

174. （　　　）登高作业安全用具，应定期做静拉力试验，起重工具应做静荷重试验。

175. （　　　）锉刀很脆，可以当撬棒或锤子使用。

176. （　　　）生态破坏是指由于环境污染和破坏，对多数人的健康、生命、财产造成的公共性危害。

177. （　　　）信号发生器由单片机控制的函数发生器产生信号的频率及幅值，并能测试输入信号的频率。

178. （　　　）示波管的偏转系统由一个水平及垂直偏转板组成。

179. （　　　）示波器的带宽是测量交流信号时，示波器所能测试的最大频率。

180. （　　　）三端集成稳压电路可分正输出电压和负输出电压两大类。

181. （　　　）三端集成稳压电路选用时既要考虑输出电压，又要考虑输出电流的最大值。

182. （　　　）晶闸管型号 KS20–8 表示三相晶闸管。

183. （　　　）分立元件多级放大电路的耦合方式通常采用阻容耦合。

184. （　　　）集成运放工作在非线性场合也要加负反馈。

185.（　　）在单相半波可控整流电路中，控制角 $\alpha$ 越大，输出电压 $U_d$ 越大。

186.（　　）交流接触器与直流接触器可以互相替换。

187.（　　）三相异步电动机在进行能耗制动时定子绕组中通入三相交流电。

188.（　　）M7130 平面磨床的主电路中有三台电动机。

189.（　　）M7130 平面磨床中，砂轮电动机和液压泵电动机都采用了接触器互锁控制电路。

190.（　　）C6150 车床主轴电动机只能正转不能反转时，应首先检修电源进线开关。

191.（　　）Z3040 摇臂钻床中行程开关 SQ2 位置安装不当或发生移动时会造成摇臂夹不紧。

192.（　　）光电开关的抗光、电、磁干扰能力强，使用时可以不考虑环境条件。

193.（　　）电磁感应式接近开关由感应头、振荡器、继电器等组成。

194.（　　）磁性开关由电磁铁和继电器构成。

195.（　　）增量式光电编码器可将转轴的角位移、角速度等机械量转换成相应的电脉冲以数字量输出。

196.（　　）FX$_{2N}$–40ER 表示 FX$_{2N}$ 系列基本单元，输入和输出总点数为 40，继电器输出方式。

197.（　　）在用 PLC 梯形图编程时，多个输出继电器的线圈不能并联放在右端。

198.（　　）FX$_{2N}$ 控制的电动机正反转线路，交流接触器线圈电路中不需要使用触点硬件互锁。

199.（　　）在变频器实际接线时，控制电缆应靠近变频器，以防止电磁干扰。

200.（　　）软启动器的主电路采用晶闸管交流调压器，稳定运行时晶闸管长期工作。

职业技能鉴定国家题库统一试卷

# 维修电工中级理论知识试卷答案（1）

（一）单项选择题（第 1 题～第 160 题。选择一个正确的答案，将相应的字母填入题内的括号中。每题 0.5 分，满分 80 分。）

| | | | | | |
|---|---|---|---|---|---|
| 1. C | 2. D | 3. B | 4. C | 5. D | 6. D |
| 7. B | 8. C | 9. A | 10. A | 11. B | 12. B |
| 13. D | 14. B | 15. B | 16. A | 17. B | 18. A |
| 19. B | 20. D | 21. B | 22. C | 23. D | 24. C |
| 25. C | 26. B | 27. C | 28. A | 29. A | 30. B |
| 31. B | 32. D | 33. B | 34. A | 35. B | 36. B |
| 37. B | 38. C | 39. A | 40. B | 41. B | 42. A |
| 43. C | 44. C | 45. D | 46. C | 47. B | 48. B |
| 49. A | 50. A | 51. A | 52. D | 53. A | 54. A |
| 55. B | 56. C | 57. B | 58. B | 59. D | 60. C |
| 61. A | 62. B | 63. A | 64. C | 65. A | 66. D |
| 67. A | 68. B | 69. C | 70. B | 71. A | 72. A |
| 73. D | 74. B | 75. D | 76. B | 77. B | 78. A |
| 79. B | 80. C | 81. D | 82. C | 83. A | 84. B |
| 85. C | 86. D | 87. A | 88. D | 89. B | 90. B |
| 91. B | 92. A | 93. C | 94. A | 95. B | 96. B |
| 97. B | 98. A | 99. A | 100. B | 101. A | 102. D |
| 103. A | 104. D | 105. A | 106. C | 107. A | 108. A |
| 109. A | 110. D | 111. A | 112. D | 113. D | 114. A |
| 115. C | 116. A | 117. B | 118. C | 119. C | 120. C |
| 121. B | 122. B | 123. A | 124. A | 125. B | 126. B |

| 127. C | 128. D | 129. D | 130. A | 131. B | 132. D |
| 133. C | 134. D | 135. A | 136. B | 137. C | 138. C |
| 139. D | 140. D | 141. A | 142. B | 143. A | 144. B |
| 145. A | 146. A | 147. B | 148. A | 149. A | 150. C |
| 151. C | 152. A | 153. D | 154. B | 155. D | 156. B |
| 157. A | 158. C | 159. C | 160. C | | |

（二）判断题（第 161 题～第 200 题。将判断结果填入括号中。正确的填"√"，错误的填"×"。每题 0.5 分，满分 20 分。）

| 161. √ | 162. √ | 163. √ | 164. × | 165. × | 166. × |
| 167. × | 168. √ | 169. √ | 170. √ | 171. × | 172. × |
| 173. √ | 174. √ | 175. × | 176. × | 177. √ | 178. × |
| 179. √ | 180. √ | 181. √ | 182. × | 183. √ | 184. × |
| 185. × | 186. × | 187. × | 188. √ | 189. × | 190. × |
| 191. × | 192. × | 193. × | 194. × | 195. √ | 196. × |
| 197. × | 198. × | 199. × | 200. × | | |

职业技能鉴定国家题库

# 维修电工中级理论知识试卷（2）

## 注 意 事 项

（1）考试时间：120min。

（2）本试卷依据 2009 年颁布的《维修电工》国家职业标准命制。

（3）请首先按要求在试卷的标封处填写您的姓名、准考证号和所在单位的名称。

（4）请仔细阅读各种题目的回答要求，在规定的位置填写您的答案。

（5）不要在试卷上乱写乱画，不要在标封区填写无关的内容。

| | （一） | （二） | 总分 |
|---|---|---|---|
| 得　分 | | | |

| 得　分 | |
|---|---|
| 评分人 | |

（一）单项选择题（第1题～第160题。选择一个正确的答案，将相应的字母填入题内的括号中。每题0.5分，满分80分。）

1. 在市场经济条件下，职业道德具有（　　）的社会功能。

　A. 鼓励人们自由选择职业

　B. 遏制牟利最大化

　C. 促进人们的行为规范化

　D. 最大限度的克服人们受利益驱动

2. 下列关于勤劳节俭的论述中，不正确的选项是（　　）。

　A. 企业可提倡勤劳，但不宜提倡节俭

　B. 一分钟可以看成是八分钟

　C. 勤劳节俭符合可持续发展的要求

　D. 节省一块钱，就等于净赚一块钱

3. 关于创新的正确论述是（　　）。

　A. 不墨守陈规，但不可标新立异

　B. 企业经不起折腾，大胆的闯早晚会出问题

　C. 创新是企业发展的动力

　D. 创新需要灵感，但不需要情感

4. 爱岗敬业的具体要求是（　　）。

　A. 看效益决定是否爱岗

　B. 转变择业观念

　C. 提高职业技能

D. 增强把握择业的机遇知识

5. 伏安法测电阻是根据（　　）来算出数值。

   A. 欧姆定律　　　　　　　　B. 直接测量法

   C. 焦耳定律　　　　　　　　D. 基尔霍夫定律

6. 串联电阻的分压作用是阻值越大电压越（　　）。

   A. 小　　　　B. 大　　　　C. 增大　　　D. 减小

7. 支路电流法是支路电流为变量写节点电流方程及（　　）方程。

   A. 回路电压　　　　　　　　B. 电路功率

   C. 电路电流　　　　　　　　D. 回路电位

8. 如图4-5所示，A、B两点间的电压 $U_{AB}$ 为（　　）V。

   A. −18　　　　B. +18　　　　C. −6　　　　D. 8

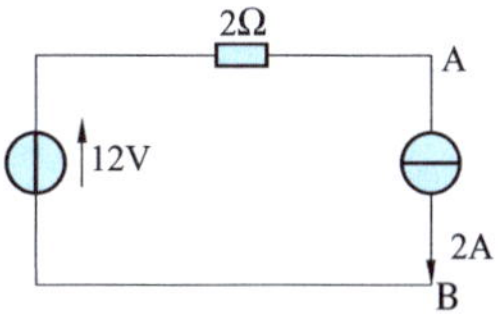

图4-5　电路图

9. 在正弦交流电路中，电路的功率因数取决于（　　）。

   A. 电路外加电压的大小

   B. 电路各元件参数及电源频率

   C. 电路的连接形式

   D. 电路的电流

10. 三相对称电路的线电压比对应相电压（　　）。

   A. 超前30°　　　　　　　　B. 超前60°

   C. 滞后30°　　　　　　　　D. 滞后60°

11. 三相异步电动机工作时，其电磁转矩是由旋转磁场与（　　）共同作用产生的。

   A. 定子电流　　　　　　　　B. 转子电流

   C. 转子电压　　　　　　　　D. 电源电压

12. 热继电器的作用是（　　　）。

    A. 短路保护　　　　　　　　　B. 过载保护

    C. 失电压保护　　　　　　　　D. 零电压保护

13. 三相异步电动机的启停控制线路中需要有短路保护、过载保护和（　　　）功能。

    A. 失磁保护　　　　　　　　　B. 超速保护

    C. 零速保护　　　　　　　　　D. 失电压保护

14. （　　　）以电气原理图，安装接线图和平面布置图最为重要。

    A. 电工　　　　　　　　　　　B. 操作者

    C. 技术人员　　　　　　　　　D. 维修电工

15. 点接触型二极管应用于（　　　）。

    A. 整流　　　B. 稳压　　　C. 开关　　　D. 光敏

16. 当二极管外加电压时，反向电流很小，且不对（　　　）变化。

    A. 正向电流　　　　　　　　　B. 正向电压

    C. 电压　　　　　　　　　　　D. 反向电压

17. 测得某电路板上晶体二极管 3 个电极对地的直流电位分别为 $U_e$=3V，$U_b$=3.7V，$U_c$=3.3V，则该管工作在（　　　）。

    A. 放大区　　　B. 饱和区　　　C. 截止区　　　D. 击穿区

18. 基极电流 $I_b$ 的数值较大时，易引起静态工作点 Q 接近（　　　）。

    A. 截止区　　　　　　　　　　B. 饱和区

    C. 死区　　　　　　　　　　　D. 交越失真

19. 如图 4-6 所示，该电路的反馈类型为（　　　）。

    A. 电压串联负反馈　　　　　　B. 电压并联负反馈

    C. 电流串联负反馈　　　　　　D. 电流并联负反馈

20. 单相桥式整流电路的变压器二次侧电压为 20V，每个整流二极管所承受的最大反向电压为（　　　）V。

    A. 20　　　　　B. 28.28　　　　　C. 40　　　　　D. 56.56

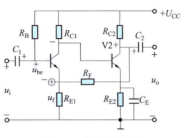

图 4-6　负反馈电路

21. 根据被测试电流的种类分为（　　　）。

　　A. 直流　　　　　　　　B. 交流

　　C. 交直流　　　　　　　D. 以上都是

22. 测量直流电流应选用（　　）电流表。

　　A. 磁电系　　B. 电磁系　　C. 电动系　　D. 整流系

23. 使用钢丝钳固定导线时，应将导线放在钳口（　　　）。

　　A. 前部　　　B. 后部　　　C. 中部　　　D. 上部

24. 选用量具时，不能用千分尺测量（　　）的表面。

　　A. 精度一致　　　　　　B. 精度较高

　　C. 精度较低　　　　　　D. 粗糙

25. 绝缘材料的耐热等级和允许最高温度中，等级代号是 1，耐热等级 A，它的允许温度是（　　　）℃。

　　A. 90　　　　B. 105　　　C. 120　　　D. 130

26. 防雷装置包括（　　　）。

　　A. 接闪器、引下线、接地装置

　　B. 避雷针、引下线、接地装置

　　C. 闪接器、接地线、接地装置

　　D. 接闪器、引下线、接零装置

27. 调节电桥平衡时，若检流计指针向标有"—"的方向偏转时，说明（　　　）。

　　A. 通过检流计的电流大，应增大比较臂的电阻

　　B. 通过检流计的电流小，应增大比较臂的电阻

C. 通过检流计的电流小，应减小比较臂的电阻

D. 通过检流计的电流大，应减小比较臂的电阻

28. 直流双臂电桥达到平衡时，被测电阻值为（　　）。

　　A. 倍率读数与可调电阻相乘

　　B. 倍率读数与桥臂电阻相乘

　　C. 桥臂电阻与固定电阻相乘

　　D. 桥臂电阻与可调电阻相乘

29. 信号发生器的幅值衰减 20dB 表示输出信号（　　）。

　　A. 衰减 20　　B. 衰减 1　　　C. 衰减 10　　D. 衰减 100

30. 信号发生器按频率分类有（　　）。

　　A. 低频信号发生器　　　　B. 高频信号发生器

　　C. 超高频信号发生器　　　D. 以上都是

31. 示波器的 X 轴通道对被测信号进行处理，然后加到示波管的（　　）偏转板上。

　　A. 水平　　　　B. 垂直　　　C. 偏上　　　D. 偏下

32. （　　）是适合现场工作且要用电池供电的示波器。

　　A. 台式示波器　　　　　　B. 手持示波器

　　C. 模拟示波器　　　　　　D. 数字示波器

33. 晶体管毫伏表最小量程一般为（　　）。

　　A. 10mV　　B. 1mV　　C. 1V　　　D. 0.1V

34. 三端集成稳压电路 W7905，其输出电压为（　　）V。

　　A. +5　　　　B. −5　　　　C. 7　　　　D. 8

35. 78 及 79 系列三端继承稳压电路的封装通常采用（　　）。

　　A. TO–220、TO–202　　B. TO–110、TO–202

　　C. TO–220、TO–101　　D. TO–110、TO–220

36. 符合有"1"得"1"，全"0"得"0"逻辑关系的逻辑门是（　　）。

　　A. 或门　　　B. 与门　　　C. 非门　　　D. 与非门

37. TTL 与非门电路低电平的产品型值通常不高于（　　）V。

　　A. 1　　　　B. 0.4　　　C. 0.8　　　D. 1.5

38. 晶闸管型号 KS20-8 中的 8 表示（　　）。

　　A. 允许的最高电压 800V　　B. 允许的最高电压 80V

　　C. 允许的最高电压 8V　　D. 允许的最高电压 8kV

39. 普通晶闸管 P 层的引出极是（　　）。

　　A. 漏极　　B. 阴极　　C. 门极　　D. 阳极

40. 普通晶闸管属于（　　）器件。

　　A. 不控　　B. 半控　　C. 全控　　D. 自控

41. 单结晶体管的结构中有（　　）个基极。

　　A. 1　　B. 2　　C. 3　　D. 4

42. 集成运放的中间级通常实现（　　）功能。

　　A. 电流放大　　B. 电压放大

　　C. 功率放大　　D. 信号传递

43. 固定偏置共射极放大电路，已知 $R_b$=300Ω，$R_c$=4kΩ，$U_{cc}$=12V，$\beta$=50，则 $U_{ceQ}$ 为（　　）。

　　A. 6　　B. 4　　C. 3　　D. 8

44. 分压式偏置共射极放大电路，稳定工作点效果受（　　）影响。

　　A. $R_c$　　B. $R_b$　　C. $R_e$　　D. $U_{cc}$

45. 放大电路的静态工作点偏低易导致信号波形出现（　　）失真。

　　A. 截止　　B. 饱和　　C. 交越　　D. 非线性

46. 多级放大电路之间常用共集电极放大电路，它是利用（　　）的特性。

　　A. 输入电阻大、输出电阻大

　　B. 输入电阻小、输入电阻大

　　C. 输入电阻大、输出电阻小

　　D. 输入电阻小、输出电阻小

47. 输入电阻最小的放大电路是（　　）。

　　A. 共射极放大电路　　B. 共集电极放大电路

　　C. 共基极放大电路　　D. 差动放大电路

48. 能用于传递交流信号、电路结构简单的耦合方式是
（ ）。

    A. 阻容耦合               B. 变压器耦合

    C. 直接耦合               D. 电感耦合

49. 要稳定输出电流，放大电路输入电阻应选用（ ）负
反馈。

    A. 电压串联               B. 电压并联

    C. 电流串联               D. 电流并联

50. 差动放大电路能放大（ ）。

    A. 直流信号               B. 交流信号

    C. 共模信号               D. 差模信号

51. 下列集成运放的应用能将矩形波变为尖顶脉冲波的是
（ ）。

    A. 比例应用               B. 加法应用

    C. 共模应用               D. 差模信号

52. 单片机集成功率放大器件的功率通常在（ ）W左右。

    A. 10       B. 1       C. 5       D. 8

53. LC选频振荡电路，当电路频率高于谐振频率时，电路性
质为（ ）。

    A. 电阻性               B. 感性

    C. 容性                 D. 纯电容性

54. 串联型稳压电路的调整管接成（ ）。

    A. 共基极               B. 集电极

    C. 共射极               D. 分压式共射极

55. CW7806的输出电压和最大输出电流为（ ）。

    A. 6V，1.5A          B. 6V，1A

    C. 6V，0.5A         D. 6V，0.1A

56、单相半波可控整流电路中晶闸管所承受的最高电压是
（ ）。

    A. 1.414$U$    B. 0.707$U$    C. $U$        D. 2$U$

57. 单相半波可控整流电路的电源电压为 220V，晶闸管的额定电压要留 2 倍裕量，则需选购（　　）V 的晶闸管。

　　A. 250　　　　B. 300　　　　C. 500　　　　D. 700

58. 单相桥式可控整流电路电感性负载带续流二极管时，晶闸管的导通角为（　　）。

　　A. $180° - \alpha$　　　　　　B. $90° - \alpha$

　　C. $90° + \alpha$　　　　　　D. $180° + \alpha$

59. （　　）触发电路输出尖脉冲。

　　A. 交流变频　　　　　　B. 脉冲变压器

　　C. 集成　　　　　　　　D. 单结晶体管

60. 晶闸管电路中采用（　　）的方法来实现过电流保护。

　　A. 接入电流继电器　　　B. 接入热继电器

　　C. 并联快速熔断器　　　D. 串联快速熔断器

61. 晶闸管两端并联阻容吸收电路的目的是（　　）。

　　A. 防止电压尖峰　　　　B. 防止电流尖锋

　　C. 产生触发脉冲　　　　D. 产生自感电动势

62. 熔断器的额定分断能力必须大于电路中可能出现的最大（　　）。

　　A. 短路电流　　　　　　B. 工作电流

　　C. 过载电流　　　　　　D. 启动电流

63. 短路电流很大的电气线路中宜选用（　　）断路器。

　　A. 塑壳式　　　　　　　B. 限流型

　　C. 框架式　　　　　　　D. 直流快速断路器

64. 中间继电器的选用依据是控制电路的电压等级、（　　）所需触点的数量和容量等。

　　A. 电流类型　　　　　　B. 短路电流

　　C. 阻抗大小　　　　　　D. 绝缘等级

65. 行程开关根据安装环境选择防护方式，如开启式或（　　）。

　　A. 发光式　　　B. 塑壳式　　　C. 防护式　　　D. 铁壳式

66. 选用 LED 指示灯的优点之一是（　　　）。

　　A. 发光式　　B. 用电省　　C. 价格低　　D. 颜色多

67. BK 系列控制变压器适用于作为机床和机械设备中一般电器的（　　　）、局部照明及指示电源。

　　A. 电动机　　　　　　　　B. 油泵

　　C. 控制电源　　　　　　　D. 压缩机

68. 对于环境温度变化大的场合，不宜选用（　　　）时间继电器。

　　A. 晶体管式　　　　　　　B. 电动式

　　C. 液压式　　　　　　　　D. 手动式

69. 压力继电器选用时首先要考虑所测对象的压力范围，还有符合电路中的（　　　）、接口管径的大小。

　　A. 功率因数　　　　　　　B. 额定电压

　　C. 电阻率　　　　　　　　D. 相位差

70. 直流电动机结构复杂、价格贵、制造麻烦、维护困难，但是（　　　）调速范围大。

　　A. 启动性能差　　　　　　B. 启动性能好

　　C. 启动电流小　　　　　　D. 启动转矩小

71. 直流电动机的定子由机座、主磁极、换向极（　　　）、端盖等组成。

　　A. 转轴　　　　　　　　　B. 电刷装置

　　C. 电枢　　　　　　　　　D. 换向器

72. 并励直流电动机的励磁绕组与（　　　）并联。

　　A. 电枢绕组　　　　　　　B. 换向绕组

　　C. 补偿绕组　　　　　　　D. 稳定绕组

73. 直流电动机启动时，随着转速的上升要（　　　）电枢回路的电阻。

　　A. 先增大后减小　　　　　B. 保持不变

　　C. 渐渐增大　　　　　　　D. 渐渐减小

74. 直流电动机降低电枢电压调整属于（　　　）调速方式。

A. 恒转矩　　B. 恒功率　　　C. 通风机　　　D. 泵类

75. 直流电动机的各种制动方法中，能向电源反送电能的方法是（　　）。

　　A. 反接制动　　　　　　　B. 抱闸制动

　　C. 能耗制动　　　　　　　D. 回馈制动

76. 直流串励电动机需要反转式，一般将（　　）两头反接。

　　A. 励磁绕组　　　　　　　B. 电枢绕组

　　C. 补偿绕组　　　　　　　D. 换向绕组

77. 直流电动机由于换向器表面有油污导致电刷下火花过大时应（　　）。

　　A. 更换电刷　　　　　　　B. 重新精车

　　C. 清洁换向器表面　　　　D. 对换向器进行研磨

78. 绕线式异步电动机转子串频敏变阻器时，随着转速的升高（　　）自动减小。

　　A. 频敏变阻器的等效电压　B. 频敏变阻器的等效电流

　　C. 频敏变阻器的等效功率　D. 频敏变阻器的等效阻抗

79. 绕线式异步电动机转子串频敏变阻器启动与串电阻分级启动相比，控制线路（　　）。

　　A. 比较简单　　　　　　　B. 比较复杂

　　C. 只能手动控制　　　　　D. 只能自动控制

80. 以下属于多台电动机顺序控制的线路是（　　）。

　　A. 一台电动机正转时不能立即反转的控制线路

　　B. Ｙ–△ 启动控制线路

　　C. 电梯先上升后下降的控制线路

　　D. 电动机 2 可以单独停止、电动机 1 停止时电动机 2 也停止的控制线路

81. 位置控制就是利用生产机械运动部件上的（　　）与位置开关碰撞来控制电动机的工作状态。

　　A. 挡铁　　　B. 红线外　　　C. 按钮　　　　D. 超声波

82. 下列不属于位置控制线路的是（　　）。

A. 走廊照明灯的两处控制电路

B. 龙门刨床的自动往返控制电路

C. 电梯的开关门电路

D. 工厂车间里行车的终点保护电路

83. 三相异步电动机能耗制动时，机械能转换为电能并消耗在（　　）回路的电阻上。

　　A. 励磁　　　B. 控制　　　C. 定子　　　D. 转子

84. 三相异步电动机进行反接制动时，（　　）绕组中通入相序相反的三相交流电。

　　A. 补偿　　　B. 励磁　　　C. 定子　　　D. 转子

85. 三相异步电动机的各种电气制动方法中，最节能的制动方法是（　　）。

　　A. 再生制动　　　　　　B. 能耗制动

　　C. 反接制动　　　　　　D. 机械制动

86. 同步电动机采用变频启动法启动时，转子励磁绕组应该（　　）。

　　A. 接到规定的直流电源　　B. 串入一定的电阻后短接

　　C. 开路　　　　　　　　　D. 短路

87. M7130 平面磨床的主电路中有（　　）个接触器。

　　A. 3　　　　B. 2　　　　C. 1　　　　D. 4

88. M7130 平面磨床控制电路中串接着传换开关 QS2 的动合触点和（　　）。

　　A. 欠电流继电器 KUC 的动合触点

　　B. 欠电流继电器 TUC 的动断触点

　　C. 过电流继电器 KUC 的动合触点

　　D. 过电流继电器 KUC 的动断触点

89. M7130 平面磨床控制线路中导线截面最粗的是（　　）。

　　A. 连接砂轮电动机 M1 的导线

　　B. 连接电源开关 QS1 的导线

　　C. 连接电磁吸盘 YH 的导线

D. 连接转化开关 QS2 的导线

90. M7130 平面磨床中的砂轮电动机和液压泵电动机都采用了（　　）正常控制电路。

A. 接触器自锁　　　　　　　B. 按钮互锁

C. 接触器互锁　　　　　　　D. 时间继电器互锁

91. M7130 平面磨床中电磁吸盘 YH 工作后砂轮和（　　）才能进行磨削加工。

A. 照明变压器　　　　　　　B. 加热器

C. 工作台　　　　　　　　　D. 照明灯

92. M7130 平面磨床中砂轮电动机的热继电器动作的原因之一是（　　）。

A. 电源熔断器 FU1 烧断两个

B. 砂轮进给量过大

C. 液压泵电动机过载

D. 接插器 X2 接触不良

93. C6150 车床控制线路中，有（　　）个普通按钮。

A. 2　　　　　B. 3　　　　　C. 4　　　　　D. 5

94. C6150 车床控制线路中变压器安装在配电板的（　　）。

A. 左方　　　　B. 右方　　　　C. 上方　　　　D. 下方

95. C6150 车床主轴电动机转向的变化由（　　）来控制。

A. 按钮 SB1 和 SB2　　　　　B. 行程开关 SQ3 和 SQ4

C. 按钮 SB3 和 SB4　　　　　D. 主令开关 SA2

96. C6150 车床（　　）的正反转控制线路具有中间继电器互锁功能。

A. 冷却液电动机　　　　　　B. 主轴电动机

C. 快速移动电动机　　　　　D. 主轴

97. C6150 车床控制电路无法工作的原因是（　　）。

A. 接触器 KM1 损坏

B. 控制变压器 TC 损坏

C. 接触器 KM2 损坏

D. 三位置自动复位开关 SA1 损坏

98. C6150 车床主电路有电，控制电路不能工作时。应首先检修（　　）。

　　A. 电源进线开关

　　B. 接触器 KM1 或 KM2

　　C. 控制变压器 TC

　　D. 三位置自动复位开关 SA1

99. Z3040 摇臂钻床主电路中有四台电动机，用了（　　）个接触器。

　　A. 6　　　　　　B. 5　　　　　　C. 4　　　　　　D. 3

100. Z3040 摇臂钻床的冷却泵电动机由（　　）控制。

　　A. 接插器　　　　　　　　　B. 接触器

　　C. 按钮点动　　　　　　　　D. 手动开关

101. Z3040 摇臂钻床中液压泵电动机的正反转具有（　　）功能。

　　A. 接触器互锁　　　　　　　B. 双重互锁

　　C. 按钮互锁　　　　　　　　D. 电磁阀互锁

102. Z3040 摇臂钻床中摇臂不能夹紧的原因可能是（　　）。

　　A. 行程开关 SQ2 安置位置不当

　　B. 时间继电器定时不合适

　　C. 上轴电动机故障

　　D. 液压系统故障

103. Z3040 摇臂钻床中摇臂不能加紧的原因是液压系统压力不够时，应（　　）。

　　A. 调整行程开关 SQ2 的位置

　　B. 重接电源相序

　　C. 更换液压泵

　　D. 调整行程开关 SQ3 的位置

104. 光电开关按结构可分为（　　）、放大器内藏型和电源内藏型 3 类。

A. 放大器组合型      B. 放大器分离型

C. 电源分离型      D. 放大器集成型

105. 光电开关的接收器根据所接收到的（　　　）对目标物体实现探测产生开关信号。

A. 压力大小      B. 光线强弱

C. 电流大小      D. 频率高低

106. 光电开关可以（　　）无损伤的迅速监测和控制各种固体、液体、透明体、黑体、柔软体、烟雾等物质的状态。

A. 高亮度      B. 小电流

C. 非接触      D. 电磁感应

107. 当检测远距离的物体时，应优先选用（　　　）光电开关。

A. 光纤式      B. 槽式

C. 对射式      D. 漫反射式

108. 光电开关的配线不能与（　　　）放在同一配线管或线槽内。

A. 光纤    B. 网线    C. 动力线    D. 电话线

109. 高频振荡电感性接近开关主要由感应头、（　　　）、开关器、输出电路等组成。

A. 光电三极管      B. 发光二极管

C. 振荡器      D. 继电器

110. 高频振荡电感性接近开关的感应头附近有金属物体接近时，接近开关（　　　）。

A. 涡流损耗减少      B. 无信号输出

C. 振荡电路工作      D. 振荡减弱或停止

111. 接近开关的图形符号中，其菱形部分与动合触点部分用（　　　）相连。

A. 虚线    B. 实线    C. 双虚线    D. 双实线

112. 当检测体为（　　　）时应选用电容性接近开关。

A. 透明材料      B. 不透明材料

C. 金属材料      D. 非金属材料

113. 磁性开关可以由（　　）构成。

    A. 接触器和按钮　　　　B. 二极管和电磁铁

    C. 二极管和永久磁铁　　D. 永久磁铁和干簧管

114. 磁性开关与干簧管的工作原理是（　　）。

    A. 与霍尔元件一样　　　B. 磁铁靠近接通无磁断开

    C. 通电接通、无电断开　D. 与电磁铁一样

115. 磁性开关的图形符号中其动合触点部分与（　　）的符号相同。

    A. 断路器　　　　　　　B. 一般开关

    C. 热继电器　　　　　　D. 时间继电器

116. 磁性开关用于（　　）场所时应选 PP、PVDF 材质的器件。

    A. 海底高压　　　　　　B. 高空低压

    C. 强酸强碱　　　　　　D. 高温高压

117. 增量式光电编码器由（　　）、码盘、检测光缆、光电检测器件和转换电路组成。

    A. 光电三极管　　　　　B. 运算放大器

    C. 脉冲发生器　　　　　D. 光源

118. 可以根据增量式光电编码器单位时间内的脉冲数量测出（　　）。

    A. 相对位置　　　　　　B. 绝对位置

    C. 轴加速度　　　　　　D. 旋转速度

119. 增量式光电编码器根据信号传输距离选型时要考虑（　　）。

    A. 输出信号类型　　　　B. 电源频率

    C. 环境温度　　　　　　D. 空间高温

120. 增量式光电编码器配线延长时，应在（　　）以下。

    A. 1km　　B. 100m　　　C. 1m　　　　D. 10m

121. PLC 系统由基本单元、（　　）、编程器、用户程序、程序存入器等组成。

  A. 键盘　　　　　　　　　B. 鼠标

  C. 扩展单元　　　　　　　D. 外围设备

122. FX$_{2N}$系列 PLC 计数器用（　　）表示。

  A. X　　　　B. Y　　　　C. T　　　　D. C

123. PLC 通过编程可以灵活的改变（　　），实现改变常规电气控制电路的目的。

  A. 主电路　　　　　　　　B. 硬接线

  C. 控制电路　　　　　　　D. 控制程序

124. FX$_{2N}$系列 PLC 光耦合器有效输入电平形式是（　　）。

  A. 高电平　　　　　　　　B. 低电平

  C. 高电平和低电平　　　　D. 以上都是

125. PLC 在 RUN 模式下，执行顺序是（　　）。

  A. 输入采样、执行用户程序、输出刷新

  B. 执行用户程序、输入采样、输出刷新

  C. 输入采样、输出刷新、执行用户程序

  D. 以上都不用

126. PLC 停止时，（　　）阶段停止执行。

  A. 程序执行　　　　　　　B. 存储器

  C. 传感器采样　　　　　　D. 输入采样

127. 用 PLC 控制可以节省大量继电器—接触器控制电路中的（　　）。

  A. 交流接触器

  B. 熔断器

  C. 开关

  D. 中间继电器和时间继电器

128. （　　）是 PLC 主机的技术性能范围。

  A. 光电传感器　　　　　　B. 数据存储器

  C. 温度传感器　　　　　　D. 行程开关

129. FX$_{2N}$系列继电器输出型 PLC 不可以（　　）。

  A. 输出高速脉冲

B. 直接驱动交流指示灯

C. 驱动额定电流下的交流负载

D. 驱动额定电流下的直流负载

130. FX$_{2N}$ –20MT PLC 表示（    ）类型。

　　A. 继电器输出　　　　　　　B. 晶闸管输出

　　C. 晶体管输出　　　　　　　D. 单结晶体管输出

131. FX$_{2N}$ 系列 PLC 输入动合触点用（    ）指令。

　　A. LD　　　B. LDI　　　C. OR　　　D. ORI

132. 在 FX$_{2N}$ 系列 PLC 中 M8000 线圈用户可以使用（    ）次。

　　A. 3　　　B. 2　　　C. 1　　　D. 0

133. PLC 控制程序由（    ）部分构成。

　　A. 一　　　B. 二　　　C. 三　　　D. 无限

134. PLC 的梯形图规定串联的触点数是（    ）。

　　A. 有限的　　　　　　　　　B. 无限的

　　C. 最多 8 个　　　　　　　　D. 最多 16 个

135. 对于复杂的 PLC 梯形图设计，一般采用（    ）。

　　A. 经验法　　　　　　　　　B. 顺序控制设计法

　　C. 子程序　　　　　　　　　D. 中断程序

136. FX$_{2N}$ PLC 的通信口是（    ）模式。

　　A. RS–232　　　　　　　　　B. RS–485

　　C. FX 系列　　　　　　　　　D. USB

137. 三菱 GXDeveloper 编程软件可以对（    ）PLC 进行编程。

　　A. A 系列　　　　　　　　　B. Q 系列

　　C. FX 系列　　　　　　　　　D. 以上都可以

138. 对于晶闸管输出型 PLC，其所带负载只能由额定（    ）电源供电。

　　A. 交流　　　　　　　　　　B. 直流

　　C. 交流或直流　　　　　　　D. 低压直流

139. 对于 PLC 电源干扰的抑制，一般采用隔离变压器和（    ）来解决。

    A. 直流斩波器　　　　　　B. 交流斩波器

    C. 直流发电机　　　　　　D. 交流整流器

140. 为避免程序和（    ）丢失，PLC 装有锂电池，当锂电池电压降至相应的信号灯亮时，要及时更换电池。

    A. 地址　　　　B. 序号　　　　C. 指令　　　　D. 数据

141. 根据图 4-7 所示的电动机正反转梯形图，下列指令正确的是（    ）。

    A. ORI Y002　　　　　　B. LDI X001

    C. ANDI X000　　　　　　D. AND X002

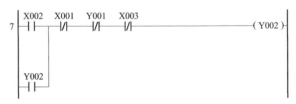

图 4-7　电动机正反转梯形图

142. 根据图 4-8 所示的电动机正反转梯形图，下列指令正确的是（    ）。

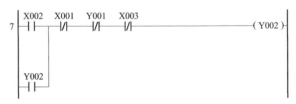

图 4-8　电动机正反转梯形图

    A. LDI X002　　　　　　B. ORI Y002

    C. AND Y001　　　　　　D. ANDI X003

143. FX 编程器的显示内容包括地址、数据、（    ）、指令执行情况和系统工作状态灯。

A. 程序　　　　　　　　B. 参数

C. 工作方式　　　　　　D. 位移存储器

144. 对于晶闸管输出型 PLC，要注意负载电源为（　　），并且不能超过额定值。

A. AC 600V　　　　　　B. AC 220V

C. DC 200V　　　　　　D. DC 24V

145. 变频器是通过改变交流电动机的定子电压、频率等参数来（　　）的装置。

A. 调节电动机转速　　　B. 调节电动机转矩

C. 调节电动机功率　　　D. 调节电动机性能

146. 交—交变频装置通常只适用于（　　）拖动系统。

A. 低速大功率　　　　　B. 高速大功率

C. 低速小功率　　　　　D. 高速小功率

147. 在通用变频主电路中的电源整流器较多采用（　　）。

A. 快速恢复二极管　　　B. 普通整流二极管

C. 肖特基二极管　　　　D. 普通晶闸管

148. FR-A700 系列是三菱（　　）变频器。

A. 多功能、高性能　　　B. 经济型高性能

C. 水泵和风机专用型　　D. 节能型轻负载

149. （　　）方式适用于变频器停机状态时电动机有正转或反转现象的小惯性负载，对于高速运转的大惯性负载则不适合。

A. 先制动再启动　　　　B. 从启动频率启动

C. 转速跟踪再启动　　　D. 先启动再制动

150. 变频器常见的各种频率给定方式中，最容易受干扰的方式是（　　）方式。

A. 键盘给定　　　　　　B. 模拟电压信号给定

C. 模拟电流信号给定　　D. 通信方式给定

151. 在变频器输出侧切勿安装（　　）。

A. 移相电容　　　　　　B. 交流电抗器

C. 噪声滤波器　　　　　D. 测试仪表

152. 西门子MM420变频器的主电路电源端子（　　）需经交流接触器和保护用断路器与三相电源连接。但不宜采用主电路的通、断进行变频的运行与停止操作。

    A. X、Y、Z            B. U、V、W

    C. L1、L2、L3       D. A、B、C

153. 交流电动机最佳的启动效果是（　　）。

    A. 启动电流越小越好    B. 启动电流越大越好

    C.（可调）恒流启动     D.（可调）恒压启动

154. 软启动器的主电路通常采用（　　）形式。

    A. 电阻调压            B. 自耦调压

    C. 开关变压器调节      D. 晶闸管调压

155. 就交流电动机各种启动方式的主要技术指标来看，性能最佳的是（　　）。

    A. 串电感启动          B. 串电阻启动

    C. 软启动              D. 变频启动

156. 软启动器的功能调节参数有运行参数、（　　）、停车参数。

    A. 电阻参数            B. 启动参数

    C. 电子参数             D. 电源参数

157. 水泵停车时，软启动器应采用（　　）。

    A. 自由停车             B. 软停车

    C. 能耗制动停车        D. 反接制动停车

158. 在（　　）下，一台软启动器才有可能启动多台电动机。

    A. 跨越运行模式        B. 节能运行模式

    C. 接触旁路运行模式   D. 调压调速运行模式

159. 软启动器（　　）常用于短时重复工作的电动机。

    A. 跨越运行模式        B. 接触器旁路运行模式

    C. 节能运行模式        D. 调压调速运行模式

160. 软启动器完成启动后，旁路接触器刚动作就跳闸，故障原因可能是（　　）。

A. 启动参数不合适

B. 晶闸管模块故障

C. 启动控制方式不当

D. 旁路接触器与软启动器的接线相序不一致

（二）判断题（第 161 题～第 200 题。将判断结果填入括号中。正确的填"√"，错误的填"×"。每题 0.5 分，满分 20 分。）

161.（　　）事业成功的人往往具有较高的职业道德。

162.（　　）市场经济条件下，是否遵守承诺并不违反职业道德规范中关于诚实守信的要求。

163.（　　）要做到办事公道，在处理公私关系时，要公私不分。

164.（　　）职业纪律中包括群众纪律。

165.（　　）电工在维修有故障的设备时，重要部件必须加倍爱护，而像螺钉、螺帽等通用件可以随意放置。

166.（　　）不管是工作日还是休息日，穿工作服是一种受鼓励的良好着装习惯。

167.（　　）电路的作用是实现能量的传输和转换、信号的传递和处理。

168.（　　）正弦交流电路的视在功率等于有功功率和无功功率之和。

169.（　　）异步电动机的铁心应该选用软磁材料。

170.（　　）电流对人体的伤害可分为电击和电伤。

171.（　　）文明生产对提高生产效率是不利的。

172.（　　）质量管理是企业经营管理的一个重要内容，是企业的生命线。

173.（　　）劳动者患病或负伤，在规定的医疗期内，用人单位可以解除劳动合同。

174.（　　）《中华人民共和国电力法》规定电力事业投资，实行谁投资、谁受益的原则。

175.（　　）直流双臂电桥的测量范围为 $0.01 \sim 11\Omega$。

176.（　　）直流单臂电桥有一个比率而直流双臂电桥有两个比率。

177.（　　）手持式数字万用表又称为低档数字万用表，按测试精度可分为三位半、四位半。

178.（　　）集成运放不仅能应用于普通的运算电路，还能用于其他场合。

179.（　　）常用逻辑门电路的逻辑功能有与非、或非、与或非等。

180.（　　）交流接触器与直流接触器可以互相替换。

181.（　　）三角形接法的异步电动机可选两相结构的热继电器。

182.（　　）多台电动机的顺序控制功能无法在主电路中实现。

183.（　　）三相异步电动机的能耗制动过程可用速度继电器来控制。

184.（　　）三相异步电动机倒拉反接制动的主电路与反转的主电路类似。

185.（　　）C6150 车床的主电路中有 4 台电动机。

186.（　　）Z3040 摇臂钻床冷却泵电动机的手动开关安装在工作台。

187.（　　）Z3040 摇臂钻床的主轴电动机仅做单向旋转，由接触器 KM1 控制。

188.（　　）高频振荡型接近开关和电容型接近开关对环境条件的要求较高。

189.（　　）磁性开关的触点一般在磁铁接近干簧管 10cm 左右时，发出动作信号。

190.（　　）增量式光电编码器可将转轴的电脉冲转换成相应的位移、角速度等机械量输出。

191.（　　）PLC 是一种专门在工业环境下应用而设计的数字运算操作电子装置。

192.（　　） PLC 的输入采用光耦合来提高抗干扰能力。

193.（　　） PLC 的工作过程是并行扫描工作过程，其工作过程分为三个阶段。

194.（　　） $FX_{2N}$ PLC 的 DC 输入型是低电平有效。

195.（　　） $FX_{2N}$ PLC 共有 256 个定时器。

196.（　　） PLC 编程工作方式的主要功能是输入新的控制程序或对已有的程序予以编辑。

197.（　　） 风机、泵类负载在轻载时变频，满载时工频运行，这种工频–变频的切换方式最节能。

198.（　　） 变频器由微处理器控制，可以实现过电压/欠电压保护、变频器过热保护、接地故障保护、短路保护、电动机过热保护、PTC 电动机保护。

199.（　　） 西普 STR 系列 B 型软启动器是外加旁路、智能型。

200.（　　） 软启动器的日常维护应由使用人员自行开展。

## 职业技能鉴定国家题库统一试卷

# 维修电工中级理论知识试卷答案（2）

（一）单项选择题（第 1 题～第 160 题。选择一个正确的答案，将相应的字母填入题内的括号中。每题 0.5 分，满分 80 分。）

| | | | | | |
|---|---|---|---|---|---|
| 1. C | 2. A | 3. C | 4. C | 5. A | 6. B |
| 7. A | 8. D | 9. B | 10. A | 11. B | 12. B |
| 13. D | 14. D | 15. C | 16. A | 17. B | 18. B |
| 19. D | 20. B | 21. D | 22. A | 23. C | 24. D |
| 25. B | 26. A | 27. C | 28. A | 29. C | 30. D |

| 31. A | 32. B | 33. B | 34. B | 35. A | 36. A |
| 37. B | 38. A | 39. D | 40. B | 41. B | 42. B |
| 43. B | 44. C | 45. A | 46. C | 47. C | 48. A |
| 49. C | 50. D | 51. C | 52. B | 53. C | 54. B |
| 55. A | 56. A | 57. D | 58. A | 59. D | 60. D |
| 61. A | 62. A | 63. B | 64. A | 65. C | 66. B |
| 67. C | 68. A | 69. B | 70. B | 71. B | 72. A |
| 73. D | 74. A | 75. D | 76. A | 77. C | 78. D |
| 79. A | 80. D | 81. A | 82. A | 83. D | 84. C |
| 85. A | 86. A | 87. B | 88. A | 89. B | 90. A |
| 91. C | 92. B | 93. C | 94. D | 95. D | 96. D |
| 97. B | 98. C | 99. B | 100. D | 101. A | 102. D |
| 103. C | 104. B | 105. B | 106. C | 107. A | 108. C |
| 109. C | 110. D | 111. A | 112. D | 113. D | 114. B |
| 115. B | 116. C | 117. D | 118. D | 119. A | 120. D |
| 121. C | 122. D | 123. D | 124. D | 125. A | 126. A |
| 127. D | 128. B | 129. A | 130. C | 131. A | 132. D |
| 133. C | 134. B | 135. B | 136. C | 137. D | 138. A |
| 139. B | 140. D | 141. C | 142. D | 143. C | 144. B |
| 145. A | 146. A | 147. B | 148. A | 149. A | 150. B |
| 151. A | 152. C | 153. C | 154. D | 155. D | 156. B |
| 157. B | 158. C | 159. C | 160. D | | |

(二)判断题(第 161 题～第 200 题。将判断结果填入括号中。正确的填"√",错误的填"×"。每题 0.5 分,满分 20 分。)

| 161. √ | 162. × | 163. × | 164. √ | 165. × | 166. × |
| 167. √ | 168. × | 169. √ | 170. √ | 171. × | 172. √ |
| 173. × | 174. √ | 175. × | 176. √ | 177. √ | 178. √ |
| 179. √ | 180. × | 181. × | 182. × | 183. √ | 184. × |
| 185. √ | 186. × | 187. √ | 188. × | 189. × | 190. × |
| 191. √ | 192. √ | 193. × | 194. √ | 195. √ | 196. √ |

197. √  198. √  199. √  200. ×

职业技能鉴定国家题库

# 维修电工中级理论知识试卷（3）

## 注 意 事 项

（1）本试卷依据 2009 年颁布的《维修电工》国家职业标准命制，考试时间：120min。

（2）请在试卷标封处填写姓名、准考证号和所在单位的名称。

（3）请仔细阅读答题要求，在规定位置填写答案。

| | （一） | （二） | 总分 |
|---|---|---|---|
| 得 分 | | | |

| 得 分 | |
|---|---|
| 评分人 | |

（一）单项选择题（第 1 题～第 160 题。选择一个正确的答案，将相应的字母填入题内的括号中。每题 0.5 分，满分 80 分。）

1. 在市场经济条件下，职业道德具有（　　）的社会功能。

　　A. 鼓励人们自由选择职业

　　B. 遏制牟利最大化

　　C. 促进人们的行为规范化

　　D. 最大限度地克服人们受利益驱动

2. 市场经济条件下，职业道德最终将对企业起到（　　）的作用。

A. 决策科学化　　　　　　B. 提高竞争力

C. 决定经济效益　　　　　D. 决定前提与命运

3. (　　) 是企业诚实守信的内在要求。

A. 维护企业信誉　　　　　B. 增加职工福利

C. 注重经济效益　　　　　D. 决定前途与命运

4. 下列关于勤劳节约的论述中, 不正确的选项是 (　　)。

A. 勤劳节约能够促进经济和社会发展

B. 勤劳是现代市场经济需要的, 而节俭则不宜提倡

C. 勤劳和节俭符合可持续发展的要求

D. 勤劳节俭有利于企业增产增效

5. 下面说法中正确的是 (　　)。

A. 下班后不要穿工作服

B. 不穿奇装异服上班

C. 上班时要按规定穿整洁的工作服

D. 女职工的工作服越艳丽越好

6. 有关文明生产的说法, (　　) 是正确的。

A. 为了及时下班, 可以直接拉断电源总开关

B. 下班时没有必要搞好工作现场的卫生

C. 工具使用后应按规定放置到工具箱中

D. 电工工具不全时, 可以冒险带电作业

7. 电位是 (　　), 随参考点的改变而改变, 而电压是绝对量, 不随参考点的改变而改变。

A. 常量　　　B. 变量　　　C. 绝对量　　　D. 相对量

8. 电工的常用单位有 (　　)。

A. 焦耳　　　B. 伏安　　　C. 度　　　D. 瓦

9. 把垂直穿过磁场中某一截面的磁力线条数叫做 (　　)。

A. 磁通或磁通量　　　　　B. 磁感应强度

C. 磁导率　　　　　　　　D. 磁场强度

10. 铁磁材料在磁化过程中, 当外加磁场 $H$ 不断增加, 而测得的磁场强度几乎不变的性质称为 (　　)。

A. 磁滞性          B. 剩磁性

C. 高导磁性          D. 磁饱和性

11. 按照功率表的工作原理，所测得的数据是被测电路中的（　　）。

A. 有功功率          B. 无功功率

C. 变功率          D. 变频率

12. 变压器的基本作用是在交流电路中变电压、（　　）、变阻抗、变相位和电气隔离。

A. 变磁通          B. 变电流

C 变功率          D 变频率

13. 三相异步电动机的缺点是（　　）。

A. 结构简单          B. 重量轻

C. 调速性能强          D. 转速低

14. 三相异步电动机工作时，其电磁转矩是由旋转磁场与（　　）决定的。

A. 定子电流          B. 转子电流

C. 转子电压          D. 电源电压

15. 热继电器的作用是（　　）。

A. 短路保护          B. 过载保护

C. 失电压保护          D. 零电压保护

16. 维修电工以电气原理图、安装接线图和（　　）最为重要。

A. 展开接线图          B. 剖面图

C. 平面布置图          D. 立体图

17. 当二极管外加电压时，反向电流很小，且不随（　　）变化。

A. 正向电流          B. 正向电压

C. 电压          D. 反向电压

18. 图 4-9 所示为（　　）三极管图形符号。

A. 压力    B. 发光    C. 光电    D. 普通

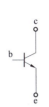

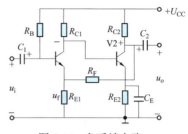

图 4-9　三极管图形符号　　　　图 4-10　负反馈电路

19. 如图 4-10 所示，该电路的反馈类型为（　　　）。

　　A. 电压串联负反馈　　　　B. 电压并联负反馈

　　C. 电流串联负反馈　　　　D. 电流并联负反馈

20. 测量交流电压时应选用（　　　）电压表。

　　A. 磁电系　　　　　　　　B. 电磁系

　　C. 电磁系或电动系　　　　D. 整流系

21. 用螺钉旋具拧紧可能带电的螺钉时，手指应该（　　　）螺钉旋具的金属部分。

　　A. 接触　　　B. 压住　　　C. 抓住　　　D. 不接触

22. 千分尺一般用于测量（　　　）的尺寸。

　　A. 小器件　　B. 大器件　　C. 建筑物　　D. 电动机

23. 绝缘导线多用于（　　　）和房屋附近的室外布线。

　　A. 安全电压布线　　　　　B. 架空线

　　C. 室外布线　　　　　　　D. 室内布线

24. 软磁材料的主要分类有（　　　）、金属软磁材料、其他软磁材料。

　　A. 不锈钢　　　　　　　　B. 铜合金

　　C. 铁氧体软磁材料　　　　D. 铝合金

25. 锉刀很脆，（　　　）当撬棒或锤子使用。

　　A. 可以　　　B. 许可　　　C. 能　　　　D. 不能

26. 台钻钻夹头的松紧必须用专用（　　　），不准用锤子或其他物品敲打。

A. 工具　　　B. 扳子　　　C. 钳子　　　D. 钥匙

27. 调节电桥平衡时，若检流计指针向标有"+"的方向偏转时，说明（　　　）。

A. 通过检流计的电流大，应增大比较臂的电阻

B. 通过检流计的电流小，应增大比较臂的电阻

C. 通过检流计的电流小，应减小比较臂的电阻

D. 通过检流计的电流大，应减小比较臂的电阻

28. 2.0 级准确度的直流单臂电桥表示测量电阻的误差不超过（　　　）。

A. ±0.2%　　B. ±2%　　　C. ±20%　　　D. ±0.02%

29. 直流双臂电桥达到平衡时，被测电阻值为（　　　）。

A. 倍率读数与可调电阻相乘

B. 倍率读数与桥臂电阻相乘

C. 桥臂电阻与固定电阻相乘

D. 桥臂电阻及导线电阻

30. 直流双臂电桥为了减少接线及接触电阻的影响，在接线时要求（　　　）。

A. 电流端在电位端外侧　　B. 电流端在电位端内侧

C. 电流端在电阻端外侧　　D. 电流端在电阻端内侧

31. 直流单臂电桥测量小值电阻时，不能排除（　　　），而直流双臂电桥则可以。

A. 接线电阻及接触电阻　　B. 接线电阻及桥臂电阻

C. 桥臂电阻及接触电阻　　D. 桥臂电阻及导线电阻

32. 低频信号发生器的频率范围为（　　　）。

A. 20Hz～200kHz　　　　B. 100Hz～1000kHz

C. 200Hz～2000Hz　　　　D. 10Hz～2000Hz

33. （　　　）是适合现场工作且要用电池供电的示波器。

A. 台式示波器　　　　　　B. 手持式示波器

C. 模拟示波器　　　　　　D. 数字示波器

34. 三端集成稳压电路 W7905，其输出电压为（　　　）V。

A. 5　　　　B. −5　　　　C. 7　　　　D. 8

35. 78 及 79 系列三端集成稳压电路的封装通常采用(　　　).

　　A. TO–200、TO–202　　　　B. TO–110、TO–202

　　C. TO–220、TO–101　　　　D. TO–110、TO–220

36. 晶闸管型号 KP20–8 中的 P 表示(　　　).

　　A. 电流　　B. 压力　　C. 普通　　D. 频率

37. 普通晶闸管边上 P 层的引出极是(　　　).

　　A. 漏极　　B. 阴极　　C. 门极　　D. 阳极

38. 双向晶闸管的额定电流是用(　　　)来表示的.

　　A. 有效值　　B. 最大值　　C. 平均值　　D. 最小值

39. 普通晶闸管属于(　　　)器件.

　　A. 不控　　B. 半控　　C. 全控　　D. 自控

40. 单结晶体管的结构中有(　　　)个基极.

　　A. 1　　　　B. 2　　　　C. 3　　　　D. 4

41. 单结晶体管在电路中的文字符号是(　　　).

　　A. SCR　　B. VT　　C. VD　　D. VC

42. 理想集成运放的输出电阻为(　　　).

　　A. 10Ω　　B. 100Ω　　C. 0　　D. 1kΩ

43. 分压式偏置共射放大电路, 更换 $\beta$ 大的管子, 其静态值 $U_{CEQ}$ 会(　　　).

　　A. 增大　　　　　　　　B. 变小

　　C. 不变　　　　　　　　D. 无法确定

44. 固定偏置共射放大电路出现截止失真, 是(　　　).

　　A. $R_B$ 偏小　　　　　　　B. $R_B$ 偏大

　　C. $R_C$ 偏小　　　　　　　D. $R_C$ 偏大

45. 能用于传递交流信号且具有阻抗匹配的耦合方式是(　　　).

　　A. 阻容耦合　　　　　　B. 变压器耦合

　　C. 直接耦合　　　　　　D. 电感耦合

46. 要稳压输出电流, 增大电路输入电阻应选用(　　　)负反馈。

  A. 电压串联      B. 电压并联

  C. 电流串联      D. 电流并联

47. 差动放大电路能放大（  ）。

  A. 直流信号      B. 交流信号

  C. 共模信号      D. 差模信号

48. 下列不是集成运放非线性应用的是（  ）。

  A. 过零比较器     B. 滞回比较器

  C. 积分应用      D. 比较器

49. 下列具有交越失真功率放大电路的是（  ）。

  A. 甲类   B. 甲乙类   C. 乙类   D. 丙类

50. CW7806 的输出电压及最大输出电流为（  ）。

  A. 6V，1.5A     B. 6V，1A

  C. 6V，0.5A     D. 6V，0.1A

51. 下列不属于三态门的逻辑状态的是（  ）。

  A. 高电平  B. 低电平  C. 大电流  D. 高阻

52. 单相半波可控整流电路电感性负载接续流二极管，$\alpha=90°$ 时，输出电压 $U_d$ 为（  ）。

  A. $0.45U_2$ B. $0.9U_2$  C. $0.225U_2$ D. $1.35U_2$

53. 单相桥式可控整流电路电阻性负载，晶闸管中的电流平均值是负载的（  ）倍。

  A. 0.5   B. 1   C. 2   D. 0.25

54. 单结晶体管触发电路的同步电压信号来自（  ）。

  A. 负载两端     B. 晶闸管

  C. 整流电源     D. 脉冲变压器

55. 晶闸管电路中采用（  ）的方法来实现过流保护。

  A. 接入电流继电器   B. 接入热继电器

  C. 并联快速熔断器   D. 串联快速熔断器

56. 晶闸管两端（  ）的目的是实现过电压保护。

  A. 串联快速熔断器   B. 并联快速熔断器

C. 并联压敏电阻　　　　　D. 串联压敏电阻

57. 熔断器的额定分断能力必须大于电路中可能出现的最大（　　）。

A. 短路电路　　　　　　　B. 工作电流

C. 过载电流　　　　　　　D. 启动电流

58. 断路器中过电流脱扣器的额定电流应该大于等于线路的（　　）。

A. 最大允许电流　　　　　B. 最大过载电流

C. 最大负载电流　　　　　D. 最大短路电流

59. 对于一般工作条件下的异步电动机，所用热继电器热元件的额定电流可选为电动机额定电流的（　　）倍。

A. 0.95～1.05　　　　　　B. 0.885～0.95

C. 1.05～1.15　　　　　　D. 1.15～1.05

60. 中间继电器的选用依据是控制电路的（　　）电流类型所需触点的数量和容量等。

A. 短路电路　　　　　　　B. 电压等级

C. 阻抗大小　　　　　　　D. 绝缘等级

61. 电气控制线路中的停止按钮应选用（　　）颜色。

A. 绿　　　B. 红　　　C. 蓝　　　　D. 黑

62. JBK 系列控制变压器适用于控制机电设备一般电器的工作照明及（　　）的电源。

A. 电动机　　B. 信号灯　　C. 油泵　　　D. 压缩机

63. 对于延时精度要求较高的场合，可采用（　　）时间继电器。

A. 液压式　　　　　　　　B. 电动式

C. 空气阻尼式　　　　　　D. 晶体管式

64. 压力继电器选用时首先要考虑所测对象的压力范围，还需符合电路中的额定电压及所测管路（　　）的要求。

A. 绝缘等级　　　　　　　B. 电阻率

C. 接口管径的大小　　　　D. 材料

65. 直流电动机结构复杂、价格贵、制造麻烦、维护困难，但是（　　）、调速范围大。

    A. 启动性能差　　　　　　B. 启动性能好

    C. 启动电流小　　　　　　D. 启动转矩小

66. 直流电动机的定子由机座、主磁极、换向极、（　　）、端盖等组成。

    A. 转轴　　　　　　　　　B. 电刷装置

    C. 电枢　　　　　　　　　D. 换向器

67. 直流电动机按照励磁方式可分他励、（　　）、串励和复励四类。

    A. 电励　　B. 并励　　C. 激励　　D. 自励

68. 直流电动机常用的启动方法有（　　）、降压启动等。

    A. 弱磁启动　　　　　　　B. Y-△启动

    C. 电枢串电阻启动　　　　D. 变频启动

69. 直流电动机降低电枢电压调速时，属于（　　）调速方式。

    A. 恒转矩　　B. 恒功率　　C. 通风机　　D. 泵类

70. 直流电动机由于转向器表面有油污导致电刷下火花过大时，应（　　）。

    A. 更换电刷　　　　　　　B. 重新精车

    C. 清洁换向器表面　　　　D. 对换向器进行研磨

71. 绕线式异步电动机转子串频敏变阻器启动时，随着转速的升高，（　　）自动减小。

    A. 频敏变阻器的等效电压　B. 频敏变阻器的等效电流

    C. 频敏变阻器的等效功率　D. 频敏变阻器的等效阻抗

72. 绕线式异步电动机转子串三级电阻启动时，可用（　　）实现自动控制。

    A. 速度继电器　　　　　　B. 压力继电器

    C. 时间继电器　　　　　　D. 电压继电器

73. 以下属于多台电动机顺序控制的线路是（　　）。

A. Ｙ-△启动控制路线

B. 一台电动机正转时不能立即反转的控制线路

C. 一台电动机启动后另一台电动机才能启动的控制线路

D. 两处都能控制电动机启动和停止的控制线路

74. 三相异步电动机的位置控制电路中，除了用行程开关外，还可以用（　　）。

    A. 断路器　　　　　　　　　　B. 速度继电器

    C. 热继电器　　　　　　　　　　D. 光电继电器

75. 下列不属于位置控制线路的是（　　）。

    A. 走廊照明灯的两处控制电路

    B. 龙门刨床的自动往返控制电路

    C. 电梯的开关门电路

    D. 工厂车间里行车的终点保护电路

76. 三相异步电动机在进行能耗制动时，机械能转换为电能并消耗在（　　）回路的电阻上。

    A. 励磁　　　B. 控制　　　C. 定子　　　D. 转子

77. 三相异步电动机的能耗制动控制线路至少需要（　　）个按钮。

    A. 2　　　　　B. 1　　　　　C. 4　　　　　D. 3

78. 三相异步电动机在进行电源反接制动时需要在定子回路中串入（　　）。

    A. 限流开关　　　　　　　　　　B. 限流电阻

    C. 限流二极管　　　　　　　　　D. 限流三极管

79. 三相异步电动机在进行再生制动时，将机械能转换为电能，回馈到（　　）。

    A. 负载　　　　　　　　　　　　B. 转子绕组

    C. 定子绕组　　　　　　　　　　D. 电网

80. 同步电动机采用异步启动法启动时，转子励磁绕组应该（　　）。

A. 接入规定的直流电源　　B. 串入一定的电阻后短接

C. 开路　　　　　　　　　D. 短路

81. M7130 平面磨床的主电路中有三台电动机，使用了（　　）个热继电器。

A. 3　　　B. 4　　　C. 1　　　D. 2

82. M7130 平面磨床控制电路中的两个热继电器动断触点的连接方法是（　　）。

A. 并联　　B. 串联　　C. 混联　　D. 独立

83. M7130 平面磨床控制线路中整流变压器安装在配电板的（　　）。

A. 左方　　B. 右方　　C. 上方　　D. 下方

84. M7130 平面磨床中砂轮电动机的热继电器动作的原因之一是（　　）。

A. 电源熔断器 FU 烧断两个　B. 砂轮进给量过大

C. 液压泵电动机过载　　　　D. 接插器 X2 接触不良

85. M7130 平面磨床中，砂轮电动机的热继电器经常动作，轴承正常，砂轮进量正常，则需要检查和调整（　　）。

A. 照明变压器　　　　　　B. 整流变压器

C. 热继电器　　　　　　　D. 液压泵电动机

86. C6150 车床其他运行情况正常，而主轴电动机反转，当电磁离合器 YC1 通电时，主轴的转向为（　　）。

A. 正转　　B. 反转　　C. 高速　　D. 低速

87. C6150 车床其他运行情况正常，而主轴无制动时，应重点检修（　　）。

A. 电源进线开关

B. 接触器 KM1 和 KM2 的动断触点

C. 控制变压器

D. 中间继电器 KA1 和 KA2 的动断触点

88. Z3040 摇臂钻床的液压泵电动机由按钮、行程开关、时间继电器和接触器等构成的（　　）控制电路来控制。

A. 单项启动停止　　　　　　B. 自动往返

C. 正反转短时　　　　　　　D. 减压启动

89. Z3040 摇臂钻床中的控制变压器比较重，所以应该安装在配电板的（　　）。

A. 下方　　　B. 上方　　　C. 右方　　　D. 左方

90. Z3040 摇臂钻床中的局部照明灯由控制变压器供给（　　）安全电压。

A. 交流 6V　　　　　　　　B. 交流 10V

C. 交流 30V　　　　　　　D. 交流 24V

91. Z3040 摇臂钻床利用（　　）实现摇臂上升与下降的限位保护。

A. 电流继电器　　　　　　　B. 光电开关

C. 按钮　　　　　　　　　　D. 行程开关

92. Z3040 摇臂钻床中摇臂不能夹紧的可能原因是（　　）。

A. 行程开关 SQ2 安装位置不当

B. 时间继电器定时不合适

C. 主轴电动机故障

D. 液压系统故障

93. Z3040 摇臂钻床中摇臂不能夹紧的原因是由于液压泵电动机过早转动时，应（　　）。

A. 调整速度继电器的位置　　B. 重新调整电源相序

C. 更换液压泵　　　　　　　D. 调整行程开关 SQ3 的位置

94. 光电开关的接收器部分包含（　　）。

A. 定时器　　　　　　　　　B. 调制器

C. 发光二极管　　　　　　　D. 光电三极管

95. 光电开关将（　　）在发射器上转换为光信号射出。

A. 输入压力　　　　　　　　B. 输入光线

C. 输入电流　　　　　　　　D. 输入频率

96. 新型光电开关具有体积小、功能多、寿命长、（　　）、响应速度快、检测距离远以及抗光、电、磁干扰能力强等特点。

A. 耐高压　　B. 精度高　　　C. 功率大　　　D. 电流大

97. 当检测物体为不透明时，应优先选用（　　）光电开关。

A. 光纤式　　B. 槽式　　　　C. 对射式　　　D. 漫反式

98. 下列场所中，有可能造成光电开关的错误动作、应尽量避开的是（　　）。

A. 办公室　　　　　　　　B. 高层建筑

C. 气压低场所　　　　　　D. 灰尘较多场所

99. 高频振荡电感型接近开关主要由（　　）振荡器、开关器、输出电路等组成。

A. 继电器　　　　　　　　B. 发光二极管

C. 光电二极管　　　　　　D. 感应头

100. 高频振荡电感型接近开关的感应头附近有金属物体接近时，接近开关（　　）。

A. 涡流损耗减少　　　　　B. 振荡电路工作

C. 有信号输出　　　　　　D. 无信号输出

101. 接近开关的图形符号中，其菱形部分与动合触点部分用（　　）相连。

A. 虚线　　B. 实线　　　C. 双虚线　　D. 双实线

102. 当检测体为金属材料时，应选用（　　）接近开关。

A. 高频振荡型　　　　　　B. 电容型

C. 电阻型　　　　　　　　D. 阻抗型

103. 选用接近开关时应注意控制系统对工作电压、（　　）、响应频率、检测距离等各项指标的要求。

A. 工作速度　　　　　　　B. 工作频率

C. 负载电流　　　　　　　D. 工作功率

104. 磁性开关可以由（　　）构成。

A. 接触器和按钮　　　　　B. 二极管和电磁铁

C. 三极管和永久磁铁　　　D. 永久磁铁和干簧管

105. 磁性开关中的干簧管是利用（　　）来控制的一种开关元件。

A. 磁场信号              B. 压力信号

C. 温度信号              D. 电流信号

106. 磁性开关的图形符号中，其动合触点部分与（     ）的符号相同。

A. 断路器              B. 一般开关

C. 热继电器            D. 时间继电器

107. 磁性开关在使用时需注意磁铁与（     ）之间的有效距离要在 10mm 左右。

A. 干簧管   B. 磁铁      C. 触点        D. 外壳

108. 增量式光电编码器主要由（     ）、码盘、检测光栅、光电检测器件和转换电路组成。

A. 光电三极管          B. 运算放大器

C. 脉冲发生器          D. 光源

109. 增量式光电编码器每产生一个（     ）就对应一个增量位移。

A. 输出脉冲信号       B. 输出电流信号

C. 输出电压信号       D. 输出光脉冲

110. 增量式光电编码器由于采用相对编码，因此掉电后旋转角度数据（     ），需要重新复位。

A. 变小              B. 变大

C. 会丢失            D. 不会丢失

111. 增量式光电编码器根据输出信号的可靠性选型时要考虑（     ）。

A. 电源频率            B. 最大分辨速度

C. 环境温度            D. 空间高度

112. 增量式光电编码器在配线时，应避开（     ）。

A. 电话线、信号线     B. 网络线、电话线

C. 高压线、动力线     D. 电灯线、电话线

113. PLC 通过编程，灵活地改变其控制程序，相当于改变了继电器控制的（     ）。

A. 主电路　　　　　　　　B. 自锁电路

C. 互锁电路　　　　　　　D. 控制电路

114. PLC 系统由（　　）、扩展单元、编程器、用户程序、程序存入器等组成。

A. 基本单元　　　　　　　B. 键盘

C. 鼠标　　　　　　　　　D. 外围设备

115. $FX_{2N}$ 系列 PLC 定时器用（　　）表示。

A. X　　　　B. Y　　　　C. M　　　　D. C

116. PLC 通过编程可以灵活地改变（　　），实现改变常规电气控制电路的目的。

A. 主电路　　　　　　　　B. 硬接线

C. 控制电路　　　　　　　D. 控制程序

117. 在一个程序中，同一地址的线圈（　　）输出，且继电器线圈不能串联只能并联。

A. 只能有一次　　　　　　B. 只能有二次

C. 只能有三次　　　　　　D. 有无限次

118. $FX_{2N}$ 系列 PLC 输入隔离采用的形式是（　　）。

A. 继电器　　　　　　　　B. 光电耦合器

C. 晶体管　　　　　　　　D. 晶闸管

119. PLC 的（　　）使用锂电池作为后备电池。

A. EEPROM　　　　　　　B. ROM

C. RAM　　　　　　　　　D. 以上都是

120. PLC 的（　　）阶段根据读入的输入信号状态，解读用户程序逻辑，按用户逻辑得到正确的输出。

A. 输出采样　　　　　　　B. 输入采样

C. 程序执行　　　　　　　D. 输出刷新

121. PLC 在程序执行阶段，输入信号的改变会在（　　）扫描周期读入。

A. 下一个　　B. 当前　　　C. 下两个　　　D. 下三个

122. 用 PLC 控制可以节省大量继电器—接触器控制电路中

的（　　）。

      A. 交流接触器　　　　　　　B. 熔断器

      C. 开关　　　　　　　　　　D. 中间继电器和时间继电器

123.（　　）是 PLC 主机的技术性能参数之一。

      A. 行程开关　　　　　　　　B. 光电传感器

      C. 温度传感器　　　　　　　D. 内部标志位

124. $FX_{2N}$ PLC，表示 F 系列（　　）。

      A. AC 24V　B. DC 24V　　C. AC 12V　　　D. DC 36V

125. $FX_{2N}$ PLC（　　）的输出反应速度比较快。

      A. 继电器型　　　　　　　　B. 晶体管和晶闸管型

      C. 晶体管和继电器　　　　　D. 继电器和晶闸管型

126. $FX_{2N}$–40MR PLC，表示 F 系列（　　）。

      A. 基本单元　　　　　　　　B. 扩展单元

      C. 单元类型　　　　　　　　D. 输出类型

127. 对于 PLC 晶体管输出，带感性负载时，需要采取（　　）的抗干扰措施。

      A. 在负载两端并联续流二极管和稳压管串联电路

      B. 电源滤波

      C. 可靠接地

      D. 光耦合器

128. $FX_{2N}$ 系列 PLC 中回路并联连接用（　　）指令。

      A. AND　　　B. ANI　　　　C. ANB　　　D. ORB

129. 在 $FX_{2N}$ 系列 PLC 中，M8000 线圈用户可以使用（　　）次。

      A. 3　　　　B. 2　　　　C. 1　　　　　　D. 0

130. 在进行 PLC 梯形图编程时，右端输出继电器的线圈能并联的个数为（　　）。

      A. 1　　　B. 无限　　　C. 0　　　　　　D. 2

131. PLC 编程时，主程序可以有（　　）个。

      A. 1　　　B. 2　　　C. 3　　　　　　D. 无限

132. 对于小型开关量 PLC 梯形图程序，一般只有（　　）。

　　A. 初始化程序　　　　　　B. 子程序

　　C. 中断程序　　　　　　　D. 主程序

133. 计算机对 PLC 进行程序下载时，需要使用配套的（　　）。

　　A. 网络线　　　　　　　　B. 接地线

　　C. 电源线　　　　　　　　D. 通信电缆

134. 三菱 Gx Developer PLC 编程可以对（　　）PLC 进行编程。

　　A. A 系列　　　　　　　　B. Q 系列

　　C. FX 系列　　　　　　　　D. 以上都可

135. 将程序写入 PLC 时，首先将（　　）清零。

　　A. 存储器　　　　　　　　B. 计数器

　　C. 计时器　　　　　　　　D. 计算器

136. PLC 在硬件设计方面采用了一系列措施，如对干扰的（　　）。

　　A. 屏蔽、隔离和滤波　　　B. 屏蔽和滤波

　　C. 屏蔽和隔离　　　　　　D. 隔离和滤波

137. 在进行 PLC 外部环境检查时，当湿度过大时应考虑装（　　）。

　　A. 风扇　　　　　　　　　B. 加热器

　　C. 空调　　　　　　　　　D. 除尘器

138. 根据图 4-11 所示的电动机顺序启动梯形图，下列指令正确的是（　　）。

图 4-11　梯形图

  A. LDI T20      B. AND X001

  C. OUT Y002      D. AND X002

139. 根据图 4-12 所示的电动机自动往返梯形图，下列指令中正确的是（  ）。

  A. LD X0000      B. AND X001

  C. ORI X003      D. ORI Y002

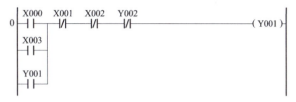

图 4-12   梯形图

140. 检查电源电压波动范围是否在 PLC 系统的允许范围内，否则要加（  ）。

  A. 直流稳压器      B. 交流稳压器

  C. UPS 电源      D. 交流调压器

141. 变频器是通过改变交流电动机的定子电压、频率等参数来（  ）的装置。

  A. 调节电动机转速      B. 调节电动机转矩

  C. 调节电动机功率      D. 调节电动机性能

142. 电压型逆变器采用电容滤波，电压较稳定，（  ），调速动态响应较慢，适用于多电动机传动及不可逆系统。

  A. 输出电流为矩形波或阶梯波

  B. 输出电压为矩形波或阶梯波

  C. 输出电压为尖脉冲

  D. 输出电流为尖脉冲

143. 富士紧凑型变频器是（  ）。

  A. ELLS 系列      B. FRENIC–Mini

  C. GII 系列      D. VG7–UD 系列

144. 变频器输出侧技术数据中，（　　）是用户选择变频器容量时的主要依据。

    A. 额定输出电流　　　　　B. 额定输出电压

    C. 输出频率范围　　　　　D. 配用电动机容量

145. 变频器常见的各种频率给定方式中，最易受干扰的方式是（　　）方式。

    A. 键盘给定　　　　　　　B. 模拟电压信号给定

    C. 模拟电流信号给定　　　D. 通信方式给定

146. 在变频器的几种控制方式中，其动态性能比较的结论是：（　　）。

    A. 转差型矢量控制系统优于无速度检测器的矢量控制系统

    B. $U/f$ 控制优于矢量控制

    C. 转差频率控制优于矢量控制

    D. 无速度检测器的矢量控制系统优于转差型矢量控制系统

147. 变频器的干扰有电源干扰、底线干扰、串扰、公共阻抗干扰等。尽量缩短电源线和电线是竭力避免（　　）。

    A. 电源干扰　　　　　　　B. 地线干扰

    C. 串扰　　　　　　　　　D. 公共阻抗干扰

148. 西门子MM440变频器可通过USS串行接口来控制其启动、停止（命令信号源）及（　　）。

    A. 频率输出大小　　　　　B. 电动机参数

    C. 直流制动电流　　　　　D. 制动起始频率

149. 变频器的控制电缆布线应尽可能远离供电电源线，（　　）。

    A. 用平行电缆且单独走线槽

    B. 用屏蔽电缆且汇入走线槽

    C. 用屏蔽电缆且单独走线槽

    D. 用双绞线且汇入走线槽

**150.** 变频器有时出现轻载过电流保护，原因可能是（　　　）。

    A. 变频器选配不当　　　　　B. $U/f$ 比值过小

    C. 变频器电路故障　　　　　D. $U/f$ 比值过大

**151.** 软启动器具有节能运行功能，在正常运行时，能依据负载比例自动调节输出电压，使电动机运行在最佳效率的工作区，最适合应用于（　　　）。

    A. 间歇性变化的负载　　　　B. 恒转矩负载

    C. 恒功率负载　　　　　　　D. 泵类负载

**152.** 软启动器中晶闸管调压电路采用（　　　）时，主电路中电流谐波最小。

    A. 三相全控丫连接　　　　　B. 三相全控丫－△连接

    C. 三相半控丫连接　　　　　D. 丫－△连接

**153.** 西普 STR 系列（　　　）软启动器，是外加旁路、智能型。

    A. A 型　　　　B. B 型　　　　C. C 型　　　　D. L 型

**154.** 就交流电动机各种启动方式的主要技术指标来看的，性能最佳的是（　　　）。

    A. 串电感启动　　　　　　　B. 串电阻启动

    C. 软启动　　　　　　　　　D. 变频启动

**155.** 软启动器的功能调节参数有：运行参数、（　　　）、停车参数。

    A. 电阻参数　　　　　　　　B. 启动参数

    C. 电子参数　　　　　　　　D. 电源参数

**156.** 软启动器具有轻载节能运行功能的关键在于（　　　）。

    A. 选择最佳电压来降低气隙磁通

    B. 选择最佳电流来降低气隙磁通

    C. 提高电压来降低气隙磁通

    D. 降低电压来降低气隙磁通

**157.** 软启动器主电路中接三相异步电动机的端子是（　　　）。

    A. A、B、C　　　　　　　　B. X、Y、Z

C. U1、V1、W1      D. L1、L2、L3

158. 软启动器的（　　）功能用于防止离心泵停车时的"水锤效应"。

     A. 软停机      B. 非线性软制动

     C. 自由停机      D. 直流制动

159. 接通电源后，软启动器虽处于待机状态，但电动机有嗡嗡响。此故障不可能的原因是（　　）。

     A. 晶闸管短路故障      B. 旁路接触器有触点粘连

     C. 触发电路不工作      D. 启动线路接线错误

160. 软启动器旁路接触器必须与软启动器的输入和输出端一一对应正确，（　　）。

     A. 要就近安装接线      B. 允许变换相序

     C. 不允许变换相序      D. 要做好标识

| 得　分 | |
|---|---|
| 评分人 | |

（二）判断题（第161题～第200题。将判断结果填入括号中。正确的填"√"，错误的打"×"。每题0.5分，满分20分。）

161. （　　）事业成功的人具有较高的职业道德。

162. （　　）创新既不能墨守成规，也不能标新立异。

163. （　　）没有生命危险的职业活动中，不需要制定安全操作规程。

164. （　　）领导亲自安排的工作一定要认真负责，其他工作可以马虎一点。

165. （　　）电路的作用是实现能量的传输和交换、信号的传递和处理。

166. （　　）瓷介电容上标注数值103，表示该电容的数值为103pF。

167. （　　）稳压二极管的符号与普通二极管的符号是相同的。

168.（　　）当三极管的集电极电流大于它的最大允许电流 $I_{cm}$ 时，该管必被击穿。

169.（　　）分压式偏置共发射极放大电路是一种能够稳定静态工作点的放大器。

170.（　　）被测量的测试结果与被测量的实际数值存在的差值称为测量误差。

171.（　　）如果触电者伤势严重，呼吸停止或心脏跳动停止，应立即就地抢救或请医生前来。

172.（　　）发现电气火灾后，应该尽快用水浇灭。

173.（　　）劳动者患病或负伤，在规定医疗期内的，用人单位可以解除劳动合同。

174.（　　）劳动安全卫生管理制度对未成年工给予了特殊劳动保护，这其中的未成年工是指年满 18 周岁的人。

175.（　　）数字万用表在测量电阻之前也要调零。

176.（　　）示波管的偏转系统由一个水平及垂直偏转板组成。

177.（　　）晶体管毫伏表是一种测量正弦交流电压有效值的电子仪表。

178.（　　）逻辑门电路表示输入与输出逻辑变量之间对应的因果关系，最基本的逻辑门是与门、或门、非门。

179.（　　）放大电路的静态值分析可用工程估算法。

180.（　　）共基极放大电路也具有稳定静态工作点的效果。

181.（　　）LC 振荡电路当电路达到谐振时，LC 回路的等效阻抗也最大。

182.（　　）串联型稳压电路的调整管工作在开关状态。

183.（　　）单相半波可控整流电路中，控制角 $\alpha$ 越大。输出电压 $U_d$ 也越大。

184.（　　）单相桥式可控整流电路中，两组晶闸管交替轮流工作。

185.（　　）交流接触器与直流接触器的使用场合不同。

186.（　　）电气控制线路中的指示灯要根据所指示的功能不同而选用不同的颜色。

187.（　　）直流电动机的电气制动方法有：能耗制动、反接制动、单相制动。

188.（　　）直流串励电动机的电源极性反接时，电动机会反转。

189.（　　）多台电动机的顺序控制功能既可以在主电路中实现，也能在控制电路中实现。

190.（　　）三相异步电动机进行反接制动时定子绕组中通入单相交流电。

191.（　　）M7130 平面磨床中，砂轮电动机和液压泵电动机都采用了接触器互锁控制电路。

192.（　　）M7130 平面磨床中，液压泵电动机 M3 必须在砂轮电动机 M1 运行后才能启动。

193.（　　）C6150 车床的主要电路中有 3 台电动机。

194.（　　）C6150 车床控制中有 4 个行程开关。

195.（　　）C6150 车床电气控制线路中的变压器安装在配电板外。

196.（　　）C6150 车床快速移动电动机的正反控制线路具有接触器互锁功能。

197.（　　）C6150 车床主电路中接触器 KM1 触点接触不良将造成主轴电动机不能反转。

198.（　　）磁性开关可以用于检测电磁场的强度。

199.（　　）$FX_{2N}$ 系列 PLC 控制电动机正反转，交流接触器线圈电路中不需要使用触点硬件互锁。

200.（　　）FX 编程器键盘部分有单功能键和双功能键。

职业技能鉴定国家题库统一试卷

# 维修电工中级理论知识试卷答案（3）

（一）单项选择（第 1 题～第 160 题。选择一个正确的答案，将相应的字母填入题内的括号中。每题 0.5 分，满分 80 分。）

| | | | | | |
|---|---|---|---|---|---|
| 1. C | 2. B | 3. A | 4. B | 5. D | 6. C |
| 7. D | 8. C | 9. A | 10. D | 11. A | 12. B |
| 13. C | 14. B | 15. B | 16. C | 17. D | 18. D |
| 19. D | 20. C | 21. D | 22. A | 23. D | 24. C |
| 25. D | 26. D | 27. A | 28. B | 29. A | 30. A |
| 31. A | 32. A | 33. B | 34. B | 35. A | 36. C |
| 37. D | 38. A | 39. B | 40. B | 41. B | 42. C |
| 43. C | 44. B | 45. B | 46. C | 47. D | 48. C |
| 49. C | 50. A | 51. C | 52. C | 53. A | 54. C |
| 55. D | 56. C | 57. A | 58. C | 59. A | 60. B |
| 61. B | 62. B | 63. B | 64. C | 65. B | 66. B |
| 67. B | 68. C | 69. A | 70. C | 71. D | 72. C |
| 73. C | 74. D | 75. A | 76. D | 77. A | 78. B |
| 79. D | 80. B | 81. D | 82. B | 83. D | 84. B |
| 85. C | 86. A | 87. B | 88. C | 89. A | 90. D |
| 91. D | 92. D | 93. D | 94. D | 95. C | 96. B |
| 97. C | 98. D | 99. D | 100. C | 101. A | 102. A |
| 103. C | 104. D | 105. A | 106. B | 107. A | 108. D |
| 109. A | 110. C | 111. B | 112. C | 113. D | 114. A |
| 115. C | 116. D | 117. A | 118. B | 119. C | 120. C |
| 121. B | 122. D | 123. D | 124. B | 125. B | 126. A |

| 127. A | 128. D | 129. D | 130. B | 131. A | 132. D |
| 133. D | 134. D | 135. A | 136. A | 137. C | 138. C |
| 139. A | 140. B | 141. A | 142. B | 143. A | 144. A |
| 145. B | 146. A | 147. D | 148. A | 149. C | 150. D |
| 151. A | 152. A | 153. B | 154. D | 155. B | 156. A |
| 157. C | 158. A | 159. C | 160. C | | |

（二）判断题（第161题～第200题。将判断结果填入括号中。正确的填"√"，错误的填"×"。每题0.5分，满分20分。）

| 161. √ | 162. × | 163. × | 164. × | 165. √ | 166. × |
| 167. × | 168. × | 169. √ | 170. √ | 171. √ | 172. × |
| 173. × | 174. √ | 175. × | 176. × | 177. √ | 178. √ |
| 179. √ | 180. √ | 181. √ | 182. × | 183. × | 184. √ |
| 185. √ | 186. √ | 187. √ | 188. × | 189. √ | 190. √ |
| 191. × | 192. × | 193. √ | 194. × | 195. × | 196. × |
| 197. × | 198. √ | 199. × | 200. √ | | |

## 第三节  技能操作试卷

### 一、准备通知单（考场）

# 维修电工中级操作技能考核准备

# 通知单（考场）

试题1. 三相绕线转子异步电动机启动电路的安装与调试

（1）材料准备单。材料准备单见表4-4。

表4-4                    材 料 准 备 单

| 序号 | 名称 | 型号与规格 | 单位 | 数量 | 备注 |
|------|------|-----------|------|------|------|
| 1 | 绕线式异步电动机 | 自定 | 台 | 1 | |
| 2 | 配线板 | 500mm×450mm×20mm | 块 | 2 | |
| 3 | 组合开关 | 与电动机配套 | 个 | 1 | |
| 4 | 交流接触器 | 与电动机配套 | 只 | 4 | |
| 5 | 热继电器 | 与电动机配套 | 只 | 1 | |
| 6 | 时间继电器 | 1～5s | 只 | 3 | |
| 7 | 限流继电器 | 与电动机配套 | 台 | 1 | |
| 8 | 熔断器及熔芯配套 | 与电动机配套 | 套 | 3 | |
| 9 | 熔断器及熔芯配套 | 与电动机配套 | 套 | 3 | |
| 10 | 三联按钮 | LA10–3H 或 LA4–3H | 个 | 2 | |
| 11 | 接线端子排 | JX2–1015，500V，10A.15 节 | 条 | 1 | |
| 12 | 螺丝 | $\phi$3mm×20mm 或 $\phi$3mm×15mm | 个 | 25 | |
| 13 | 塑料软铜线 | BVR–2.5mm$^2$ | m | 20 | |
| 14 | 塑料软铜线 | BVR–1.5mm$^2$ | m | 20 | |
| 15 | 塑料软铜线 | BVR–0.75mm$^2$ | m | 1 | |
| 16 | 接线端头 | UT2.5–4mm | 个 | 20 | |
| 17 | 行线槽 | 自定 | 条 | 5 | |
| 18 | 号码管 | 与导线配套 | m | 0.2 | |

（2）工具准备单。工具准备单见表4-5。

表4-5                    工 具 准 备 单

| 序号 | 名称 | 型号与规格 | 单位 | 数量 | 备注 |
|------|------|-----------|------|------|------|
| 1 | 电工通用工具 | 验电笔、钢丝钳、螺钉旋具（一字形和十字形）、电工刀、尖嘴钳、剥线钳、压线钳等 | 套 | 1 | |

| 序号 | 名称 | 型号与规格 | 单位 | 数量 | 备注 |
|---|---|---|---|---|---|
| 2 | 万用表 | MF47 | 块 | 1 | |
| 3 | 绝缘电阻表 | 型号自定，500V | 台 | 1 | |
| 4 | 钳形电流表 | 0~50A | 块 | 1 | |

**试题 2. 三相交流异步电动机变频器控制装调**

（1）材料准备单。材料准备单见表 4-6。

表 4-6　　　　　　　　　材 料 准 备 单

| 序号 | 名称 | 型号与规格 | 单位 | 数量 | 备注 |
|---|---|---|---|---|---|
| 1 | 三相电动机 | 自定 | 台 | 1 | |
| 2 | 配线板 | 500mm×150mm×20mm | 块 | 2 | |
| 3 | 组合开关 | 与电动机配套 | 个 | 1 | |
| 4 | 交流接触器 | 与电动机配套 | 只 | 3 | |
| 5 | 热继电器 | 与电动机配套 | 只 | 1 | |
| 6 | 变频器 | 与电动机配套 | 台 | 1 | |
| 7 | 行程开关 | 与接触器、变频器等配套 | 只 | 2 | |
| 8 | 熔断器及熔芯配套 | 与电动机、变频器等配套 | 套 | 3 | |
| 9 | 熔断器及熔芯配套 | 与接触器、开关电源等配套 | 套 | 3 | |
| 10 | 三联按钮 | LA10–3H 或 LA4–3H | 个 | 2 | |
| 11 | 接线端子排 | JX2–1015，500V（10A、15节） | 条 | 4 | |
| 12 | 塑料软铜线 | BVR–2.5Vmm² | m | 20 | |
| 13 | 塑料软铜线 | BVR–1.5Vmm² | m | 20 | |
| 14 | 塑料软铜线 | BVR–0.75mm² | m | 20 | |
| 15 | 接线端头 | UT2.5–4mm | 个 | 20 | |
| 16 | 行线槽 | 自定 | 条 | 5 | |
| 17 | 号码管 | 与导线配套 | m | 0.2 | |

（2）工具准备单。工具准备单见表4-7。

表4-7　　　　　　　　　工 具 准 备 单

| 序号 | 名称 | 型号与规格 | 单位 | 数量 | 备注 |
|---|---|---|---|---|---|
| 1 | 电工通用工具 | 验电笔、钢丝钳、螺钉旋具（一字形和十字形）、电工刀、尖嘴钳、剥线钳、压线钳等 | 套 | 1 | |
| 2 | 万用表 | MF47 | 块 | 1 | |
| 3 | 兆欧表 | 型号自定，500V | 台 | 1 | |
| 4 | 钳形电流表 | 0～50A | 块 | 1 | |

**试题3.** LM317稳压集成电路的测量与维修

（1）材料准备单。材料准备单见表4-8。

表4-8　　　　　　　　　材 料 准 备 单

| 序号 | 名称 | 型号与规格 | 单位 | 数量 | 备注 |
|---|---|---|---|---|---|
| 1 | LM317稳压集成电路的电路板 | 依据电路图自配 | 块 | 1 | |
| 2 | 配套电路图 | 详见参考图4-13 | 套 | 1 | |

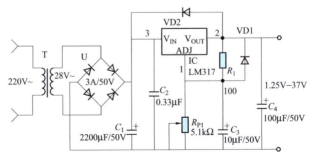

图4-13　电路图

（2）工具准备单。工具准备单见表4-9。

表 4-9                **工 具 准 备 单**

| 序号 | 名称 | 型号与规格 | 单位 | 数量 | 备注 |
|------|------|------------|------|------|------|
| 1 | 电烙铁、烙铁架、焊料与焊剂 | 与线路板和元器件配套 | 套 | 1 | |
| 2 | 直流稳压电源 | 0～36V | 台 | 1 | |
| 3 | 信号发生器 | 与电路功能配套 | 台 | 1 | |
| 4 | 示波器 | 与电路参数配套 | 台 | 1 | |
| 5 | 单相交流电源 | ～220V | 处 | 1 | |
| 6 | 电子通用工具 | 自定 | 套 | 1 | 尖嘴钳、镊子、斜口钳、剥线钳等 |
| 7 | 万用表 | MF47 | 块 | 1 | |

（3）考题设置准备。考场在考前根据下列故障设置表，准备好电路故障抽签序号和器件故障序号，由考生随机抽一个线路故障序号和两个器件故障序号，并告知考评员，记录到评分表上，根据故障序号设置隐蔽故障。

（4）故障设置表。故障设置表见表 4-10 和表 4-11。

表 4-10            **电路设置表（考评员专用）**

| 故障序号 | 故障点 | 故障现象 | 备注 |
|----------|--------|----------|------|
| 1 | 变压器一次侧不通 | | |
| 2 | 变压器二次侧不通 | | 故障现象根据实际情况由工作人员考前填写完整 |
| 3 | 整流桥输出不通 | | |
| 4 | 集成稳压器 LM317 输出不通 | | |
| 5 | $C_1$ 正极不通 | | |

表 4-11            **器 件 故 障 表**

| 故障序号 | 故障点 | 故障现象 | 备注 |
|----------|--------|----------|------|
| 1 | 整流桥某二极管开路 | | 故障现象根据实际情况由工作人员在考前填写完整 |
| 2 | 电解电容 $C_1$ 开路 | | |

续表

| 故障序号 | 故障点 | 故障现象 | 备注 |
|:---:|:---|:---|:---|
| 3 | 电解电容 $C_1$ 短路 | | |
| 4 | 二极管 VD1 开路 | | |
| 5 | 二极管 VD1 短路 | | |
| 6 | 二极管 VD2 开路 | | 故障现象根据实际情况由工作人员在考前填写完整 |
| 7 | 二极管 VD2 短路 | | |
| 8 | 二极管 VD1 接反 | | |
| 9 | 二极管 VD2 接反 | | |
| 10 | 电位器 $R_{P1}$ 短路 | | |

## 二、准备通知单（考生）

职业技能鉴定国家题库

# 维修电工中级操作技能考核

# 准备通知单（考生）

考件编号：＿＿＿＿＿＿＿＿　姓名：＿＿＿＿＿＿＿＿

准考证号：＿＿＿＿＿＿＿＿　单位：＿＿＿＿＿＿＿＿

试题1. 三相绕线转子异步电动机启动电路的安装与调试。

劳保用品、绘图用文具。

试题2. 三相交流异步电动机变频器控制装调。

劳保用品、绘图用文具。

试题3. LM317稳压集成电路的测量与维修。

劳保用品、绘图用文具。

## 三、试卷正文

职业技能鉴定国家题库统一试卷

# 维修电工中级技能操作试卷

## 注 意 事 项

（1）本试卷依据 2009 年颁布的《维修电工中级》国家职业标准命制；

（2）本试卷试题如无特别注明，则为全国通用；

（3）请考生仔细阅读试题的具体考核要求，并按要求完成操作或进行笔答或口答；

（4）操作技能考核时要遵守考场纪律，服从考场管理人员指挥，以保证考核安全顺利进行。

**试题 1.** **三相绕线转子异步电动机启动电路的安装与调试**

（1）考试时间：120min。

（2）考核方式：实操+笔试。

（3）本题分值：35 分。

（4）具体考核要求：按照电气安装规范，依据图 4-14 完成三相绕线转子异步电动机启动电路的安装、接线和调试。

笔试部分：

（1）正确识读给定的电路图：写出下列图形文字符号的名称。

QS（                ）；FU1（                ）；

KM1（                ）；KT（                ）；

SB1（                ）。

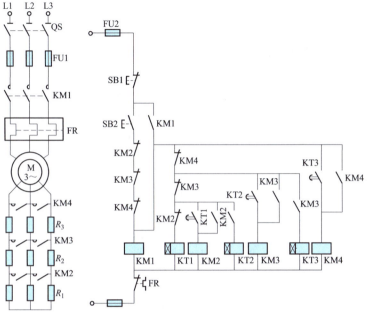

图 4-14 电路图

（2）正确使用工具：简述螺钉旋具使用注意事项。

答：

（3）正确使用仪表：简述指针式万用表电阻挡的使用方法。

答：

（4）安全文明生产，请回答何谓安全电压。

答：

操作部分：

（1）按照电气安装规则，依据图 4-14 正确完成三相绕线转子异步电动机启动电路的安装和接线。

（2）通电试运行。

**试题 2.** 三相交流异步电动机变频器控制装调

（1）考试时间：60min。

（2）考核方式：实操+笔试。

（3）本题分值：35 分。

（4）具体考核要求：依据图 4-15 的控制要求，绘制三相异步电动机的变频控制线路图；按照电气安装规范，正确完成变频调速线路的安装、接线和调试。

按下启动按钮后电动机按照图 4-15 要求运行。工作方式设置：手动时，按下手动启动按钮，完成一次工作过程；自动时，按下自动按钮，能够重复循环工作过程。有必要的电气保护环节。

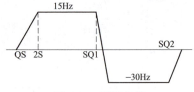

图 4-15　速度曲线

笔试部分：

（1）依据控制要求，在答题纸上正确绘制三相异步电动机的变频器控制线路图，并正确设置变频器参数。

（2）正确使用工具：简述螺钉旋具使用注意事项。

答：

（3）正确使用仪表：简述指针式万用表电阻挡的使用方法。

答：

（4）安全文明生产，回答何谓安全电压？

答：

操作部分：

（5）按照电气安装规范，依据绘制的三相异步电动机变频器控制线路图，正确完成变频调速线路的安装和接线；

（6）正确设置变频器的参数；

（7）通电试运行。

在此处绘制三相异步电动机的变频器控制线路图。

**试题 3.** LM317 稳压集成电路的测量与维修

（1）考试时间：60min。

（2）考核方式：实操+笔试。

（3）试卷抽取方式：由考生随机抽取故障序号。

（4）本题分值：30分。

（5）具体考核要求：LM317稳压集成电路的测量与维修。

笔试部分：

（1）正确识读给定的电路图，如图 4-13 所示。简述 $C_1$ 的特点和作用。

答：

（2）正确使用工具，简述剥线钳的使用方法。

答：

（3）正确使用仪表：简述绝缘电阻表的使用方法。

答：

（4）安全文明生产，请回答电气安全用具使用有哪些注意事项。

答：

操作部分：排除3处故障，其中线路故障1处，器件故障2处。

（5）在不带电状态下查找故障点并在原理图上标注。

（6）排除故障，恢复电路功能。

（7）通电运行，实现电路的各项功能。

## 职业技能鉴定国家题库统一试卷

# 维修电工中级操作技能考核评分记录表

考生姓名：_____　准考证号：_____　工作单位：_____

| 题号 | 一 | 二 | 三 | 四 | 合计 |
|------|----|----|----|----|------|
| 成绩 |    |    |    |    |      |

## 总 成 绩 表

| 序号 | 试题名称 | 配分 | 得分 | 权重 | 最后得分 | 备注 |
|---|---|---|---|---|---|---|
| 1 | 三相绕线转子异步电动机启动电路的安装与调试 | 35 | | | | |
| 2 | 三相交流异步电动机变频器控制电路的安装与调试 | 35 | | | | |
| 3 | LM317 稳压集成电路的测量与维修 | 30 | | | | |
| | 合计 | 100 | | | | |

统分人： 年 月 日

# 维修电工中级操作技能考核评分记录表

考生编号：_____ 姓名：_____ 准考证号：_____

单位：_____

### 试题 1. 三相绕线转子异步电动机启动电路的安装与调试

| 序号 | 考核内容 | 考核要点 | 配分 | 评分标准 | 扣分 | 得分 |
|---|---|---|---|---|---|---|
| 1 | 识图 | 正确识图，正确回答笔试问题 | 5 | 笔试部分见参考答案和评分标准。本项配分扣完为止 | | |
| 2 | 工具的使用 | 正确使用工具，正确回答笔试问题 | 2 | 工具使用不正确每次扣2分，笔试部分见参考答案和评分标准。本项配分扣完为止 | | |
| 3 | 仪表的使用 | 正确使用仪表，正确回答笔试问题 | 2 | 仪表使用不正确每次扣2分，笔试部分见参考答案和评分标准。本项配分扣完为止 | | |

续表

| 序号 | 考核内容 | 考核要点 | 配分 | 评分标准 | 扣分 | 得分 |
|---|---|---|---|---|---|---|
| 4 | 安全文明生产 | （1）明确安全用电的主要内容。<br>（2）操作过程符合文明生产要求 | 3 | （1）笔试部分见参考答案和评分标准。<br>（2）未经考评员同意私自通电扣3分，损坏设备扣2分损坏仪表扣1分，发生轻微触电事故扣3分。本项配分扣完为止 | | |
| 5 | 安装布线 | 按照电气安装规范，依据电路图正确完成本次考核线路的安装和接线 | 13 | （1）不按图接线每处扣1分。<br>（2）电源线和负载不经接线端子排接线每根导线扣1分。<br>（3）电器安装不牢固、不平整，不符合设计及产品技术文件的要求，每项扣1分。<br>（4）电动机外壳没有接零或接地，扣1分。<br>（5）导线裸露部分没有加套绝缘，每处扣1分。本项配分扣完为止 | | |
| 6 | 试运行 | （1）通电前检测设备、元器件及电路。<br>（2）通电试运行实现电路功能 | 10 | （1）通电运行发生短路和开路现象扣10分。<br>（2）通电运行异常，每项扣5分。本项配分扣完为止 | | |
| 合计 | | | 35 | | | |
| 否定项：若考生发生重大设备和人身事故，则应及时终止其考试，考生该试题成绩为零分。 | | | | | | |

笔试部分参考答案和评分标准：

（1）写出下列图形文字符号的名称。（本题分值5分，每错一处扣1分）

QS（电源开关）；FU1（熔断器）；KM1（交流接触器）；KT（时间继电器）；SB1（按钮）。

（2）简述螺丝刀使用注意事项。（本题分值2分，错答或漏答一条扣1分）

答：1）正确选用螺丝刀规格型号。

2）螺丝刀压紧螺丝的槽口后旋拧。

（3）简述指针式万用表电阻挡的使用方法。（本题分值2分，错答或漏答一条扣0.5分）

答：1）预估被测电阻的大小，选择挡位。

2）调零。

3）测出电阻的数值。

4）如果挡位不合适，更换挡位后重新调零和测试。

（4）回答何为安全电压？（本题分值3分，回答错误扣3分）

答：加在人体上在一定时间内不致造成伤害的电压。

评分人：　　　年　月　日　　　核分人：　　　年　月　日

### 试题2. 三相交流异步电动机变频器控制装调

| 序号 | 考核内容 | 考核要点 | 配分 | 评分标准 | 扣分 | 得分 |
|---|---|---|---|---|---|---|
| 1 | 识图 | 正确识图，正确回答笔试问题 | 5 | 笔试部分见参考答案和评分标准。本项配分扣完为止 | | |
| 2 | 工具的使用 | 正确使用工具，正确回答笔试问题 | 2 | 工具使用不正确每次扣2分，笔试部分见参考答案和评分标准。本项配分扣完为止 | | |
| 3 | 仪表的使用 | 正确使用仪表，正确回答笔试问题 | 2 | 仪表使用不正确每次扣2分，笔试部分见参考答案和评分标准。本项配分扣完为止 | | |
| 4 | 安全文明生产 | （1）明确安全用电的主要内容。（2）操作过程符合文明生产要求 | 3 | （1）笔试部分见参考答案和评分标准。（2）未经考评员同意私自通电扣3分，损坏设备扣2分，损坏仪表扣1分，发生轻微触电事故扣3分。本项配分扣完为止 | | |
| 5 | 安装布线 | 按照电气安装规范，依据电路图正确完成本次考核线路的安装和接线 | 13 | （1）不按图接线每处扣1分。（2）电源线和负载不经接线端子排接线，每根导线扣1分。 | | |

续表

| 序号 | 考核内容 | 考核要点 | 配分 | 评分标准 | 扣分 | 得分 |
|------|---------|---------|------|---------|------|------|
| 5 | 安装布线 | 按照电气安装规范，依据电路图正确完成本次考核线路的安装和接线 | 13 | （3）电器安装不牢固、不平整，不符合设计及产品技术文件的要求，每项扣1分。<br>（4）电动机外壳没有接零或接地，扣1分。<br>（5）导线裸露部分没有加套绝缘，每处扣1分。本项配分扣完为止 | | |
| 6 | 试运行 | （1）通电前检测设备、元器件及电路。<br>（2）通电试运行实现电路功能 | 10 | （1）通电运行发生短路和开路现象扣10分。<br>（2）通电运行异常，每项扣5分。本项配分扣完为止 | | |
| 合计 | | | 35 | | | |
| 否定项：若考生发生重大设备和人身事故，则应及时终止其考试，考生该试题成绩为零分。 | | | | | | |

笔试部分参考答案和评分标准：

（1）绘制三相电动机的变频器控制线路图。（本题分值5分，每错一处扣1分）；考评员依据具体考核要求，参考运行结果，对变频调速线路图进行评分。

（2）简述螺钉旋具使用注意事项。（本题分值2分，错答或漏答一条扣1分）

答：① 正确选用螺钉旋具规格型号；② 螺钉旋具压紧螺钉的槽口后旋拧。

（3）简述指针式万用表电阻挡的使用方法。（本题分值2分，错答或漏答一条扣0.5分）

答：① 预估被测电阻的大小，选择挡位；② 调零；③ 测出电阻的数值；④ 如果挡位不合适，更换挡位后重新调零和测试。

（4）回答何为安全电压？（本题分值3分，回答错误扣3分）

答：加在人体上在一定时间内不致造成伤害的电压。

评分人： 年 月 日 核分人： 年 月 日

## 试题3. LM317稳压集成电路的测量与维修

故障点代码_____、_____、_____。（由考生随即抽取，考评员填写）

| 序号 | 考核内容 | 考核要点 | 配分 | 评分标准 | 扣分 | 得分 |
|---|---|---|---|---|---|---|
| 1 | 识图 | 正确识图，正确回答笔试问题 | 5 | 笔试部分见参考答案和评分标准 | | |
| 2 | 工具的使用 | 正确使用工具，正确回答笔试问题 | 2 | 工具使用不正确每次扣2分，笔试部分见参考答案和评分标准。本项配分扣完为止 | | |
| 3 | 仪表的使用 | 正确使用仪表，正确回答笔试问题 | 2 | 仪表使用不正确每次扣2分，笔试部分见参考答案和评分标准。本项配分扣完为止 | | |
| 4 | 安全文明生产 | （1）明确安全用电的主要内容。（2）操作过程符合文明生产要求 | 3 | （1）笔试部分见参考答案和评分标准。（2）未经考评员同意私自通电扣3分，损坏设备扣2分，损坏仪表扣1分，发生轻微触电事故扣3分。本项配分扣完为止 | | |
| 5 | 故障查找 | 找出故障点，在原理图上标注 | 10 | 错标或漏标故障点，每处扣5分。本项配分扣完为止 | | |
| 6 | 故障排除 | 排除电路各处故障 | 3 | （1）每少排除1处故障点扣2分。（2）排除故障时产生新的故障后不能自行修复，扣2分。本项配分扣完为止 | | |
| 7 | 试运行 | （1）通电前检测设备、元器件及电路。（2）电路各项功能恢复正常 | 5 | （1）通电运行发生短路和开路现象5分。（2）通电运行异常，每项扣2分。本项配分扣完为止 | | |
| 合计 | | | 30 | | | |

否定项：若考生发生重大设备和人身事故，则应及时终止其考试，考生该试题成绩为零分。

笔试部分参考答案和评分标准：

（1）简述 $C_1$ 的特点和作用。（本题分值 5 分，每错一处扣 2 分，扣完为止）

答：① $C_1$ 是有极性的电解电容器；② 容量很大；③ 起滤波的作用。

（2）简述剥线钳的使用方法。（本题分值 2 分，错答或漏答一处扣 1 分，扣完为止）

答：① 正确选用剥线钳的规格型号；② 根据导线线径选择合适的槽口；③ 用力恰当。

（3）简述绝缘电阻表的使用注意事项。（本题分值 2 分，错答或漏答一条扣 0.5 分）

答：1）正确选用绝缘电阻表规格型号。

2）正确接线。

3）均匀地摇动手柄。

4）待指针稳定下来再读数。

5）注意被测电路中的电容。

6）注意绝缘电阻表输出高压。

（4）请回答电气安全用具有哪些使用注意事项。（本题分值 3 分，错答或漏答一条加 1 分）

答：① 安全用具的电压等级低于作业设备的电压等级时不可使用；② 安全用具有缺陷时不可使用；③ 安全用具潮湿时不可使用。

评分人：　　年　月　日　　　　核分人：　　年　月　日

# 参 考 文 献

［1］庄建源. 国家题库维修电工操作技能手册（初、中、高）. 东营：石油大学出版社，2001.

［2］庄建源. 职业技能鉴定国家题库复习指导丛书（初、中、高）. 东营：石油大学出版社，2002.

［3］庄建源，张志林. 职业技能鉴定复习指导丛书（初、中、高）. 北京：地质出版社，1999.

［4］王建. 维修电工复习指导. 北京：中国劳动社会保障出版社，2004.

［5］劳动社会与保障部组织编写. 国家职业标准（维修电工）. 北京：中国劳动社会保障出版社，2009.

［6］王建，李伟. 国家职业资格证书取证问答　维修电工（初中级）. 北京：机械工业出版社，2005.

［7］李伟，王建. 维修电工（中级）. 北京：中国电力出版社，2007.